PURITA

Anlagen für
Reinstwasser und
UV-Behandlung
Albert-Einstein-Str. 11
D-42929 WERMELSKIRCHEN

e-mail: purita@t-online.de
Tel: +49-2196-88606-0
FAX: +49-2196-88606-11

A 2

Grundlagen der
Rohrleitungs- und Apparatetechnik

Rolf Herz

Grundlagen der Rohrleitungs- und Apparatetechnik

VULKAN-VERLAG ESSEN

Die Deutsche Bibliothek - CIP-Einheitsaufnahme

Herz, Rolf:
Grundlagen der Rohrleitungs- und Apparatetechnik / Rolf Herz. -
Essen: Vulkan-Verl., 2002

ISBN 3-8027-2724-X

© 2002 Vulkan-Verlag GmbH
Ein Unternehmen der Oldenbourg-Gruppe
Huyssenallee 52-56, D-45128 Essen
Telefon: (02 01) 8 20 02-0, Internet: http://www.oldenbourg.de

Lektorat: Petra Peter-Antonin
Herstellung: Volker Bromby
Umschlagkonzeption: Kraxenberger Kommunikationshaus, München

Vorwort

Die Basis für dieses Buch bildete meine Vorlesung „Rohrleitungs- und Apparatetechnik", die ich einschließlich des Vorgängerfaches „Rohrleitungsbau" seit zehn Jahren an der Fachhochschule München halte. In dieser Zeit habe ich mit unterschiedlich aufbereiteten Vorlesungsunterlagen für die Studierenden gearbeitet. Die Erfahrungen damit und mit verschiedenen Fachbüchern in meiner täglichen Arbeit haben mich schließlich dazu motiviert, das vorliegende Buch zu schreiben, das meinen Wünschen an Umfang und Tiefe entspricht. Es ist eine Einführung von Grund auf in die wichtigsten Bereiche der Rohrleitungs- und Apparatetechnik. Wichtig erschien mir z.B. die Spannweite von der Festigkeitsberechnung bis zur Strömungstechnik und die Berücksichtigung unterschiedlicher Werkstoffe in einem Band. Das hatte ich so in der verfügbaren Literatur bisher nicht gefunden.

Auf der Basis dieses Buches können grundlegende Planungen, Gestaltungen und Berechnungen durchgeführt werden und das nicht eingeschränkt auf einen bestimmten Anwendungsbereich. Mit seinem Grundlagencharakter ist es geeignet für die Verwendung in so unterschiedlichen Gebieten wie der Gebäudetechnik, Versorgungstechnik, Energietechnik oder Verfahrenstechnik. Zur weiteren Vertiefung spezieller Teilgebiete wird auf weiterführende Literatur verwiesen.

Ich hoffe, dass dieses Konzept zur Lern- und Arbeitsmethodik vieler Studentinnen und Studenten wie auch praktizierender Ingenieurinnen und Ingenieure passt und ihnen als nützliches Hilfsmittel dienen kann. Über Rückmeldungen und Anregungen aus diesem Kreis würde ich mich sehr freuen.

Ich danke meinen Kollegen, den Professoren Wolfgang Burkhardt, Dr. Helmut Hofer, Dr. Roland Kraus, Dr. Roman Mair, Dr. Hartmut Pietsch und Dr. Dieter Stahl für Ihre Tipps und Anregungen, Herrn cand. Ing. (FH) Ralph Greiner für die Erstellung der vielen 3D-Zeichnungen, Herrn cand. Ing. (FH) Stefan Löbe für die Nachrechnung der Beispiele und dem Team vom Vulkan-Verlag für sein Vertrauen und die gute Zusammenarbeit. Ganz besonders bedanke ich mich bei meiner Familie für ihre Geduld und die moralische Unterstützung.

Professor Dr.-Ing. Rolf Herz

Inhalt

Formelzeichen

Diese Zusammenstellung der verwendeten Formelzeichen ist aus Gründen der Übersichtlichkeit nicht ganz vollständig. Einige spezielle Zeichen sind nur dort erklärt, wo sie verwendet werden.

a	m^2/s	Temperaturleitfähigkeit
a	m/s	Druckfortpflanzungsgeschwindigkeit
a_0, a_1	m; mm	Länge des verschwächten Bereiches um einen Ausschnitt in einer Behälter- / Rohrwand
A	m^2	Fläche
A_i	m^2	Innenfläche
A_p	m^2	Druckfläche
A_V	m^2	Querschnittsfläche einer Verstärkung
A_σ	m^2	Spannungsfläche
$B; B_a; B_i$	–	Beiwerte zur Berechnung der Wanddicke von Rohrbögen
c_1	mm	Zuschlag zum Ausgleich der Wanddickenunterschreitung
c_1'	%	Zuschlag zum Ausgleich der Wanddickenunterschreitung
c_2	mm	Korrosions- und Abnutzungszuschlag
C	–	Berechnungsbeiwert für ebene Böden
d	m; mm	Durchmesser
d_a	m; mm	Außendurchmesser
$\hat{d}_a$	m; mm	maximaler Außendurchmesser
$\check{d}_a$	m; mm	minimaler Außendurchmesser
d_B	m; mm	Balgdurchmesser eines Wellrohrkompensators
d_i	m; mm	Innendurchmesser
d_K	m; mm	Kegeldurchmesser
d_m	m; mm	mittlerer Durchmesser
D	–; %	relative Schädigung
DN	–	Nenndurchmesserstufe
E	N/mm^2	Elastizitätsmodul
E	J	Energie
E_{kin}	J	kinetische Energie
E_p	J	Druckenergie

E_{pot}	J	potenzielle Energie
f	–	Faktor
f	m; mm	Durchbiegung
f_{CR}	–	Chemikalienresistenzfaktor
f_U	–	Abminderungsfaktor bei Unrundheit
f_{zul}	m; mm	zulässige Durchbiegung
F	N	Kraft
F_F	N	Federkraft
F_{FP}	N	Kraft auf Festpunkt
F_n	N	Normalkraft
F_p	N	Druckreaktionskraft
F_R	N	Reibkraft
F'	N/m	Streckenlast
h	m	geodätische Höhe
h	m	Überdeckungshöhe eingeerdeter Rohrleitungen
h	m; mm	Bogenhöhe bei der Bewegung eines Lateralkompensators
i	–	Spannungserhöhungsfaktor
i	m; mm	Trägkeitsradius
I	mm^4	Flächenträgheitsmoment (Flächenmoment 2. Grades)
k	mm	Rohrwandrauhigkeit
k	–	Korrekturfaktor für die Auswahl von Wellrohrkompensatoren
k_A	–	Abminderungsfaktor für den Thermoschock
k_B	–	Flexibilitätsfaktor
k_f	–	Faktoren für die Berechnung der Durchbiegung von Rohren zwischen Auflagern
k_S	–	Faktoren für die Berechnung der Biegespannung in Rohren zwischen Auflagern
k_V	–	Bewertungsfaktor einer Verstärkung
k_V	m^3/h	Ventilkennwert
K	N/mm^2	Festigkeitskennwert
l	m	Länge
L	m	Länge
L	m	Stützweite
L_A	m	Ausladelänge von Biegeschenkeln zum Dehnungsausgleich bei Rohrleitungen
$L_{A,V}$	m	Ausladelänge von Biegeschenkeln zum Dehnungsausgleich bei Rohrleitungen mit Vorspannung

$L_{\text{äq}}$	m	äquivalente Rohrlänge
L_F	m	Festpunktabstand
L_K	m; mm	Länge eines (Lateral-) Kompensators
L_s	m	schiebende Rohrlänge bei Wärmedehnung
$\dot{m}$	kg/s	Massenstrom
M	Nm	Moment
M_b	Nm	Biegemoment
MRS	N/mm^2	Minimum Required Strength (erforderliche Mindestfestigkeit)
n	–	Anzahl
n	–	Lastwechselzahl
N	–	Lastwechselzahl
N_{zul}	–	zulässige Lastwechselzahl
p	Pa; bar; N/mm^2	Druck
p'	Pa; bar; N/mm^2	u.a. Prüfdruck
$\hat{p}$; $p_{\max}$	Pa; bar; N/mm^2	maximaler (Betriebs-) Druck
$\check{p}$; $p_{\min}$	Pa; bar; N/mm^2	minimaler (Betriebs-) Druck
p_{dyn}	Pa; bar; N/mm^2	dynamischer Druck
p_{pot}	Pa; bar; N/mm^2	potenzieller Druck
p_{stat}	Pa; bar; N/mm^2	statischer Druck
p_e	Pa; bar; N/mm^2	Erddruck auf eingeerdete Rohrleitungen
p_e	Pa; bar; N/mm^2	Überdruck
$p_{e,\text{zul}}$	Pa; bar; N/mm^2	zulässiger Überdruck
p_i	Pa; bar; N/mm^2	innerer Überdruck (eingeerdeter Rohrleitungen)
p_k	Pa; bar; N/mm^2	kritischer Beuldruck
$p_{k,\text{el}}$	Pa; bar; N/mm^2	kritischer elastischer Beuldruck
$p_{k,\text{pl}}$	Pa; bar; N/mm^2	kritischer plastischer Beuldruck
p_{RT}	Pa; bar; N/mm^2	Überdruck bei Raumtemperatur
p_V	Pa; bar; N/mm^2	Verkehrslast
P	W	Leistung
PN	–	Nenndruckstufe
q	N/mm^2	vertikale Gesamtauflast eingeerdeter Rohrleitungen
r	m; mm	Radius; Krümmungsradius
r_m	m; mm	mittlerer Radius
R	m; mm	Radius; Krümmungsradius
R	Pa/m	längenbezogener Druckverlust (Druckgefälle)
R_e	N/mm^2	Streckgrenze

R_m	N/mm^2	Bruchfestigkeit
$R_{p0,2}$	N/mm^2	0,2%-Dehngrenze
$R_{p0,2/20}$	N/mm^2	0,2%-Dehngrenze bei 20°C
$R_{p0,2/\vartheta}$	N/mm^2	0,2%-Dehngrenze bei der Temperatur ϑ
$R_{m/t/\vartheta}$	N/mm^2	Zeitstandsfestigkeit nach t Stunden bei der Temperatur ϑ
Re	–	Reynoldszahl
s	m; mm	Wanddicke
s_{Kr}	m; mm	Krempenwanddicke
s_K	m; mm	Wanddicke einer kegelförmigen Behälterwand
s_{min}	m; mm	Mindestwanddicke
s_V	m; mm	rechnerische Mindestwanddicke (Vergleichswanddicke)
$s_{V,a}$	m; mm	rechnerische Mindestwanddicke an der Außenfaser
$s_{V,i}$	m; mm	rechnerische Mindestwanddicke an der Innenfaser
S	–	Sicherheitsbeiwert
S_K	–	Knicksicherheit
S_L	–	Lastspielsicherheit
t	s; min; h	Zeit
t	m; mm	Teilung (Abstand von Behälterausschnitten)
t_l	m; mm	Teilung in Zylinderlängsrichtung
t_u	m; mm	Teilung in Zylinderumfangsrichtung
T	K	Absoluttemperatur
$\overline{T}$	K	mittlere Absoluttemperatur
U	–; %	Unrundheit
V	–; %	relative Vordehnung eines Biegeschenkels oder Kompensators
V	m^3	Volumen
$\dot{V}$	m^3/s	Volumenstrom
w	m/s	Strömungsgeschwindigkeit
$\overline{w}$	m/s	mittlere Strömungsgeschwindigkeit
w_{max}	m/s	maximale Strömungsgeschwindigkeit
w_ϑ	K/s	Aufheiz- / Abkühlgeschwindigkeit
W	mm^3	Widerstandsmoment
x	m; mm	laufende Koordinate
$x_1 / x_2 / x_3$	m; mm	Längen von Zonen erhöhter Spannung am Übergang von zylindrischem zu kegeligem Behältermantel
z	–	Stoßwirkungszahl

α	°	Winkel
β	–	Berechnungsbeiwert für gewölbte Böden
β_{KB}	–	Berechnungsbeiwert für kegelförmige Mäntel
β_L	K^{-1}	linearer Wärmeausdehnungskoeffizient
$\bar{\beta}_L$	K^{-1}	mittlerer linearer Wärmeausdehnungskoeffizient
Δ		Änderung
Δd	m; mm	Durchmesseränderung
ΔL	m; mm	Längenänderung; Wärmedehnung
$\Delta L_{erf.}$	m; mm	erforderliche Bewegungsaufnahme eines Kompensators
ΔL_N	m; mm	nominale Bewegungsaufnahme eines Kompensators
ΔL_V	m; mm	Vordehnung eines Biegeschenkels oder Kompensators
Δp	Pa; bar; N/mm^2	Druckänderung
Δp_A	Pa; bar; N/mm^2	Anlagendruckdifferenz
Δp_{ges}	Pa; bar; N/mm^2	Gesamtdruckverlust
Δp_i	Pa; bar; N/mm^2	Druckverlust bei inkompressibler Strömung
Δp_k	Pa; bar; N/mm^2	Druckverlust bei kompressibler Strömung
Δp_V	Pa; bar; N/mm^2	Druckverlust
Δp_λ	Pa; bar; N/mm^2	Druckverlust durch Rohrreibung
Δp_ζ	Pa; bar; N/mm^2	Druckverlust in Einzelwiderständen
$\Delta\vartheta$	K	Temperaturänderung
$\Delta\vartheta_{max}$	K	maximale Temperaturänderung
ζ	–	Widerstandsbeiwert
η	Pa·s	dynamische Viskosität
ϑ	°C	Temperatur
ϑ_a	°C	Temperatur an der Außenoberfläche
ϑ_i	°C	Temperatur an der Innenoberfläche
ϑ_m	°C	mittlere Temperatur
ϑ^*	°C	Lastzyklustemperatur
λ	–	Konzentrationsfaktor (der Rohrgrabenverfüllung)
λ	–	Rohrreibungszahl
ν	–	Querkontraktionszahl
ν	m^2/s	kinematische Viskosität
ρ	kg/m^3	Dichte
ρ	°	Reibungswinkel des Bodens
σ	N/mm^2	(Normal-) Spannung

σ_a	N/mm^2	halbe Spannungsschwingbreite
σ_b	N/mm^2	Biegespannung
σ_d	N/mm^2	Druckspannung
σ_K	N/mm^2	Knickspannung
σ_l	N/mm^2	Längsspannung
σ_n	N/mm^2	Normalspannung
$\sigma_{N,Sch}$	N/mm^2	Nennschwellfestigkeit
σ_r	N/mm^2	Radialspannung
σ_{Sch}	N/mm^2	Schwellspannung
$\sigma_{Sch,D}$	N/mm^2	Dauerschwellfestigkeit
σ_u	N/mm^2	Umfangsspannung
σ_V	N/mm^2	Vergleichsspannung
σ_{Va}	N/mm^2	halbe Vergleichsspannungsschwingbreite
$\sigma_{V,a}$	N/mm^2	Vergleichsspannung in der Außenfaser
$\sigma_{V,i}$	N/mm^2	Vergleichsspannung in der Innenfaser
$\sigma_{V,GE}$	N/mm^2	Vergleichsspannung nach der GE-Hypothese
$\sigma_{V,N}$	N/mm^2	Vergleichsspannung nach der Normalspanungshypothese
$\sigma_{V,Sch}$	N/mm^2	Vergleichsspannung nach der Schubspannungshypothese
σ_W	N/mm^2	Wärmespannung
$\sigma_{W,a}$	N/mm^2	Wärmespannung an der Außenfläche
$\sigma_{W,i}$	N/mm^2	Wärmespannung an der Innenfläche
σ_z	N/mm^2	Zugspannung
σ_{zul}	N/mm^2	zulässige Spannung
$\hat{\sigma}$; σ_{max}	N/mm^2	Maximalspannung
$\check{\sigma}$; σ_{min}	N/mm^2	Minimalspannung
$\bar{\sigma}$	N/mm^2	mittlere Spannung
τ_0	N/mm^2	Schubspannung durch Rohrreibung
υ_A	–	Verschwächungsbeiwert durch Ausschnitt
υ_L	–	Verschwächungsbeiwert durch Lochreihe
υ_N	–	Schweißnahtfaktor
φ	°	Winkel

1 Einleitung

Rohrleitungstechnik und Apparatetechnik sind zunächst zwei verschiedene Fachgebiete. Rohrleitungen spielen in den meisten technischen Bereichen eine sehr variantenreiche Rolle. Apparate finden speziell in der Verfahrenstechnik, Energietechnik und ähnlichen Bereichen Anwendung. Rohrleitungen und Apparate sind jedoch eng verwandt. Sie weisen aus Fertigungs- und Festigkeitsgründen meist die gleiche (zylindrische) Grundform auf und unterliegen Beanspruchungen aus Überdruck, welche die Dimensionierung wesentlich beeinflussen. Sie sind zu weiten Teilen aus den gleichen Konstruktionselementen aufgebaut und in manchen Bereichen, z.B. im verfahrens- oder energietechnischen Anlagenbau, sind sie funktional untrennbar miteinander verbunden.

Die Einsatzgebiete der Rohrleitungs- und Apparatetechnik sind mannigfaltig. Sie umfassen Bereiche wie z.B. die öffentliche Wasserver- und -entsorgung, Ölpipelines, Heizungs-, Kälte- und Sanitärtechnik in Gebäuden, Druckluft- und Hydrauliksysteme in Fabriken, Kraftwerkstechnik oder chemische Verfahrenstechnik. Auch arbeiten in diesen Bereichen Ingenieure verschiedener Ausbildungsrichtungen, z.B. aus Maschinenbau, Bauingenieurwesen, Verfahrenstechnik oder Versorgungstechnik. Die Elemente, die zum Einsatz kommen und die Aufgaben, die die Ingenieure zu lösen haben, weisen jedoch wesentliche Gemeinsamkeiten auf. Rohrleitungs- und Apparatetechnik zusammen stellen damit wichtige Grundlagen für einen sehr weiten Bereich des Ingenieurwesens dar. Fast jede(r) Ingenieur(in), der (die) mit mechanischen Anwendungen zu tun hat, braucht Kenntnisse in diesem Bereich.

Vor diesem Hintergrund ist es das Ziel des vorliegenden Buches, Studierenden wie auch Ingenieurinnen und Ingenieuren in der Praxis die Möglichkeit zu bieten, sich schnell und effizient in den gesamten Bereich der Rohrleitungs- und Apparatetechnik oder gezielt in Teilbereiche davon einzuarbeiten. Darüber hinaus soll es auch als Begleiter in der täglichen Praxis und im weiteren Studium dienen, worin wichtige Informationen direkt zu finden und Hinweise auf weiterführende Quellen genannt sind. Es wurde ein Optimum zwischen Übersichtlichkeit einerseits und Detailinformation andererseits angestrebt und großer Wert auf Einheitlichkeit im Aufbau mit konsequenten Querverweisen zwischen den Teilgebieten gelegt.

Bild 1.1 gibt eine Übersicht über den Aufbau des Buches. Die Kapitel lassen sich in drei Gruppen unterteilen:

1. Grundlegendes und zeichnerische Darstellung (*Kapitel 2 und 5*)

2. Werkstoffe, Rohrleitungs- und Apparateelemente (*Kapitel 3 und 4*)

3. Berechnungen und Gestaltung (*Kapitel 6 bis 10*)

„Grundlegendes" und „zeichnerische Darstellung" bilden den Gesamtrahmen. In der Kapitelfolge steht „Grundlegendes" am Anfang. „Zeichnerische Darstellung" folgt auf Rohrleitungs- und Apparateelemente, weil deren Kenntnis Voraussetzung für das Anfertigen von Zeichnungen ist. Insgesamt bilden die *Kapitel 2 bis 5* den beschreibenden Teil des Buches. Neben Beschreibungen finden sich dort Hinweise auf die Normung sowie Zusammenstellungen von Kenngrößen, die Ingenieurinnen und Ingenieure in ihrer täglichen Arbeit brauchen und die für die Berechnungen in den späteren Kapiteln notwendig sind.

In den Berechnungskapiteln wird zunächst auf die Grundlagen für die Festigkeitsberechnung von Druckbehältern, Apparaten und Rohrleitungen eingegangen (*Kapitel 6*). Es folgt die konkrete Wanddickenberechnung von Apparaten (*Kapitel 7*). Die drei weiteren Kapitel be-

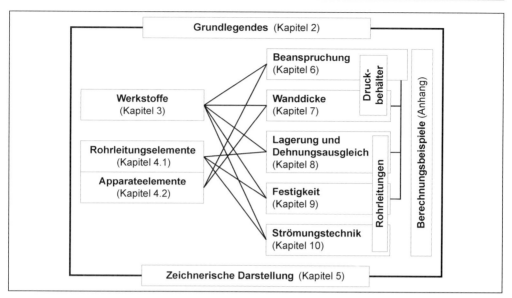

Bild 1.1: Inhaltsübersicht

schäftigen sich mit der Gestaltung und Berechnung von Rohrleitungen einschließlich ihrer strömungstechnischen Auslegung. Sämtliche Berechnungskapitel enthalten Diagramme und Tabellen mit den jeweils wesentlichen Kennwerten. Viele Berechnungen können so ohne zusätzliche Quellen durchgeführt werden.

Ergänzt und unterstützt werden die Berechnungskapitel von Beispielrechnungen im *Anhang*. Sie sollen der Vertiefung des Stoffes und der Kontrolle des Verständnisses dienen. Außerdem lassen sich viele Detailfragen und Verständnislücken durch das Nachvollziehen exemplarischer Berechnungen am einfachsten klären. Sie wurden der Übersichtlichkeit wegen nicht in den Text gemischt, sondern im *Anhang* zusammengefasst.

In **Bild 1.1** sind auch die vielen Querverbindungen insbesondere zwischen den beschreibenden Kapiteln und den Berechnungskapiteln beispielhaft dargestellt. Entsprechende Querverweise finden sich im Text. Es wurde darauf geachtet, wo notwendig und sinnvoll die Quellen exakt anzugeben und auf weiterführende Literatur hinzuweisen, um weitere Recherchen zu erleichtern.

2 Grundlegendes

Die Einsatzgebiete von Rohrleitungen sind bekanntermaßen mannigfaltig. Es gibt kaum einen mechanisch-technischen Bereich, in dem sie nicht gebraucht werden. Besonders große Bedeutung hat die Rohrleitungstechnik in:

- Ver- und Entsorgungstechnik (Gebäudeausrüstung und öffentliche Ver- und Entsorgung)
- Energietechnik (z.B. Kraftwerke, Fernwärmleitungen etc.)
- Verfahrenstechnik

Insbesondere in verfahrenstechnischen, teilweise jedoch auch in versorgungs- und energietechnischen Anlagen sind Rohrleitungen Teil der Apparatetechnik (**Bild 2.1**). In *Abschnitt 2.2* wird erläutert, was Apparate sind und woraus sie bestehen. Rohrleitungen und Apparate sind in ihrer geometrischen Form meist ähnlich. Bei entsprechenden Dimensionen werden Apparate aus Rohren hergestellt und sehr häufig beinhalten Apparate Rohre als Einbauten (z.B. Rohrbündel-Wärmaustauscher).

2.1 Funktion und Form von Rohrleitungen

Rohrleitungen dienen in erster Linie zum Transport von Fluiden, d.h. von fließfähigen Stoffen wie Flüssigkeiten, Gasen oder auch Mehrstoffgemischen (z.B. Gemischen aus Flüssigkeiten und Feststoffkörnern beim hydraulischen Transport oder Gasen und Stäuben beim pneumatischen Transport). Es gibt sie in unterschiedlichsten Querschnittsformen, in den meisten Fällen sind sie jedoch kreisrund. Die Bandbreite der Durchmesser und Längen ist sehr groß. Sie reicht beispielsweise von Ölleitungen in Maschinen oder Kraftfahrzeugen mit wenigen Millimetern Durchmesser und wenigen Zentimetern Länge bis zu Wasserrohrleitungen oder Pipelines für die öffentliche Versorgung mit Durchmessern von mehreren Me-

Bild 2.1: Teilansicht einer Olefinanlage (Werkbild Linde AG, Werksgruppe VA, München)

tern und Längen von Hunderten von Kilometern. Die **Bilder 2.2 bis 2.6** zeigen einige Beispiele.

Eine wesentliche Unterscheidung ist die in Druckleitungen und drucklose Leitungen. Druckleitungen stehen unter innerem oder äußerem Überdruck, der die Rohrwand belastet. Vakuumleitungen stehen unter innerem Unterdruck. Dies ist gleich bedeutend mit äußerem Überdruck. Somit fallen sie in die Kategorie der Druckleitungen. Der Überdruck (bzw. Unterdruck) wird zum Transport der Fluide benötigt und durch

Bild 2.2: Kupferrohrleitungen 10x1 für gasförmige Labor-Medien

Pumpen, Verdichter (bzw. Vakuumpumpen) oder geodätische Höhenunterschiede (z.B. Wasser-Hochbehälter) erzeugt. Er kann jedoch auch ganz oder zusätzlich durch den Prozess bedingt sein, in den die Rohrleitung eingebunden ist (z.B. Dampferzeugung, chemische bzw. verfahrenstechnische Prozesse, Vakuumtechnik etc.).

Drucklose Leitungen (auch „Freispiegelleitungen") sind nicht voll gefüllt. Für den Fluidtransport ist hier ein geodätisches Gefälle der Rohrleitung notwendig. Z.B. Abwasserleitungen werden häufig so gebaut. Allerdings erzeugt auch die Teilfüllung einer Rohrleitung mit einer Flüssigkeit hydrostatischen Druck auf Teile der Rohrwand, der diese belastet. Das Rohr ist also genau genommen nicht vollständig drucklos. Außerdem ist nie auszuschließen, dass sich das Rohr unter bestimmten Bedingungen voll füllt (z.B. Abwasserrohr bei starkem Regen). Sobald dies geschieht, entsteht Überdruck im Innern des Rohres und die Rohrwand wie auch Verbindungselemente, Dichtungen etc. werden entsprechend höher belastet.

Für die Funktion von Rohrleitungen oder, weiter gefasst, Rohrleitungssystemen, sind nicht nur Rohre, sondern auch eine Reihe weiterer Rohrleitungselemente notwendig, beispielsweise (siehe auch **Bilder 2.2 ... 2.6**):

- Verbindungselemente (Schweißverbindungen, Flansche, Verschraubungen etc.)
- Formstücke (Bögen, Abzweige bzw. Abzweigungen, Reduktionen etc.)
- Armaturen zum Steuern, Regeln und Absperren der Fluidströme (Ventile, Hähne, Schieber, Klappen)

2.2 Funktion und Form von Apparaten

Der deutsche Begriff „Apparat" ist nicht eindeutig. Im allgemeinen Sprachgebrauch werden darunter üblicherweise elektrotechnische Geräte verstanden (z.B. „Radio"- oder „Fernsehapparat"). In dem hier behan-

Bild 2.3: Versorgungsleitungen in einem Rohrkanal (Werkbild Siemens AG, München)

delten ingenieurwissenschaftlichen Bereich sind „Apparate" dagegen Behälter, in denen Prozesse zur Veränderung von Stoffen oder Stoffgemischen in ihrer Art, ihrer Zusammensetzung oder ihren Eigenschaften ablaufen, z.B.:

- Wärmeaustauscher, in denen Wärme zwischen zwei Stoffströmen übertragen wird;
- Abscheider oder Filter, in denen Feststoffpartikel oder Tröpfchen aus Fluidströmen abgetrennt werden;
- Dampferzeuger oder Kondensatoren, in denen ein Phasenübergang flüssig-gasförmig oder umgekehrt stattfindet;

Bild 2.4:   Teil einer Kühlwasser-Kreislaufanlage mit Pumpen
(Werkbild Siemens AG, München)

- Rührkessel zum Vermischen verschiedener Stoffe;
- Sprühkolonnen, Füllkörperkolonnen oder Blasensäulen zum Stoffaustausch zwischen verschiedenen Fluidströmen;
- Destillations- oder Rektifikationskolonnen mit Füllkörpern oder Böden zum Trennen von Stoffgemischen;
- Reaktoren, in denen chemische Reaktionen ablaufen.

Grundsätzlich sind es geschlossene Behälter mit unterschiedlichen Anschlüssen und Einbauten. Die Variantenvielfalt ist groß. Die äußerliche Behälterform ist jedoch sehr häufig zylindrisch mit gewölbten Böden als Abschlüssen und Stutzen als Anschlüssen für Rohrleitungen, Messvorrichtungen etc. Die häufige zylindrische Form rührt daher, dass diese Druckbelastungen besonders gut aufnehmen kann (siehe *Kapitel 6 „Beanspruchungen von Druckbehälterwänden"*) und kostengünstig herzustellen ist. Einbauten sind z.B. gelochte Böden, Platten, Rohre und Düsen, durch die Fluide eingesprüht werden. In vielen Fällen sind auch An- oder Einbauten zum Heizen und

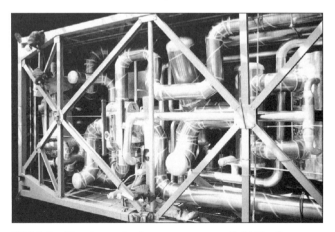

Bild 2.5:   Verrohrung in einer sogenannten „Cold Box"
(Werkbild Linde AG, Werksgruppe VA, München)

Kühlen notwendig (z.B. Doppelmantel außen oder Rohrschlange innen). Speziell im Bereich der mechanischen Verfahrenstechnik gibt es auch bewegte Einbauten wie z.B. Rührer in Rührkesseln.

Im folgenden werden einige Apparatetypen beispielhaft vorgestellt.

2.2.1 Behälter

Behälter kann man als die einfachste Form von Apparaten bezeichnen. Es sind schlicht Hohlkörper ohne Einbauten zum

Bild 2.6: Rohrleitung mit Absperrschiebern in einer Ethylen-Anlage (Werkbild Friatec AG, Mannheim)

Lagern, Puffern oder Vorlegen von Fluiden oder Feststoff-Schüttgütern. Man unterscheidet Lager- und Druckbehälter. Diese Differenzierung entspricht der zwischen drucklosen Rohrleitungen und Druckrohrleitungen oben. So steht ein Druckbehälter unter innerem oder äußerem Überdruck, ein Lagerbehälter nicht, wobei das Gewicht der Füllung auf einen Teil der Lagerbehälterwand auch dort Überdruck erzeugt. Behälter bestehen aus einem meist zylindrischen Grundkörper mit gewölbten oder flachen Abschlüssen und Anschlussstutzen für Rohrleitungen, Mess-, Regeltechnik u.ä. **Bild 2.7** zeigt Beispiele.

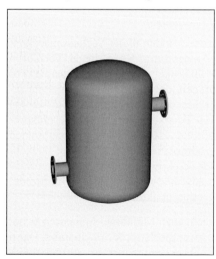

Bild 2.7: Behälter: links Beispiel für prinzipielle Form, rechts Behälter aus GFK (Mischbett-Ionenaustauscher zur Reinstwasseraufbereitung, Werkbild Purita GmbH, Wermelskirchen)

Eine etwas besondere Art von Behältern sind solche, die einen Stoffstrom aus einer Zuleitung auf mehrere Ableitungen verteilen oder umgekehrt die Stoffströme aus mehreren Zuleitungen in einer Ableitung sammeln. Sie werden entsprechend als „Verteiler" und „Sammler" bezeichnet und sind gekennzeichnet durch Reihen paralleler radial angeordneter Zu- oder Abgangsstutzen (**Bild 2.8**).

Bild 2.8:   Verteiler mit zylindrischem (oben) und prismatischem (unten) Grundrohr

2.2.2 Abscheider und Filter

In Trocken-Abscheidern und Filtern werden Feststoffpartikel aus Flüssigkeits- oder Gasströmen und Flüssigkeitströpfchen aus Gasströmen abgetrennt. Dazu werden die Partikel und Tröpfchen beispielsweise auf Oberflächen oder Hindernissen abgeschieden, während das Trägerfluid weiterströmt. Entsprechend bestehen die Einbauten solcher Apparate aus Prallplatten, Sieben oder Filterelementen. Ein Zyklon kommt jedoch beispielsweise ohne solche Einbauten aus. Hier wird die Abscheidung von Partikeln und Tröpfchen über Fliehkraft durch die konische Form der Apparatewand und entsprechende Strömungsführung erreicht (**Bild 2.9**). In anderen Abscheidern wie Zentrifugen oder Sichtern wird Fliehkraft durch rotierende Einbauten erzeugt. In Nassabscheidern werden Partikel z.B. über zerstäubte Flüssigkeit aus dem Gasstrom ausgewaschen.

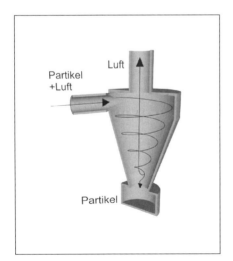

Bild 2.9:   Prinzip von Aufbau und Funktion eines Zyklons zur Partikelabscheidung aus Gasströmen

2.2.3 Membran-Apparate

Membranprozesse finden in der Verfahrenstechnik zunehmend Anwendung. Kern dieser Verfahren sind „halbdurchlässige" oder „semipermeable" Polymer-Membranen, die Partikel und Moleküle selektiv durchlassen oder zurückhalten. Sie werden eingesetzt, um Partikel oder Moleküle entsprechend ihrer Größe aus Stoffströmen abzutrennen (z.B. Mikro-, Ultra-, Nano-Filtration oder Umkehrosmose) oder selektiv Moleküle zwischen zwei Stoffströmen auszutauschen (z.B. Drucklufttrocknung oder Membranreaktoren).

In den entsprechenden Membran-Apparaten trennt die Membran zwei Stoffströme voneinander. Darin ist die Membran spiralförmig aufgewickelt („Wickel-Modul") oder in Form von zahlreichen parallelen dünnen Schläuchen („Hohlfaser-Modul") angeordnet. Üblicherweise sind die Apparate schlank zylindrisch, d.h. rohrförmig mit den Anschlüssen für die Zu- und Ableitungen in den Rohrabschlüssen (**Bild 2.10**).

2.2.4 Wärmeaustauscher

Wärmeaustauscher dienen zur Wärmeübertragung von einem wärmeren auf einen kälteren Stoffstrom. Meist berühren sich die beiden Ströme dabei nicht direkt, sonder sind durch eine Wand voneinander getrennt. Diese Wand kann die Wand eines Rohres sein, das innen durch- und außen umströmt wird wie z.B. in einem Rohrbündelwärmeaustauscher (**Bilder 2.11 und 2.12**) oder eine Platte, an deren Oberflächen die beiden Fluide entlang strömen (Plattenwärmeaustauscher, **Bild 2.13**).

2.2.5 Kolonnen

Kolonnen sind schlanke zylindrische Apparate (**Bild 2.14**). Wegen dieser charakteristischen Form werden sie auch „Türme" genannt. Man unterscheidet z.B.:

Bild 2.10: Ultrafiltrations-Apparate in einer Reinstwasseranlage (Werkbild Purita GmbH, Wermelskirchen)

- Füllkörperkolonnen mit lose geschütteten oder fest gepackten Füllkörpern aus unterschiedlichsten Werkstoffen auf Tragböden z.B. für Ab- oder Desorptionsprozesse

- Sprühkolonnen oder Blasensäulen, in denen ein Fluid (disperse Phase) über Düsen in einem anderen Fluid (kontinuierliche Phase) tropfen- oder blasenförmig verteilt wird z.B. für Absorptionsprozesse oder zum Direktwärmeaustausch zwischen den beiden Phasen

- Bodenkolonnen mit gelochten Böden z.B. für Rektifikationsprozesse

Entsprechend bestehen die Einbauten von Kolonnen aus Böden, Düsen, Vorrichtungen zur

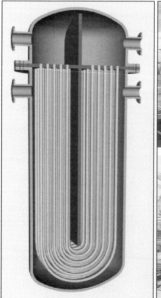

Bild 2.11: U-Rohr Wärmeaustauscher: links prinzipieller Aufbau, rechts Rohrbündel (Werkbild Linde AG Werksgruppe VA, München)

Bild 2.12: Gewickelter Rohrbündelwärmeaustauscher:
links Rohrbündel, rechts kompletter Wärmeaustauscher bei Montage[1]
(Werkbilder Linde AG Werksgruppe VA, München)
[1] Der Wärmeaustauscher rechts enthält nicht das Rohrbündel links

Vergleichmäßigung von Strömungen, zum Heizen oder Kühlen etc. (**Bild 2.15**). Hier sei auf DIN 28016[1] hingewiesen, worin die Benennung der verschiedenen Elemente von Kolonnen übersichtlich geregelt ist.

2.2.6 Reaktoren

Reaktoren sind Apparate, in denen chemische Reaktionen oder auch biologische Fermenta-tionen („Fermenter") ablaufen. Sie werden speziell für die jeweilige Anwendung ausgelegt, die Variantenvielfalt ist entsprechend groß. Meist findet sich jedoch auch hier die typische zylindrische Form mit gewölbten Böden und Anschlussstutzen (**Bild 2.16**).

Bild 2.13: Aluminium-Plattenwärmeaustauscher in einer sogenannten „Cold Box"
(Werkbild Linde AG Werksgruppe VA, München)

2.3 Regelwerke und Richtlinien

Rohrleitungen und Apparate bergen im Betrieb häufig erhebliche Gefahrenquellen aufgrund des herrschenden Überdruckes, hoher Temperaturen, Giftigkeit, Brennbarkeit oder Umwelt-schädlichkeit der eingesetzten Flüssigkeiten und Gase, der Folgen ablaufender Reaktionen etc. Bei Konstruktion, Berechnung, Betrieb und Überwachung ist deshalb besondere Sorgfalt not-

[1] berücksichtigte Ausgabe: DIN 28016: 1987-01

Bild 2.14: Kolonnen: links Phosgenkolonne bei der Schiffsverladung, rechts Destillationskolonne
beim Straßentransport
(Werkbilder Johann Stahl GmbH & Co. KG, Mannheim)

wendig. Entsprechend betreffen zahlreiche Gesetze, Verordnungen und Richtlinien den weiten Anwendungsbereich von Rohrleitungen und Apparaten, in Deutschland wie international.
Falls nicht anders gesagt, betrifft das Folgende deutsche Regelungen.

Grundsätzlich muss man unterscheiden zwischen

- hoheitlichen Rechtsvorschriften, die vom Gesetzgeber zwingend vorgeschrieben sind und
  deren Nichtbeachtung direkte rechtliche Folgen haben kann, und

- Regeln der Technik, die dem Ingenieur eine Richtschnur für zweckmäßiges Vorgehen in
  die Hand geben.

Hoheitliche Rechtsvorschriften sind zunächst Gesetze und Rechtsverordnungen. Speziell im
Bereich der Arbeitssicherheit, die hier große Bedeutung hat, sind dies auch Unfallverhü-
tungsvorschriften, die von den Berufs-
genossenschaften mit Zustimmung des
Bundesministeriums für Arbeit und So-
ziales erarbeitet werden[2].

Gesetze stellen die höchste Ebene der
Rechtsvorschriften dar. Sie beinhalten
allgemeine Regelungen, z.B. dass Anlagen unter bestimmten Bedingungen ge-
nehmigungsbedürftig sind. Für die
Rohrleitungs- und Apparatetechnik besonders relevant sind hier z.B.[3]:

- Bundesimmissionsschutzgesetz
- Gewerbeordnung
- Gerätesicherheitsgesetz

Bild 2.15: Prozessböden und Flüssigkeitsverteiler in
einer Destillationskolonne
(Werkbild Johann Stahl GmbH & Co.
KG, Mannheim)

---

[2] z.B. [20] und [21]
[3] [22], [23], [24], [25]

Bild 2.16:   Reaktoren: links Polymerisationsre-
            aktor bei der Schiffsverladung
            (Werkbild Johann Stahl GmbH & Co.
            KG, Mannheim)
            rechts Methanolreaktor bei der Vorbe-
            reitung zur Wasserdruckprobe
            (Werkbild Deggendorfer Werft und
            Eisenbau GmbH, Deggendorf)

• Chemikaliengesetz

• Wasserhaushaltsgesetz

• Arbeitsschutzgesetz

Näheres wird auf der nächsten Ebene der Rechtsvorschriften geregelt, die auf Basis von Ge-
setzen erlassen werden. Relevant sind z.B.:

• Druckbehälterverordnung

• Dampfkesselverordnung

• Verordnung über brennbare Flüssigkeiten

• Verordnung über Gashochdruckleitungen

Dem Ingenieur sind für seine tägliche Arbeit technische Regeln an die Hand gegeben. Häufig wird in Verordnungen auf sie Bezug genommen, d.h. es wird vorgeschrieben, dass nach
den dort beschriebenen Regeln vorzugehen ist. Beispiele für einschlägige technische Regeln
auf Basis der oben genannten Verordnungen sind:

• Technische Regeln für Druckbehälter (TRB)

• Technische Regeln Rohrleitungen (TRR)

• Technische Regeln für Dampfkessel (TRD)

• Technische Regeln für brennbare Flüssigkeiten (TRbF)

• Technische Regeln für Acetylenanlagen und Calciumcarbidlager (TRAC)

- Technische Regeln für Gashochdruckleitungen (TRGL)
- Technische Regeln Gas-Installationen (TRGI)

Weitere Richtlinien, auf die in den genannten technischen Regeln teilweise wiederum hingewiesen wird, werden von unterschiedlichen Vereinigungen herausgegeben. Für das weite Gebiet der Rohrleitungs- und Apparatetechnik sind das z.B.:

- Deutsches Institut für Normung (DIN-Normen)
- Verein Deutscher Ingenieure (VDI-Richtlinien)
- Arbeitsgemeinschaft Druckbehälter (AD-Merkblätter)
- Vereinigung der Technischen Überwachungsvereine (VdTÜV-Merkblätter)
- Fachverband Dampfkessel-, Behälter- und Rohrleitungsbau (FDBR-Richtlinien)
- Deutsche Vereinigung des Gas- und Wasserfaches (DVGW-Arbeitsblätter)
- Abwassertechnische Vereinigung (ATV-Richtlinien)
- Bundesindustrieverband Heizungs-, Klima- und Sanitärtechnik (BHKS-Regeln)

Im Zusammenhang mit technischen Regeln sind noch folgende Begriffe interessant[4]:

„Regeln der Technik" bedeutet lediglich, dass sie Erfahrung und Wissen von Fachleuten beinhalten. Zu „anerkannten" oder „allgemein anerkannten" Regeln der Technik werden diese, wenn sie schriftlich fixiert sind und die Mehrheit der Fachleute, die sie anzuwenden haben, ihre Richtigkeit anerkennt. Die schriftliche Fixierung alleine genügt hierfür nicht. Allerdings sind die Verfahren zur Erstellung der oben genannten Normen und Richtlinien so geregelt (z.B. Beteiligung entsprechender Interessengruppen, Vorveröffentlichung und Einspruchsmöglichkeit), dass ihre Anerkennung vermutet werden kann. Sicher ist es jedoch nicht. Juristisch gesehen hat, wer anerkannte Regeln der Technik befolgt, nach „erstem Anschein nicht fahrlässig" gehandelt. Der „Stand der Technik" entwickelt sich ständig weiter und geht somit häufig über die anerkannten Regeln der Technik hinaus. Noch weiter reicht der „Stand der Wissenschaft und Technik", der durch experimentelle Erprobung und Anwendung wissenschaftlicher Erkenntnisse abgesichert ist.

International haben in der Rohrleitungs- und Apparatetechnik insbesondere für industrielle Anwendungen häufig US-amerikanische Regeln eine besondere Bedeutung. Zu nennen ist beispielsweise der „Boiler and Pressure Vessel Code" der „American Society of Mechanical Engineers" (ASME) oder der ASME Code für „Pressure Piping" mit den Teilen „Power Piping", „Chemical Piping" oder „Process Piping".

Im Zuge der Harmonisierung europäischer Normen und Richtlinien wurden und werden zur Zeit auch im Bereich der Rohrleitungs- und Apparatetechnik zahlreiche Normen und Richtlinien z.B. zu Werkstoffen, technischen Lieferbedingungen und Berechnungen geändert oder ersetzt. Hier sei z.B. auf die EG-Richtlinie für Druckgeräte[5] hingewiesen, die nach dem 29. Mai 2002 als die alleinige Rechtsvorschrift in den Mitgliedsstaaten der EU und der EFTA für das „Inverkehrbringen von Druckgeräten und Baugruppen hieraus mit einem zulässigen Druck von mehr als 0,5 bar" gelten wird. Sie zieht eine Reihe neuer deutscher Normen und Richtlinien nach sich, die allerdings bisher zum Teil nur im Entwurf vorliegen (siehe hierzu auch *Abschnitte 7.1.1, 9.1.1 und 9.3*).

---

4 [20]
5 „Richtlinie des Europäischen Parlaments und des Rates zur Angleichung der Rechtsvorschriften der Mitgliedstaaten über Druckgeräte" (97/23/EG vom 29.05.1997)

3 Werkstoffe

In der Rohrleitungs- und Apparatetechnik insgesamt findet sich eine Vielzahl verschiedener Werkstoffe (**Tabelle 3.1**). Etliche davon kommen jedoch nur in wenigen sehr speziellen Anwendungen vor. Die wichtigsten Apparate- und Rohrwerkstoffe stammen aus den Gruppen

- Eisenwerkstoffe
- Nichteisenmetalle
- Kunststoffe.

In den meisten Fällen werden die Wände von Apparaten, Rohrleitungen, Formstücken, Armaturen etc. voll aus einem bestimmten Werkstoff dieser Gruppen hergestellt. In manchen Fällen ist das jedoch nicht wirtschaftlich oder technisch nicht sinnvoll, z.B. wenn der benötigte Oberflächenwerkstoff sehr teuer (z.B. Edelmetalle oder hoch legierte Stähle) oder als tragender Werkstoff nicht geeignet ist (z.B. PTFE) oder wenn besondere Eigenschaften verschiedener Werkstoffe kombiniert werden sollen (z.B. diffusionsdichte Metallschicht in Kunststoffrohr). Dann kann mit Werkstoffkombinationen gearbeitet werden. Dazu wird z.B. die Oberfläche eines Bleches oder Rohres mit einem Kunststoff beschichtet, mit einem anderen Metall plattiert (**Bild 3.1**) oder ein vorgefertigter Verbundwerkstoff verwendet[1].

3.1 Eisenwerkstoffe

Die Gruppe der Eisenwerkstoffe hat in der Rohrleitungs- und Apparatetechnik die weitaus größte Bedeutung. Sie umfasst eine Vielzahl verschiedener Materialien, die auf dem Grundelement Eisen basieren. Es lassen sich zunächst die Gruppen

---

[1] [10], [14]

Tabelle 3.1: Übersicht über Werkstoffe für Rohrleitungen und Apparate

Eisenwerkstoffe	Eisenknetwerkstoffe	Allgemeine Baustähle
		Feinkornbaustähle
		Nichtrostende Stähle
		Warmfeste, kaltzähe, druckwasserstoffbeständige Stähle
	Eisengusswerkstoffe	Gusseisen, Stahlguss, Temperguss
Nichteisenmetalle	Cu, Al, Mg, Ni und ihre Legierungen	
	Zink, Zinn, Blei	
	Sondermetalle	Titan, Tantal, Zirkonium, Niob, Molybdän
	Edelmetalle	Gold, Silber, Platin
Kunststoffe	Duroplaste	Glasfaserverstärkte Kunststoffe
	Thermoplaste	PVC, PP, PE, ABS, PVDF, PFA, PTFE etc.
Keramik	Porzellan	
	Steinzeug	
	Sonderwerkstoffe	Borcarbid, Siliziumcarbid, Siliziumnitrid
Graphit	Hartkohle, elektrographitierte Kohle	
Beton, Faserzement		

Bild 3.1: Plattieren mittels Elektroschlackenauftragsschweißen „RES" (Werkbild Deggendorfer Werft und Eisenbau GmbH, Deggendorf)

- Eisenknetwerkstoffe (gewalzter und geschmiedeter Stahl) und

- Eisengusswerkstoffe (Gusseisen, Stahl- und Temperguss)

unterscheiden. Die Grenze zwischen Stahl und Gusseisen liegt allgemein (mit Ausnahmen) bei einem Kohlenstoffgehalt von 2%[2]. Bis 2% spricht man von Stahl, darüber von Gusseisen.

3.1.1 Eisenknetwerkstoffe

Eisenknetwerkstoffe sind Stähle, die durch Walzen oder Schmieden in die gewünschte Form gebracht werden. Dies ist eine sehr große Gruppe von Werkstoffen, deren Eigenschaften von ihrer chemischen Zusammensetzung sowie der Art ihrer Herstellung und weiterer Behandlung abhängen. **Tabelle 3.2** gibt einen Überblick über Ausdehnungskoeffizienten und Elastizitätsmoduln von Stahl. Festigkeitskennwerte sind für Bleche in **Tabelle 7.4** und für Rohre in **Tabelle 9.2** zu finden. Die Querkontraktionszahl von Stahl wird allgemein mit $\nu \approx 0{,}3$ angegeben.

[2] DIN EN 10020: 2000-07

Tabelle 3.2: Anhaltswerte für Ausdehnungskoeffizienten und Elastizitätsmoduln von Stahl (Werte aus: [*3*] und [*43*])

	Temperatur						
	20 °C	100 °C	200 °C	300 °C	400 °C	500 °C	600 °C
Wärmeausdehnungskoeffizient β_L **in** 10^{-6}K^{-1}							
niedrig legiert	11,9	12,7	13,7	14,7	15,7	16,7	17,7
Austenit	16,8	17,7	18,7	19,5	20,1	20,5	20,7
mittlerer linearer Wärmeausdehnungskoeffizient $\overline{\beta}_L$ zwischen 20°C und der jeweiligen Temperatur **in** 10^{-6}K^{-1}							
niedrig legiert	11,9	12,3	12,8	13,3	13,8	14,3	14,8
Austenit	16,8	17,3	17,8	18,2	18,7	19,0	19,3
Elastizitätsmodul E **in** 10^5 **N/mm²**							
niedrig legiert	2,12	2,07	1,99	1,91	1,83	1,74	1,66
Austenit	1,97	1,91	1,82	1,74	1,66	1,58	1,50

In den folgenden Abschnitten wird zunächst kurz auf die Einteilung und Benennung der Stähle und danach auf einige für die Rohrleitungs- und Apparatetechnik besonders wichtige Stahlgruppen eingegangen.

3.1.1.1 Einteilung und Bezeichnung von Stählen

Stähle werden entweder nach ihrer chemischen Zusammensetzung oder ihren wesentlichen Eigenschafts- und Anwendungsmerkmalen (Hauptgüteklassen) eingeteilt. DIN EN 10020[3] enthält die entsprechenden Definitionen. Nach der chemischen Zusammensetzung werden unterschieden:

- unlegierte Stähle

- nicht rostende Stähle

- andere legierte Stähle

Unlegierte Stähle enthalten neben Eisen und Kohlenstoff nur in sehr geringen Mengen zusätzliche Legierungselemente. Für die in Frage kommenden Legierungselemente sind „Grenzgehalte" festgelegt, die zwischen 0,05 und 1,65% liegen. Nicht rostende Stähle enthalten mindestens 10,5% Chrom und maximal 1,2% Kohlenstoff. Alle Stähle, die weder die Bedingungen für unlegierte noch die für nicht rostende Stähle erfüllen, werden „andere legierte Stähle" genannt. **Tabelle 3.3** gibt eine Übersicht über die weitere Einteilung nach Hauptgüteklassen. Allgemein werden legierte Stähle mit bis zu 5% eigenschaftsbestimmenden Elementen auch als „niedrig legiert", solche mit mehr als 5% als „hoch legiert" bezeichnet.

Tabelle 3.3:   Einteilung von Stählen nach DIN EN 10020: 2000-07

Einteilung nach der chemischen Zusammensetzung	Einteilungen nach Hauptgüteklassen	
Unlegierte Stähle	Unlegierte Qualitätsstähle	
	Unlegierte Edelstähle	
Nichtrostende Stähle	Nickelgehalt kleiner oder größer 2,5%	
Andere legierte Stähle	Legierte Qualitätsstähle	
	Legierte Edelstähle	korrosionsbeständig
		hitzebeständig
		warmfest

Die Bezeichnung der Stähle ist in DIN EN 10027[4] geregelt. Jedem Stahl ist dort ein Kurzname (DIN EN 10027-1) und eine Werkstoffnummer (DIN EN 10027-2) zugeordnet. Die Kurznamen enthalten Informationen entweder über die Festigkeit und weitere Eigenschaften des Stahls oder über seine chemische Zusammensetzung.

---

3   berücksichtigte Ausgabe: DIN EN 10020: 2000-07
4   berücksichtigte Ausgabe: DIN EN 10027: 1992-09

3.1.1.2 Unlegierte Baustähle und Stähle für einfache Druckbehälter

Unlegierte Baustähle sind in der Rohrleitungs- und Apparatetechnik sehr häufig. Es sind einfache Stähle, die immer dann die erste Wahl sind, wenn die besonderen Eigenschaften anderer Stahlgruppen nicht notwendig sind (z.B. Korrosionsfestigkeit, Warmfestigkeit etc.). Die Kurznamen der meisten unlegierten Baustähle enthalten Informationen über deren Festigkeit, heute über die Mindeststreckgrenze in N/mm^2 (DIN EN 10027-1; z.B. S235, S275, S355)[5], früher über die Zugfestigkeit in kp/mm^2 (DIN

Tabelle 3.4: Unlegierte Baustähle aus DIN EN 10025: 1994-09 für Druckbehälter nach AD-Merkblatt W1: 1998-02

Kurzname nach DIN EN 10027-1	Frühere Bezeichnung nach DIN 17100
S235JRG1	USt 37-2
S235JRG2	RSt 37-2
S235J2G3	St 37-3 N
S275JR	St 44-2
S275J2G3	St 44-3 N
S355J2G3	St 52-3 N
S355K2G3	-

17100; z.B. St 37, St 44, St 52)[6]. Weitere Eigenschaften der Stähle werden durch zusätzliche Buchstaben und Zahlen angegeben. **Tabelle 3.4** enthält die unlegierten Baustähle aus DIN EN 10025[7], die nach AD-Merkblatt W1[8] für Druckbehälter verwendet werden dürfen.

Druckbehälter für Luft und Stickstoff mit einem Überdruck von mindestens 0,5 bar sind „einfache Druckbehälter" nach EG-Richtlinie 87/404/EEC. Speziell dafür sind in DIN EN 10207[9] und entsprechend in AD-Merkblatt W1 folgende Werkstoffe zugelassen[10]:

- P235S (unlegierter Qualitätsstahl)

- P265S (unlegierter Qualitätsstahl)

- P275SL (unlegierter Edelstahl)

3.1.1.3 Feinkornbaustähle

Feinkornbaustähle weisen eine besonders feine Kornverteilung auf, die durch spezielle Herstellungsverfahren erreicht wird. Sie gibt den Stählen höhere Festigkeit und geringere Sprödbruchempfindlichkeit. Außerdem sind sie besonders gut zum Schweißen geeignet. **Tabelle 3.5** enthält eine Übersicht über normalgeglühte Feinkornbaustähle für Druckbehälter nach DIN EN 10028-3: 1993-04. Daneben enthält diese Norm je einen Teil zu thermomechanisch gewalzten (Teil 5) und vergüteten (Teil 6) Feinkornbaustählen.

3.1.1.4 Nichtrostende Stähle

Unlegierter Stahl ist, wie allgemein bekannt, sehr korrosionsanfällig. Mit bestimmten Legierungselementen kann die Resistenz jedoch entscheidend erhöht werden. Wie in *Abschnitt*

---

5 Der Buchstabe „S" am Anfang des Kurznamens bedeutet „Baustahl"
6 „Kilopond" (kp) ist eine veraltete Kraft-Einheit, die sich in diesem Zusammenhang jedoch hartnäckig gehalten hat.
7 berücksichtigte Ausgabe: DIN EN 10025: 1994-03
8 berücksichtigte Ausgabe: AD-W1: 1998-02
9 berücksichtigte Ausgabe: DIN EN 10207: 1997-09
10 Der Buchstabe „P" am Anfang des Kurznamens bedeutet „Druckbehälterstahl"

Tabelle 3.5: Schweißgeeignete Feinkornbaustähle für Druckbehälter nach DIN EN 10028-3: 1993-04

Reihe	Heutiger Kurzname (DIN EN 10028-3)	Früherer Kurzname (DIN 17102)	Stahlklasse nach DIN EN 10020
Grundreihe	P275N	StE 285	UQ
	P355N	StE 355	UQ
	P460N	StE460	LS
Warmfeste Reihe	P275NH	WStE 285	UQ
	P355NH	WStE 355	UQ
	P460NH	WStE460	LS
Kaltzähe Reihe	P275NL1	TStE 285	UQ
	P355NL1	TStE 355	UQ
	P460NL1	TStE460	LS
Kaltzähe Sonderreihe	P275NL2	EStE 285	US
	P355NL2	EStE 355	US
	P460NL2	EStE460	LS

UQ=unlegierter Qualitätsstahl; US=unlegierter Edelstahl; LS=legierter Edelstahl

3.1.1.1 beschrieben enthalten nicht rostende Stähle nach DIN EN 10020 mindestens 10,5% Chrom. In der Literatur werden häufig auch andere Werte genannt, z.B. [8]:

- „rostbeständig" mit mindestens ca. 13% Chrom
- „säurebeständig" mit 17 bis 18% Chrom und zusätzlich 1,5 bis 3% Molybdän und/oder 8 bis 12% Nickel

In jedem Fall ist zu beachten, dass die hohe Korrosionsbeständigkeit nur bei metallisch blanker Oberfläche gegeben ist. Eine Beständigkeit gegen interkristalline Korrosion, die z.B. Schweißbarkeit ohne Wärmenachbehandlung ermöglicht, wird zudem durch einen Kohlenstoffanteil unter 0,05% (besser <0,03%) oder stabilisierende Legierungselemente wie Titan oder Niob erreicht.

Nach der Gefügestruktur werden hoch legierte Stähle unterschieden in:

- austenitische mit niedrigem Kohlenstoffgehalt (< 0,08%), 16 bis 28% Chrom und 6 bis 35% Nickel, nicht härtbar, mit günstigen Verformungs- und Zähigkeitseigenschaften sowie besonders hoher Säureresistenz
- ferritische mit niedrigem Kohlenstoffgehalt und ca. 12 bis 19% Chrom, nicht härtbar, chemische Resistenz geringer als die von austenistischen Stählen, hohe Drücke kritisch [13], Einsatz z.B. für Wärmeaustauscher [8]
- austenitisch-ferritische mit niedrigem Kohlenstoffgehalt und Chrom-, Nickel- und Stickstoffanteilen, besonders beständig gegen Spannungsrisskorrosion

- <u>martensitische</u> mit 0,05 bis 1,2% Kohlenstoff und 12 bis 19% Chrom, härtbar, geeignet für mechanisch stark beanspruchte Konstruktionsteile, nicht uneingeschränkt schweißbar

Tabelle 3.6 enthält einige Beispiele.

Tabelle 3.6:   Beispiele nicht rostender Stähle für Druckbehälter nach DIN EN 10028-7: 2000-06

Kurzname	Werkstoff-nummer	Besonderheiten*
ferritisch		
X 6 CrNiTi 12	1.4516	resistent gegen einige kalte und heiße alkalische Lösungen, chloridfreie Kühlsolen, kalte Öle und Fette, Benzin, Benzol, Seifenlösungen, die meisten Waschmittel u.ä.; resistent gegen Salpetersäure (keine Spitzenbeanspruchung); Verwendung z.B. für Wärmetauscher; nach Schweißung anfällig gegen interkristalline Korrosion
austenitisch		
X 5 CrNi 18-10	1.4301	Standard für Nahrungsmittel, hochglanzpolierfähig
X 2 CrNi 19-11	1.4306	
X 2 CrNiN 18-10	1.4311	
X 6 CrNiTi 18-10	1.4541	Anwendung z.B. im chemischen Apparatebau für normale korrosive Belastung, nicht hochglanz-polierfähig***
X 6 CrNiNb 18-10	1.4550	***
X 5 CrNiMo 17-12-2	1.4401	Anwendung z.B. in Textilindustrie statt 1.4541, da Hochglanzpolierfähigkeit notwendig**
X 2 CrNiMo 17-12-2	1.4404	**
X 6 CrNiMoTi 17-12-2	1.4571	Anwendung z.B. im chemischen Apparatebau für starke korrosive Belastung; nicht hochglanzpolier-fähig**; ***
X 2 CrNiMoN 17-13-3	1.4429	**
X 2 CrNiMo 18-14-3	1.4435	**
X 5 CrNiMo 17-13-3	1.4436	**
X 2 CrNiMoN 17-13-5	1.4439	hochmolybdänhaltig, erhöhte Beständigkeit gegen chlorionenhaltige Lösungen** ; ***

* aus: [4] und Mannesmann-Broschüre: „Rohre aus nichtrostenden und säurebeständigen Stählen", Juli 1982

** molybdänlegierte Cr-Ni-Stähle: erhöhte Säurebeständigkeit; verminderte Anfälligkeit gegen Lochfraß; beständig gegen organische Säuren (Essig-, Ameisen-, Oxal-) auch bei erhöhten Temperaturen und Konzentrationen; beständig gegen anorganische Säuren wie Schwefel-, schwefelige, Schwefel- und Salpeter-Mischung in bestimmten Temperatur- und Konzentrationsbereichen, bevorzugte Anwendung in der Textil-, Sulfitzellstoff-, Fettsäureindustrie und Fettsäuredestillation

*** mit Titan oder Niob als Carbidbildner legierte Cr-Ni- und Cr-Ni-Mo-Stähle sowie austenitische Stähle mit max. 0,03% C: kornzerfallbeständig, keine thermische Nachbehandlung nach dem Schweißen nötig

Tabelle 3.7: Warmfeste Stähle aus DIN EN 10028-2: 1993-04 für Druckbehälter nach AD-Merkblatt
W1: 1998-02

Kurzname nach DIN EN 10028-2	Frühere Bezeichnung nach DIN 17155	Stahlklasse nach DIN EN 10020
P235GH	H I	Unlegierte Qualitätsstähle
P265GH	H II	
P295GH	17 Mn 4	
P355GH	19 Mn 6	
16Mo3	15 Mo 3	Legierte Edelstähle
13CrMo4-5	13 CrMo 4 4	
10CrMo9-10	10 CrMo 9 10	
11CrMo9-10	-	

3.1.1.5 Warmfeste Stähle

Stahl ist im Vergleich zu anderen Werkstoffen, z.B. Kunststoff, gut wärmebeständig. Selbst allgemeine Baustähle sind bis ca. 300°C einsetzbar. Die Festigkeit nimmt jedoch mit steigender Temperatur ab. Bei hohen Temperaturen weist auch Stahl zudem ein Zeitstandsverhalten auf, d.h. seine Anfangsfestigkeit lässt unter Beanspruchung mit der Zeit nach. Stähle, die höhere Temperaturen vertragen, nennt man „warmfest", bei extremen Temperaturen auch „hochwarmfest" [13].

Unlegierte warmfeste Stähle sind bis etwa 400°C einsetzbar. Legierungen mit Molybdän bzw. Chrom und Molybdän ergeben niedrig legierte Stähle, die bis über 500°C einsetzbar sind. Hochwarmfeste Stähle sind hoch legiert und mit martensitischem Gefüge bis 650°C bzw. mit austenitischem Gefüge bis 900°C einsetzbar. „Hitzebeständig" werden Stähle genannt, die über 600°C außerdem besondere chemische Eigenschaften aufweisen wie z.B. Zunderfestigkeit [14].

Tabelle 3.7 enthält legierte und unlegierte warmfeste Stähle aus DIN EN 10028-2: 1993-04, die nach AD-Merkblatt W1[11] für Druckbehälter verwendet werden dürfen.

3.1.1.6 Kaltzähe Stähle

Unlegierte Stähle verlieren bei Temperaturen unterhalb des Gefrierpunktes deutlich an Zähigkeit. Damit steigt die Sprödbruchgefahr. Bestimmte Stahlgefüge sind allerdings auch geeignet für den Einsatz bei sehr tiefen Temperaturen. Das sind im unlegierten Bereich z.B. bestimmte Feinkornbaustähle. Niedriglegierte Stähle mit 2 bis 2,5% Nickel [13] sind bis ca. −100°C einsetzbar, hochlegierte mit 9% Nickel bis ca. −200°C und austenitische Chrom-Nickel-Stähle je nach Legierung bis −250°C oder bis unter −270°C. **Tabelle 3.8** enthält kaltzähe Stähle und Rohre mit den tiefsten Anwendungstemperaturen nach AD-Merkblatt W10[12]. Es ist zu bemerken, dass auch andere, z.B. einige nichtrostende austenitische Stähle (s.o.), bis zu solchen Temperaturen einsetzbar sind[13].

---

[11] berücksichtigte Ausgabe AD-W1: 1998-02
[12] berücksichtigte Ausgabe AD-W10: 2000-01
[13] siehe z.B. AD-Merkblatt W10

Tabelle 3.8:   Kaltzähe Stähle nach AD-Merkblatt W10: 2000-01

Stahlart	Stahlsorte	Tiefste Anwendungs- temperatur *
Kaltzähe Stähle nach DIN EN 10028-4: 1994-11	11 MnNi 5 3 13 Mn Ni 6 3	- 140
	12 Ni 14	- 185
	12 Ni 19	- 200
	X 8 Ni 9	- 270
Nahtlose Rohre aus kaltzähen Stählen nach DIN 17173: 1985-02 **Geschweißte Rohre aus kaltzähen Stählen nach DIN 17174: 1985-02**	TTSt 35 N	- 130
	TTSt 35 V	- 130
	26 CrMo 4 (nur nahtlos)	- 145
	11 MnNi 5 3 13 MnNi 6 3	- 140
	10 Ni 14	- 185
	12 Ni 14	- 200
	X 8 Ni 9	- 270

* unter der Voraussetzung, dass die zulässige Spannung nur zu maximal 25% ausgenutzt und Spannungsspitzen vermieden werden

3.1.1.7 Druckwasserstoffbeständige Stähle

Durch Druckwasserstoff können Stähle unter Bildung von Methan entkohlt und damit versprödet werden. Spezielle Legierungen insbesondere mit Chrom und Molybdän sind dagegen beständig.

3.1.2 Eisengusswerkstoffe

Guss eignet sich insbesondere zur Herstellung von Bauteilen mit unregelmäßigen geometrischen Formen, z.B. Armaturen oder Pumpengehäusen, die schlecht aus gewalztem Stahl herzustellen sind. Er wird jedoch auch für Behälter und Rohre eingesetzt. Durch die natürliche Gusshaut ergeben sich im Vergleich zu gewalztem Stahl ähnlicher Zusammensetzung z.B. höhere Korrosions-, Verschleiß- und Zunderfestigkeit. Gussteile weisen herstellungsbedingt relativ große Mindestwanddicken auf. Nach dem Kohlenstoffgehalt unterscheidet man Gusseisen und Stahlguss.

3.1.2.1 Gusseisen

Das Bezeichnungssystem für Gusseisen ist in DIN EN 1560[14] geregelt. **Tabelle 3.9** zeigt einige Beispiele für dort definierte Bezeichnungen. Die ersten beiden Buchstaben „EN" stehen für europäische Normung. Die Buchstaben nach dem ersten Bindestrichen bedeuten Guss (G), Eisen (J) und die Art der Grafitstruktur (L für laminar, S für globular, M für Temperkohle, MW für „Temperkohle entkohlend geglüht"). Die Zahl nach dem zweiten Binde-

---

[14] berücksichtigte Ausgabe: DIN EN 1560: 1997-08

Tabelle 3.9: Einsatzgrenzen von Gusseisen mit Kugelgraphit nach DIN EN 1563: 1997-08 und AD-Merkblatt W3/2000-01

Gusseisensorte aus DIN EN 1563: 1997-08	Frühere Bezeichnung (DIN 1693)	Betriebstemperatur in °C	Streckgrenze in N/mm²	Maximaler PN	Bruchdehnung A in %	Maximales Druckinhaltsprodukt p · V in bar · Liter
EN-GJS-700-2/2U	GGG 70	-10 … 350	420	25	2	65.000
EN-GJS-600-3/3U	GGG 60		370	25	3	65.000
EN-GJS-500-7/7U	GGG 50		320	64	7	80.000
EN-GJS-400-15/15U	GGG 40		250	100	15	100.000

strich gibt die Mindestzugfestigkeit in N/mm² an. Die Zeichen nach dem dritten Bindestrich geben weitere spezielle Werkstoffeigenschaften an. Häufig werden jedoch noch die alten Bezeichnungen (s.u.) verwendet.

Gusseisen zeichnet sich durch sehr gute Gießeigenschaften und gute Korrosionsfestigkeit aus. Es enthält mehr als 2% Kohlenstoff, der im Grauguss als Graphit entweder in Lamellenform (lamellares Gusseisen, EN-GJL nach DIN EN 1561[15], früher GG) oder in Kugelform (globulares Gusseisen, EN-GJS nach DIN EN 1563[16], früher GGG) vorliegt. Globulares Gusseisen weist höhere Festigkeit und Zähigkeit auf und wird auch „duktiles" Gusseisen genannt. Verglichen mit gewalztem Stahl ist die Zähigkeit jedoch gering. Deshalb ist seine Eignung für Druckbehälter eingeschränkt. **Tabelle 3.9** zeigt die Einsatzgrenzen von Gusseisen mit Kugelgraphit (duktiles Gusseisen) für Druckbehälter nach AD-Merkblatt W3/2[17]. Druckrohre aus duktilem Gusseisen werden häufig für erdverlegte Wasser- und Gas-Rohrleitungen verwendet.

Die maximalen Betriebstemperaturen, bei denen Gusseisen eingesetzt werden kann, liegen je nach Anwendung und Legierung zwischen ca. 100°C und 450°C [14]. Wie bei Stahl (s.o.) wird zwischen unlegiertem, niedrig und hoch legiertem Gusseisen unterschieden. Korrosionsfestes austenitisches Gusseisen mit Lamellengraphit (GGL) oder Kugelgraphit (GGG), jeweils nach DIN 1694[18], ist hoch mit Nickel (bis 30%), meist Chrom und fallweise Kupfer etc. legiert. In DIN EN 1563 sind außerdem folgende mechanische Eigenschaften für globulares (duktiles) Gusseisen angegeben:

- Querkontraktionszahl $\nu = 0{,}275$

- Mittlerer linearer Wärmeausdehnungskoeffizient zwischen 20 und 400 °C: $\bar{\beta}_L = 12{,}5 \cdot 10^{-6}\,K^{-1}$

3.1.2.2 Stahlguss

Stahlguss mit weniger als 2% Kohlenstoff ist weniger gut vergießbar als Grauguss. Er weist jedoch höhere Festigkeit und häufig höherer Zähigkeit auf. In DIN EN 10213[19] ist Stahlguss für Druckbehälter genormt. Die verschiedenen Teile der Norm unterscheiden:

---

[15] berücksichtigte Ausgabe: DIN EN 1561: 1997-08
[16] berücksichtigte Ausgabe: DIN EN 1563: 1997-08
[17] berücksichtigte Ausgabe: AD-W 3/2: 2000-01
[18] berücksichtigte Ausgabe: DIN 1694: 1981-09
[19] berücksichtigte Ausgabe: DIN EN 10213: 1996-01

- Stahlguss zur Verwendung bei Raumtemperatur und erhöhter Temperatur (Teil 2)
- Stahlguss zur Verwendung bei tiefen Temperaturen (Teil 3)
- austenitischen und austenitisch ferritischen Stahlguss (Teil 4)

Hochlegierte Ferrite oder Austenite (Cr-Ni) sind teilweise hitzebeständig und bis über 1100°C anwendbar. Nichtrostender Stahlguss, hauptsächlich mit Chrom oder Chrom und Nickel hoch legiert, weist ähnliche Korrosionsbeständigkeit auf wie die gewalzten Stähle gleicher Zusammensetzung, zusätzlich jedoch häufig noch erhöhte Verschleißfestigkeit.

3.1.2.3 Temperguss

Temperguss ist in DIN EN 1562[20] genormt. Nach dem Rohguss, der graphitfrei ist (weißes Gusseisen), wird in einer Wärmenachbehandlung (Tempern) Graphit (Temperkohle) gebildet. Temperguss zeichnet sich durch gute Zähigkeit und Stoßfestigkeit aus, es können jedoch nur kleine, dünnwandige Teile gegossen werden. Er wird in der Rohrleitungstechnik z.B. für Formstücke (Fittings) verwendet.

3.2 Nichteisenmetalle

In der Rohrleitungs- und Apparatetechnik findet eine Vielzahl verschiedener Nichteisenmetalle Anwendung, wenngleich ihre Bedeutung insgesamt deutlich geringer ist als die von Eisenwerkstoffen. Insbesondere nichtrostende Stähle haben einige klassische Nichteisenmetalle (z.B. Kupfer oder Messing) zurückgedrängt. Andererseits gibt es neue, die an Bedeutung gewinnen (z.B. Nickellegierungen oder Titan). Allgemein sind es besondere Eigenschaften, derentwegen Nichteisenmetalle für spezielle Anwendungen geeignet sind, z.B.:

- hohe Korrosionsresistenz gegen spezielle Stoffe und unter speziellen Bedingungen
- besonders gute Verarbeitbarkeit generell oder unter bestimmten Bedingungen
- Verhalten bei hohen oder tiefen Temperaturen
- besondere physikalische Eigenschaften (z.B. elektrische Leitfähigkeit oder Wärmeleitfähigkeit)

Ein Übersicht über relevante Nichteisenmetalle zeigt **Tabelle 3.1**, im folgenden wird auf die wichtigsten näher eingegangen.

3.2.1 Kupfer

Von allen Gebrauchsmetallen hat Kupfer die längste Geschichte. Die Menschheit benutzt es bereits seit 9000 Jahren [25]. Auch heute findet es noch weite Verbreitung aufgrund folgender besonderer Eigenschaften:

- allgemein gute Korrosionsbeständigkeit
- leichte Formbarkeit
- sehr hohe elektrische Leitfähigkeit und Wärmeleitfähigkeit

Die Korrosionsbeständigkeit von Kupfer ist jedoch differenziert zu sehen. Während es gegen neutrales und alkalisches Wasser, Alkohole, Kohlenwasserstoffe und Fettsäuren im allgemeinen beständig ist, wird es von manchen verunreinigten Wässern, verdünnten Säuren und anderen Stoffen angegriffen. Bei Kontakt mit bestimmten Stoffen können sich giftige Kupfer-

---

[20] berücksichtigte Ausgabe: DIN EN 1562: 1997-08

Tabelle 3.10:   Beispiele mechanischer Eigenschaften von Kupfer (SF-Cu bzw. Cu-OF) bei Raumtemperatur nach AD-Merkblatt W 6/2: 1988-05

Werkstoffzustand		Mindest-streckgrenze $\mathring{R}_{p0,2}$ in N/mm^2	Mindestzug-festigkeit $\mathring{R}_m$ in N/mm^2	Bruch-dehnung A_5 in %
nach AD W 6/2: 1988-05	nach DIN EN 1173: 1995-12			
Bleche und Bänder (Probenrichtung quer)				
F20	**R 200**	40	200	42
F22	**R 220**	45	220	42
F24	**R 240**	180	240	15
Nahtlose Rohre (Probenrichtung längs)				
F20	**R 200**	40	200	40
F22	**R 220**	45	220	40
F25	**R 250**	150	250	30

salze bilden. Daraus ergeben sich Einschränkungen bei der Verwendung im Lebensmittelbereich (z.B. für Lebensmittel, die organische Säuren enthalten, auch Milch). Kupfer wurde in diesem Bereich generell von rostfreien Stählen stark zurückgedrängt [13]. Außerdem können bei Kupfer verstärkt außergewöhnliche Korrosionserscheinungen auftreten wie Lochkorrosion („Lochfraß") oder Erosionskorrosion (Ablösung der schützenden Oxidschicht bei hohen Strömungsgeschwindigkeiten).

Die Festigkeit von Kupfer hängt von seiner Behandlung ab (Kaltverfestigung). So gibt es „Werkstoffzustände" mit Bruchfestigkeiten zwischen 200 und 400 N/mm^2. Entsprechend unterschiedlich sind Zähigkeit und Dehnbarkeit (siehe **Tabelle 3.10**). „Weiches" Kupfer mit geringer Festigkeit, aber hoher Zähigkeit und Dehnbarkeit (R200 und R220 nach DIN EN 1173[21]) ist sehr gut formbar. Es lässt sich im kalten wie im warmen Zustand biegen, was z.B. in der Rohrleitungstechnik ausgenutzt wird.

Kupfer ist bis etwa 250°C verwendbar. Wegen seines günstigen Verhaltens bei tiefen Temperaturen (bis –270°C[22]) ist es in der Kältetechnik verbreitet. Durch die hohe Wärmeleitfähigkeit eignet es sich zur Verwendung in Wärmetauschern und für Heizschlangen. Löt- und Schweißbarkeit sind gut, bei hohen Temperaturen kommt es jedoch zu Grobkornbildung und Versprödung. Um Probleme durch Reaktionen von Wasserstoff mit Kupferoxid („Wasserstoffkrankheit" [25]) zu vermeiden, wird sauerstofffreies Kupfer (früher SF-CU, heute Cu-OF[23]) verwendet. **Tabelle 3.11** enthält Anhaltswerte für Ausdehnungskoeffizienten und Elastizitätsmoduln von Kupfer.

---

21   berücksichtigte Ausgabe: DIN EN 1173: 1995-12; frühere Bezeichnung F20 für R 200 und F22 für R 220

22   siehe z. B. Tabelle 3.12

23   SF = sauerstofffrei; OF = oxygen free

Tabelle 3.11:   Anhaltswerte für Ausdehnungskoeffizienten und Elastizitätsmoduln von Kupfer

	Temperatur					
	20 °C	**100 °C**	**200 °C**	**300 °C**	**400 °C**	**500 °C**
mittlerer linearer Wärmeausdehnungskoeffizient $\bar{\beta}_L$ zwischen 20°C und der jeweiligen Temperatur **in 10^{-6}K^{-1}**						
	16,8	17,0	17,2	17,4	17,7	17,9
Elastizitätsmodul E in $10^5\,\text{N/mm}^2$						
weichgeglüht	1,10					
kaltumgeformt	1,32	1,28	1,22	1,18		

3.2.2 Kupferlegierungen

Kupferlegierungen zeichnen sich wie reines Kupfer durch hohe Korrosionsresistenz und gute Umformfähigkeit aus. Sie weisen häufig günstigere Festigkeitseigenschaften und höhere Erosionsresistenz auf als reines Kupfers. Teilweise sind sie auch, im Gegensatz zu reinem Kupfer, gut zum Gießen geeignet. Die wichtigsten Kupferlegierungen sind:

- Messing (Cu-Zn)
- Bronze (klassisch Cu-Sn, aber auch Cu-Al, Cu-Ag, Cu-Be, Cu-Mn, Cu-Si)
- Kupfer-Nickel-Legierungen
- Rotguß (legiert mit Sn, Zn und Pb)

Außer den genannten enthalten diese Werkstoffe meist noch weitere Legierungselemente. Sie werden hauptsächlich für Anwendungen in der Wärmeübertragung, d.h. für Wärmeaustauscher, Kondensatoren, Kühler, Erhitzer oder für die Herstellung von Armaturen eingesetzt. Am verbreitetsten sind Kupfer-Zink-Legierungen (Messing). Für höhere Temperaturen (über

Tabelle 3.12:   Grenztemperaturen von Kupfer und Kupferlegierungen für Druckbehälter nach AD-Merkblatt W 6/2: 1988-05

Werkstoff-kurzzeichen	Zusammensetzung nach	Grenztemperaturen in °C
SF-Cu		-269...250
CuZn40		-196...250
CuZn39Pb0,5	DIN 17660: 1983-12	-196...250
CuZn20Al2		<-10...250
CuZn28Sn1		-269...250
CuZn38Sn1		<-10...250
CuZn38SnAl		-196...250
CuNi10Fe1Mn		-269...300
CuNi30Mn1Fe	DIN 17664: 1983-12	-269...350
CuNi30Fe2Mn2		-269...250
CuAl10Ni5Fe4	DIN 17665: 1983-12	<-10...250

ca. 300°C) sind Kupfer-Nickel-Legierungen geeignet. Rotguss wird für Armaturen verwendet, wenn keine hohe Warmfestigkeit gefordert ist. **Tabelle 3.12** enthält die Grenztemperaturen der für Druckbehälter geeigneten Kupferlegierungen nach AD-Merkblatt W 6/2[24].

Tabelle 3.13: Einsatzbereich von Aluminium und Aluminiumlegierungen für allgemeine Druckbehälteranwendungen nach AD-Merkblatt W 6/1: 2000-01

EN-Kurzzeichen*	Grenztemperaturen in °C
EN AW-1098	-270...100
EN AW-1080A	-270...100
EN AW-1070A	-270...100
EN AW-1050A	-270...300
EN AW-5754	-270...150
EN AW-5049	-270...250
EN AW-5083	-270... 80

* Zusammensetzungen entsprechend DIN EN 573: 1994-12

3.2.3 Aluminium und Aluminiumlegierungen

Die besonderen Eigenschaften von Aluminium sind

* geringe Dichte (ca. 1/3 von Stahl oder Kupfer)
* gutes Verhalten bei tiefen Temperaturen (anwendbar bis –270°C)
* gute Wärmeleitfähigkeit (fast wie Kupfer) und hohe elektrische Leitfähigkeit

Seine Korrosionsresistenz ist für viele Anwendungen ausreichend. Die Festigkeit von reinem Aluminium ist niedrig (Zugfestigkeit bei 40 N/mm^2), lässt sich durch Legierung, Aushärtung und Kaltverfestigung jedoch wesentlich erhöhen. Wegen des geringen Gewichtes werden Aluminiumlegierungen gerne für Transportbehälter verwendet. Aufgrund der guten Eigenschaften des Aluminiums im Tieftemperaturbereich sind sie insbesondere für tiefkalte Stoffe (z.B. flüssige Luft) geeignet. Auch in der Wärmeübertragung ist es wegen der hohen Wärmeleitfähigkeit bei gleichzeitig geringem Gewicht verbreitet. **Tabelle 3.13** enthält die Grenztemperaturen der für Druckbehälter geeigneten Aluminiumlegierungen nach AD-Merkblatt W 6/1[25]. Das numerische Bezeichnungssystem für Aluminium und Aluminiumlegierungen ist in DIN EN 573-1[26] geregelt. „AW" steht für Aluminium-Halbzeug, die vier Ziffern für die chemische Zusammensetzung (z.B. 1xxx für ≥99% Al, 5xxx für Hauptlegierungselement Kupfer).

3.2.4 Nickel und Nickellegierungen

Nickellegierungen (auch: Nickelbasislegierungen) sind sehr hochwertige Werkstoffe, die sich insbesondere durch sehr hohe Warmfestigkeit, sehr hohe Korrosionsresistenz oder beides auszeichnen. Für die Rohrleitungs- und Apparatetechnik relevante Halbzeuge aus Nickel und Nickelknetlegierungen sind z.B. genormt in DIN 17750[27] (Bänder und Bleche) und DIN 17751[28] (Rohre), Nickellegierungen selbst in DIN 17741 bis DIN 17744[29]. Häufig werden für diese Werkstoffe z.B. folgende Bezeichnungen verwendet [27]:

---

24 berücksichtigte Ausgabe: AD-Merkblatt W 6/2: 1988-05
25 berücksichtigte Ausgabe: AD-Merkblatt W 6/1: 2000-01
26 berücksichtigte Ausgabe: DIN EN 573-1: 1994-12
27 berücksichtigte aktuelle Ausgabe: DIN 17750:1983-02; Neuentwurf E DIN 17750:2000-01
28 berücksichtigte Ausgabe: DIN 17751:1983-02; Neuentwurf: E DIN 17751:2000-01
29 berücksichtigte Ausgaben DIN 17741...17444 jeweils 1983-02, Neuentwürfe E DIN 17741...17444 jeweils 1998-05

- Monel (z.B. Werkstoff-Nr. 2.4360, NiCu 30 Fe):
  Ni-Cu-Legierungen, warmfest bis 450°C, verschleißfest, beständig gegen Spannungsriss-korrosion

- Inconel (z.B. Werkstoff-Nr. 2.4816, NiCr 15 Fe):
  Ni-Cr Legierungen, warmfest und zunderbeständig

- Hastelloy (z.B. Werkstoff-Nr. 2.4615, NiMo 27):
  warmfest bis über 1000°C bei sehr hoher Korrosionsresistenz

Sie werden dann eingesetzt, wenn bei den Anforderungen an Korrosions- und Warmfestig-keit die Grenzen hochlegierter Stähle erreicht sind.

3.2.5 Titan

Titan ist ein neuer Werkstoff, dessen Bedeutung insgesamt zunimmt. Seine besonderen Ei-genschaften sind:

- geringe Dichte (weniger als 60% von Stahl)
- hohe Festigkeit (wie Baustahl)
- sehr hohe Korrosionsfestigkeit

Damit ist Titan für sehr hohe Anforderungen geeignet. Es ist jedoch wegen der aufwendigen Herstellung und Verarbeitung ein sehr teurer Werkstoff.

3.3 Kunststoffe

Kunststoffe sind industriell („künstlich") erzeugte Werkstoffe. Sie sind aus Makromolekülen organischer Kohlenwasserstoffverbindungen aufgebaut. Die Makromoleküle werden bei der Kunststoffherstellung mit langen Ketten gleichartiger Monomer-Moleküle erzeugt. Je nach dem dabei ablaufenden chemischen Vorgang nennt man diesen Prozess Polymerisation, Po-lyaddition oder Polykondensation. Hinzu kommen meist Zusatzstoffe, die Verarbeitbarkeit und Gebrauchseigenschaften der Kunststoffe beeinflussen, z.B. Weichmacher, Farbstoffe etc.

Die hervorstechenden Eigenschaften von Kunststoffen sind:

- sehr geringe Dichte und damit geringes Gewicht der Bauteile
- keine Korrosion
- elektrische Isolatoren
- sehr geringe Wärmeleitfähigkeit
- hohe Wärmedehnung
- niedrige thermische Belastbarkeit
- häufig geringe Festigkeit

Die physikalischen Eigenschaften der verschiedenen Kunststoffarten werden dadurch be-stimmt, wie die Makromolekülketten zueinander angeordnet und miteinander verbunden sind. Man unterscheidet:

- Thermoplaste
- Duroplaste
- Elastomere

Tabelle 3.14:   Anhaltswerte für physikalische Eigenschaften einiger gebräuchlicher thermoplastischer Kunststoffe (Werte aus [2])

Eigenschaft	Einheit	PVC	PE-HD hart	PP	PB	PVDF	PFA	PTFE	ABS
Dichte	kg/m^3	1400	950	930	920	1780	2150	2150	1060
Zugfestigkeit	N/mm^2	45...55	23...29	30...33	17...21	40...60	24...30	20...40	40
E-Modul	N/mm^2	3000	900	1200	350	2000	280	350...750	2500
linearer Ausdehnungs-koeffizient	10^{-6} K^{-1}	80	200	150	130	120	140	120...200	90

Elastomere eignen sind wegen ihres weichen, gummielastischen Zustands bei Raumtemperatur als Dichtungsmaterialien, worauf hier nicht näher eingegangen werden soll. Thermoplaste und Duroplaste finden weiten Einsatz für Rohrleitungen, Lagerbehälter und Druckbehälter.

3.3.1 Thermoplaste

Thermoplaste erweichen, wie der Name sagt, mit steigender Temperatur zunehmend. Dieser Vorgang ist wiederholbar. Die meisten erreichen bei entsprechend hoher Temperatur einen plastischen, dickflüssigen Zustand, in dem sie gut zu verarbeiten sind, z.B. durch Extrusion, Spritzgießen etc. Außerdem sind sie dadurch schweißbar. Die meisten in der Rohrleitungstechnik verwendeten Kunststoffe gehören zu dieser Gruppe. Für etliche thermoplastische Kunststoffe sind umfangreiche Lieferprogramme von Rohrleitungen, Fittings und Armaturen verfügbar (siehe *Abschnitt 4.1 „Rohrleitungselemente"*).

In **Tabelle 3.14** sind Anhaltswerte für einige physikalische Eigenschaften der wichtigsten Thermoplaste zusammengestellt. Sie sind besonders gekennzeichnet durch:

- hohe bis sehr hohe chemische Resistenz
- glatte Oberflächen
- niedrige Festigkeit
- niedrigen Elastizitätsmodul

Wie aus **Tabelle 3.15** ersichtlich weisen hoch fluorierte Kunststoffe wie PVDF, PFA und PTFE besonders hohe chemische Resistenz auf. Hier ist jedoch auch zu beachten, dass bei Erhitzung, d.h. z.B. beim Schweißen oder im Brandfall, giftige Fluorverbindungen entstehen können, wie auch Chlorverbindungen bei PVC. PTFE zersetzt sich, bevor es erweicht. Es ist daher nicht extrudier-, spritz- oder schweißbar, weist keine glatte Oberfläche auf und neigt außerdem stark zum Kriechen (beeinflusst Dichtigkeit von Fittings). Dies schränkt die Verwendbarkeit dieses hoch resistenten Werkstoffes stark ein. Er wird meist für Beschichtungen oder Einzelkomponenten wie Membranen o.ä. eingesetzt. Für Rohrleitungen und Behälter bietet PFA, das die Nachteile von PTFE nicht aufweist, einen guten Ersatz.

Tabelle 3.15: Grobübersicht über die chemische und thermische Resistenz einiger gebräuchlicher thermoplastischer Kunststoffe (Werte aus [2])

Kunst-stoff*	Hohe Resistenz gegen	Niedrige oder keine Resistenz gegen	Tempe-ratur-bereich	Bemerkungen
PVC	Die meisten Säuren und Laugen, Salz-lösungen, mit Wasser mischbare organische Verbindungen	Aromatische und chlorierte Koh-lenwasserstoffe (nicht PVC-C)	-10...+60°C PVC-C: -10...+90 °C	Preisgünstig, zahlrei-che Rohrleitungskom-ponenten verfügbar, klebbar
HD-PE	Wässrige Lösungen von Säuren, Laugen und Salzen, schwa-che organische Lösemittel	Konzentrierte oxidierende Säuren, Halogene	-50...+80°C	Schweißbar
PP			-50...+80°C	
ABS	Schwache Säuren und Laugen, Salzsole	Aromatische Lösemittel, Öle	-40...+80°C	Gute Kerbschlag-zähigkeit bei niedrigen Temperaturen, klebbar
PVDF	Die meisten Säu-ren, Salzlösungen, aliphatische, aro-matische und chlo-rierte Kohlenwas-serstoffe, Alkohole, Halogene	Kethone, Äther, organische Laugen, alkalische Laugen, Flusssäure	-140...150°C	Sehr gute Resistenz-eigenschaften, teuer, schweißbar
PFA	Annähernd unbegrenzt		-190...+260°C	Hervorragende chemi-sche und thermische Resistenz, sehr teuer, schweißbar, bei Raum-temperatur biege-schlaff (Schläuche)
PTFE	Annähernd unbegrenzt		max. 260°C	Schmilzt nicht, keine glatte Oberfläche, Neigung zum Krie-chen, meist als Be-schichtung verwendet

* PVC : Polyvinylchlorid; HD-PE: Polyethylen hart; PP: Polypropylen; ABS: Acrylnitril Butadien Styrol; PVDF: Polyvinylidenfluorid; PFA: Perfluoro-Alkoxyalkan; PTFE: Polytetrafluorethylen („Teflon")

3.3.2 Duroplaste

Im Gegensatz zu Thermoplasten lassen sich Duroplaste nach dem Erstarren nicht wieder er-weichen, sie bleiben irreversibel hart. In der Rohrleitungs- und Apparatetechnik werden sie in Form von „glasfaserverstärkten" Kunststoffen (GFK) verwendet. Üblich sind ungesättigte Polyester- oder Epoxidharze im Verbund mit Textilglasfasern [1]. Sie werden für Druckroh-re, Lagerbehälter und Druckbehälter verwendet (siehe z.B. **Bild 2.7**).

Tabelle 3.16:   Anhaltswerte für physikalische Eigenschaften von glasfaserverstärkten Kunststoffen (Werte aus [1])

Eigenschaft	Einheit	Glasfaserverstärktes Epoxidharz (EP-GF)	Glasfaserverstärktes Polyesterharz (UP-GF)
Zugfestigkeit	N/mm²	220...700	50...500
Elastizitätsmodul	N/mm²	10.000 ... 30.000	4.000...28.000
Biegefestigkeit	N/mm²	280...800	70...550
Mittlerer linearer Wärmeausdehnungskoeffizient	10^{-6} K^{-1}	12...18	12...40
Glasgehalt	%	50...65	20...65

Die wesentlichen Eigenschaften der genannten Duroplaste sind in **Tabelle 3.16** zusammengestellt. Im Vergleich mit den Thermoplasten fallen folgende Eigenschaften besonders auf:

- höhere Festigkeit
- höherer Elastizitätsmodul
- nicht schweißbar

Die chemische Resistenz ist gut, jedoch nicht vergleichbar mit der hoch fluorierter Thermoplaste.

4 Rohrleitungs- und Apparateelemente

Tabelle 4.1: PN-Stufen nach DIN EN 1333: 1996-10

	16
2,5	25
	40
6	63
10	100

Rohrleitungen und Apparate werden aus verschiedenen, meist genormten Elementen aufgebaut. Die Zahl der relevanten Normen ist groß, außerdem ist die Normung wegen der laufenden Angleichung der Rechtsvorschriften der Mitgliedsstaaten der Europäischen Union derzeit stark im Fluss. Im folgenden wird beispielhaft darauf verwiesen.

4.1 Rohrleitungselemente

Im Zusammenhang mit Normteilen für Rohrleitungen sind die folgenden beiden Begriffe von besonderer Bedeutung:

- PN nach DIN EN 1333[1] (**Tabelle 4.1**)
- Nenndurchmesser DN nach DIN EN ISO 6708[2] (**Tabelle 4.2**)

Der PN wurde in der früheren Normung „Nenndruck" genannt und entsprach dem maximal zulässigen Betriebsdruck z.B. einer Rohrleitung bei Raumtemperatur (20°C). Als Anhaltswert kann dies sicherlich weiterhin dienen. In DIN EN 1333 wird jedoch explizit darauf hingewiesen, dass der zulässige Betriebsdruck außer vom PN auch von Werkstoff, Temperatur etc. abhängt. Die Druck-Temperatur-Zuordnung für Bauteile ist den entsprechenden Normen zu entnehmen.

Tabelle 4.2: Bevorzugte DN-Stufen nach DIN EN ISO 6708: 1995-09

10	100	1000
		1100
	125	1200
		1400
15	150	1500
		1600
		1800
20	200	2000
		2200
		2400
25	250	
		2600
		2800
32	300	3000
		3200
	350	3400
		3600
		3800
40	400	4000
	450	
50	500	
60	600	
65	700	
80	800	
	900	

Der Nenndurchmesser DN eines Rohres ist eine fiktive Größe ohne Einheit, die in der Größenordnung der realen Rohrdurchmesser in Millimetern liegt. Er ist jedoch allgemein weder mit dem Innen-, noch dem Außen- oder mittlerem Durchmesser eines Rohres identisch. Die Stufung der Nenndurchmesser DN orientiert sich an der früher (und heute noch im angloamerikanischen Raum) üblichen Stufung der Rohrdurchmesser in Zoll (englisch „Inches"). Sehr häufig werden in der Praxis noch diese Zoll-Maße für Rohrdurchmesser genannt, offiziell sind sie in Deutschland jedoch nicht. Es ist beabsichtigt, dass zwei Bauteile desselben Werkstoffes, für die jeweils dieselben PN und DN angegeben sind, zueinander passende Anschlussmaße für kompatible Flanschtypen (siehe *Abschnitt 4.1.2.2*) aufweisen.

4.1.1 Rohre

Wie im *Kapitel 2 „Grundlegendes"* schon erwähnt, werden für bestimmte Anwendungen, insbesondere in der Abwassertechnik, auch andere als kreisrunde Rohre verwendet. In den allermeisten Fällen sind Rohre jedoch aus Gründen der Fertigungstechnik und der Druckbeanspruchung kreisrund, d.h. ihre Querschnittsform stellt einen Kreisring dar (**Bild 4.1**). Er ist durch den Außendurchmesser d_a und den Innendurchmesser d_i bestimmt. Für

---

[1] berücksichtigte Ausgabe: DIN EN 1333: 1996-10
[2] berücksichtigte Ausgabe: DIN EN ISO 6708: 1995-09

manche Berechnungen ist auch der mittlere Durchmesser d_m von Bedeutung:

$$d_\mathrm{m} = \frac{d_\mathrm{a} + d_\mathrm{i}}{2} \qquad (4.1)$$

Üblicherweise werden Rohrdurchmesser im SI- System[3] in Millimeter angegeben, im IP-System[4], das in den USA noch offiziell und verbreitet ist, sind Zoll[5] üblich. Die Rohrabmessungen sind in Durchmesserreihen getrennt nach Rohrwerkstoffen genormt. Herstellungsbedingt gibt der Nenndurchmesser (DN, s.o.) in aller Regel zunächst den Außendurchmesser vor[6]. Der jeweilige Innendurchmesser hängt von der Wandstärke ab. Die Maßnormen für

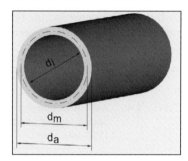

Bild 4.1: Durchmesserbenennung von kreisrunden Rohren

---

3 „Syteme Internationale", nicht offiziell auch „metrisches System"
4 „Inch-Pound-System", nicht offiziell auch „Englisches System"
5 1 Inch = 1 Zoll = 25,4mm
6 Eine Ausnahme bilden z.B. UP-GF-Rohre (s.u.)

Tabelle 4.3: Übersicht über Stahlrohrnormen (Auszug)

Rohrart	Maße und Massen	Technische Lieferbedingungen
unlegiert, nahtlos	DIN 2448: 1981-02	DIN 1629: 1984-10 besondere Anforderungen DIN 1630: 1984-10 besonders hohe Anforderungen DIN EN 10208-1: 1998-02 brennbare Medien
unlegiert, geschweißt	DIN 2458: 1981-02	DIN 1615: 1984-10 ohne besondere Anforderungen DIN 1626: 1984-10 besondere Anforderungen DIN 1628: 1984-10 besonders hohe Anforderungen DIN EN 10208-1: 1998-02 brennbare Medien
Präzisions-	DIN 2391: 1994-09 nahtlos, DIN 2393: 1994-09 geschweißt, DIN 2394: 1994-09 geschweißt + maßgewalzt	
nichtrostend, geschweißt	DIN EN ISO 1127: 1997-03	DIN 17455: 1999-02 allgemeine Anforderungen DIN 17457: 1985-07 austenitisch, besondere Anforderungen
nichtrostend, nahtlos		DIN 17456: 1999-02 allgemeine Anforderungen DIN 17458: 1985-07 austenitisch, besondere Anforderungen
warmfest	DIN 2448 / 2458 (s.o.)	DIN 17 175: 1979-05 nahtlos DIN 17 177: 1979-05 elektrisch pressgeschweißt
kaltzäh	DIN 2448 / 2458 (s.o.)	DIN 17173: 1985-02 nahtlos DIN 17174: 1985-02 geschweißt
für Leitungen	DIN 2448 / 2458 (s.o.)	DIN 2460: 1992-01 Wasser DIN EN 10208-2: 1996-08 brennbare Medien
Gewinde- rohre	DIN 2440: 1978-06 mittelschwer, DIN 2441: 1978-06 schwer, DIN 2442: 1963-08 mit Gütevorschrift	

Rohre enthalten jeweils eine oder mehrere Reihen von Außendurchmessern. Die Dimensionierung von Rohrdurchmessern und -wandstärken wird in den *Kapiteln 9 und 10* behandelt.

Die Länge der einzelnen Rohre, die zu Rohrleitungen verbunden werden, kann je nach Rohrwerkstoff, Anwendungsfall und Rohrdurchmesser sehr unterschiedlich sein. So werden

Tabelle 4.4: Außendurchmesser der Reihe 1 und Vorzugswanddicken für nahtlose und geschweißte Stahlrohre für allgemeine Verwendung nach DIN ISO 4200: 1981-02 (zurückgezogen 1997-09)

Außendurchmesser d_a (Reihe 1) in mm	DN	Vorzugswanddicken in mm						
		nur		nicht		für alle Stähle		
		für nichtrostende Stähle						
		Reihe						
		A	B	C	D	E	F	G
10,2	6	1,6				1,6		
13,5	8	1,6			1,6	2,0		
17,2	10	1,6			2,0	2,0		
21,3	15	1,6			2,0	2,0	3,2	4,0
26,9	20	1,6			2,0	2,0	3,2	4,0
33,7	25	1,6	2,0		2,0	2,3	3,2	4,5
42,4	32	1,6	2,0		2,3	2,6	3,6	5,0
48,3	40	1,6	2,0		2,3	2,6	3,6	5,0
60,3	50	1,6	2,0	2,3	2,3	2,9	4,0	5,6
76,1	65	1,6	2,3	2,6	2,6	2,9	5,0	7,1
88,9	80	2,0	2,3	2,9	2,9	3,2	5,6	8,0
114,3	100	2,0	2,6	2,9	3,2	3,6	6,3	8,8
139,7	125	2,0	2,6	3,2	3,6	4,0	6,3	10,0
168,3	150	2,0	2,6	3,2	4,0	4,5	7,1	11,0
219,1	200	2,0	2,6	3,6	4,5	6,3	8,0	12,5
273,0	250	2,0	3,6	4,0	5,0	6,3	10,0	
323,9	300	2,6	4,0	4,5	5,6	7,1	10,0	
355,6	350	2,6	4,0	5,0	5,6	8,0	11,0	
406,4	400	2,6	4,0	5,0	6,3	8,8	12,5	
457,0	450	3,2	4,0	5,0	6,3	10,0		
508,0	500	3,2	5,0	5,6	6,3	11,0		
610,0	600	3,2	5,6	6,3	6,3	12,5		
711,0	700	4,0		7,1	7,1			
813,0	800	4,0		8,0	8,0			
914,0	900	4,0		8,8	10,0			
1016,0	1000	4,0		10,0	10,0			

Weichkupferrrohre in Längen bis 50 Metern und flexible Kunststoffrohre aus PE-LD in Längen bis zu mehreren hundert Metern aufgewickelt geliefert. Für „harte" Rohre sind, Großrohre ausgenommen, Stücklängen um sechs Meter gängig.

4.1.1.1 Stahlrohre

Tabelle 4.3 gibt eine grobe Übersicht über die Normung von Stahlrohren. Die Normen für Maße und Massen enthalten Maßreihen für die Rohraußendurchmesser mit verschiedenen Wandstärken und den entsprechenden längenbezogenen Rohrmassen. Sie basieren auf ISO 4200 und enthalten wie diese jeweils drei Durchmesserreihen, wobei nur für die Reihe 1 sämtliches zur Konstruktion einer Rohrleitung nötige Zubehör genormt ist. **Tabelle 4.4** enthält die Vorzugswanddicken nach DIN ISO 4200. Hier ist auf die Unterscheidung zwischen nichtrostenden und anderen Stählen zu achten.

DIN ISO 4200[7] ist seit Juli 1997 zurückgezogen. Einen endgültigen Ersatz gibt es noch nicht, es existiert allerdings eine Vornorm DIN V ENV 10220: 1994-02, die als endgültige Norm DIN EN 10220 dann außer DIN ISO 4200 auch DIN 2448 und DIN 2458[8] ersetzen soll. Bis dies geschieht, dürfen die genannten DIN ISO 4200, DIN 2448 und DIN 2458 beibehalten werden. In der neuen Norm ist keine Unterscheidung zwischen nahtlosen und geschweißten Stahlrohren mehr vorgesehen. **Tabelle 4.5** enthält die Normalwanddicken und die Grenzen der genormten Wanddicken von Rohren aus nahtlosen Stahlrohren nach DIN 2448, geschweißten Stahlrohren nach DIN 2458 und den Rohren für allgemeine Verwendung aus der Vornorm DIN V ENV 10220. Sämtliche Wanddickenstufen zwischen den Grenzen, die unter der Tabelle aufgeführt sind, sind in diesen Normen spezifiziert. DIN V ENV 10220 enthält außerdem Maße und Massen für Präzisionsstahlrohre. **Tabelle 4.6** enthält die Wanddicken für Rohre aus austenitischen nichtrostenden Stählen nach DIN EN ISO 1127. Diese Norm enthält außerdem Maße und Massen für ferritische und martensitische nichtrostende Stähle.

In den genannten Normen sind jeweils die längenbezogenen Massen (in kg/m) der betreffenden Stahlrohre mit den verschiedenen Wanddicken tabelliert. Diese Werte sind hier nicht aufgeführt, können jedoch mit der Dichte von 7850 kg/m^3 (bzw. 7968 kg/m^3 für austenitische nichtrostende Stähle) berechnet werden[9].

Eine besondere Gruppe von Stahlrohren nach deutscher Normung ist die der Gewinderohre nach DIN 2440 ff (**Tabelle 4.7**). Diese Rohre werden mittels Außengewinden an den Rohrenden und Gewindemuffen miteinander verschraubt und sind in der Installationstechnik, wenn auch mit abnehmender Tendenz, verbreitet (siehe auch *Abschnitt 4.1.2 „Rohrverbindungen"*).

Die Normen für technische Lieferbedingungen von Stahlrohren beziehen sich jeweils auf eine Werkstoffgruppe oder Anwendung (**Tabelle 4.3**). Sie beinhalten Angaben über

- Werkstoffe
- Chemische Zusammensetzung der Stähle
- Festigkeitswerte

---

[7] berücksichtigte Ausgabe: DIN ISO 4200: 1981-02
[8] berücksichtigte Ausgaben: DIN 2448 und DIN 2458: 1981-02
[9] DIN ISO 4200: 1981-02; DIN EN ISO 1127: 1997-03

Tabelle 4.5:   Maße nahtloser und geschweißter Stahlrohre; alle Maße außer DN in mm

Außendurchmesser d_a (Reihe 1)	DN	Nahtlose Rohre DIN 2448: 1981-02			Geschweißte Rohre DIN 2458: 1981-02			Nahtlose und geschweißte Rohre zur allgemeinen Verwendung DIN V ENV 10220: 1994-02	
		Normalwanddicke s_N	kleinste Wanddicke	größte Wanddicke	Normalwanddicke s_N	kleinste Wanddicke	größte Wanddicke	kleinste Wanddicke	größte Wanddicke
10,2		1,6	1,6	2,6	1,6	1,4	2,6	0,5	2,6
13,5		1,8	1,8	3,6	1,8	1,4	3,6	0,5	3,6
17,2	10	1,8	1,8	4,5	1,8	1,4	4,0	0,5	4,5
21,3	15	2,0	2,0	5,0	2,0	1,4	4,5	0,5	5,4
26,9	20	2,3	2,0	7,1	2,0	1,4	5,0	0,5	8,0
33,7	25	2,6	2,3	8,0	2,0	1,4	8,0	0,5	8,8
42,4	32	2,6	2,6	10,0	2,3	1,4	8,8	0,5	10,0
48,3	40	2,6	2,6	12,5	2,3	1,4	8,8	0,6	12,5
60,3	50	2,9	2,9	16,0	2,3	1,4	10,0	0,6	16,0
76,1	65	2,9	2,9	20,0	2,6	1,6	10,0	0,8	20,0
88,9	80	3,2	3,2	25,0	2,9	1,6	10,0	0,8	25,0
114,3	100	3,6	3,6	32,0	3,2	2,0	11,0	1,2	32,0
139,7	125	4,0	4,0	36,0	3,6	2,0	11,0	1,6	40,0
168,3	150	4,5	4,5	45,0	4,0	2,9	11,0	1,6	50,0
219,1	200	6,3	6,3	60,0	4,5	3,2	12,5	1,8	65,0
273,0	250	6,3	6,3	65,0	5,0	3,2	12,5	2,0	65,0
323,9	300	7,1	6,3	65,0	5,6	3,2	12,5	2,6	65,0
355,6	350	8,0	8,0	65,0	5,6	3,2	12,5	2,6	65,0
406,4	400	8,8	8,8	65,0	6,3	3,6	12,5	2,6	65,0
457	450	10,0	10,0	65,0	6,3	3,6	12,5	3,2	65,0
508	500	11,0	11,0	65,0	6,3	3,6	16,0	3,2	65,0
610	600	12,5	12,5	65,0	6,3	4,5	28,0	3,2	65,0
711	700				7,1	4,5	32,0	4,0	65,0
813	800				8,0	4,5	40,0	4,0	65,0
914	900				10,0	4,5	40,0	4,0	65,0
1016					10,0	4,5	40,0	4,0	65,0
1067	1000							5,0	65,0
1118								5,0	65,0
1219	1200							5,0	65,0
1220						5,6	40,0		65,0
1420	1400					6,3	40,0		65,0
1422								5,6	65,0
1620	1600					7,1	40,0		65,0
1626								6,3	65,0
1820	1800					8,8	40,0		65,0
1829								7,1	65,0
2020	2000					10,0	40,0		65,0
2032								8,0	65,0
2220	2200					10,0	40,0		65,0
2235								8,8	65,0
2540	2400							10,0	65,0

Wanddickenstufung: (0,5); (0,8); (1); (1,2); 1,4; 1,6; 1,8; 2; 2,3; 2,6; 2,9; 3,2; 3,6; 4; 4,5; 5; (5,4); 5,6; 6,3; 7,1; 8; 8,8; 10; 11; 12,5; 14,2; 16; 17,5; 20; 22,2; 25; 28; 30; 32; 36; 40; 45; 50; 55; 60; 65;
Werte in Klammern nur nach DIN V ENV 10220

Tabelle 4.6: Wanddicken austenitischer nichtrostender Stahlrohre

Außendurchmesser d_a in mm	DN	Wanddicken austenitischer nichtrostender Stahlrohre nach DIN EN ISO 1127: 1997-03 in mm
10,2	6	1,0; 1,2; 1,6; 2,0
13,5	8	1,0; 1,2; 1,6; 2,0; 2,3; 2,9
17,2	10	1,0; 1,6; 2; 2,3; 3,2
21,3	15	1,0; 1,6; 2,0; 2,6; 3,2; 4,0
26,9	20	1,0; 1,6; 2,0; 2,6; 2,9; 3,2; 4,0
33,7	25	1,0; 1,2; 1,6; 2,0; 2,3; 2,6; 3,2; 4,5
42,4	32	1,6; 2,0; 2,6; 3,2; 3,6; 5,0
48,3	40	1,6; 2,0; 2,3; 2,6; 2,9; 3,2; 3,6; 4,0; 5,6
60,3	50	1,6; 2,0; 2,3; 2,6; 2,9; 3,2; 3,6; 4,0; 5,6
76,1	65	1,6; 2,0; 2,3; 2,6; 2,9; 3,6; 4,0; 5,0; 7,1
88,9	80	1,6; 2,0; 2,3; 2,6; 2,9; 3,2; 3,6; 4,0; 5,6; 8,0
114,3	100	1,6; 2,0; 2,6; 2,9; 3,6; 4,5; 6,3; 8,8
139,7	125	1,6; 2,0; 2,6; 3,2; 4,0; 5,0; 6,3; 7,1; 10,0
168,3	150	1,6; 2,0; 2,6; 3,2; 4,0; 4,5; 5,0; 6,3; 7,1; 11,0
219,1	200	2,0; 2,6; 3,2; 3,6; 4,0; 6,3; 8,0; 12,5
273,0	250	2,0; 2,6; 3,2; 3,6; 4,0; 6,3; 10,0; 12,5; 14,2
323,9	300	2,6; 3,2; 4,0; 4,5; 5,0; 7,1; 10,0; 12,5
355,6	350	2,6; 3,2; 4,0; 5,0; 10,0; 11,0; 12,5
406,4	400	2,6; 3,2; 4,0; 5,0; 10,0; 12,5
457	450	3,2; 4,0; 5,0; 10,0; 12,5; 14,2
508	500	3,2; 3,6; 5,0; 5,6; 11,0; 12,5; 14,2
610	600	3,2; 4,0; 5,6; 6,3; 12,5; 14,2
711	700	7,1
813	800	8,0
914	900	8,8
1016	1000	10,0

- Schweißnahtwertigkeit
- Zulässige Maß- und Formabweichungen
- Prüfvorschriften

Einige dieser Werte werden im *Kapitel 9 „Festigkeitsberechnung von Rohrleitungen"* näher beschrieben.

Tabelle 4.7:   Maße von Gewinderohren nach DIN 2440, 2441 und 2442

Außen-durch-messer d_a in mm	DN	mittel-schwer (DIN 2440: 1978-06)	schwer (DIN 2441: 1978-06)	mit Gütevorschrift (DIN 2442: 1963-08)		
				Maximale Betriebsdrücke (bei Temperaturen bis 120°C)		
				1...50 bar	80 bar	100 bar
10,2	6	2,00	2,65			2,65
13,5	8	2,35	2,90			2,90
17,2	10	2,35	2,90			2,90
21,3	15	2,65	3,25			3,25
26,9	20	2,65	3,25			3,25
33,7	25	3,25	4,05			4,05
42,4	32	3,25	4,05			4,05
48,3	40	3,25	4,05			4,05
60,3	50	3,65	4,50			4,50
76,1	65	3,65	4,50			4,50
88,9	80	4,05	4,85			4,85
114,3	100	4,50	5,40		5,40	6,30
139,7	125	4,85	5,40	5,40	7,10	8,00
165,1	150	4,85	5,40	5,40	8,00	8,80

4.1.1.2 Gussrohre

Rohre aus duktilem Gusseisen werden als Druckrohre in der Gas- und Wasserversorgung[10] wie auch als drucklose Rohre in der Abwassertechnik [31] jeweils erdverlegt eingesetzt. Neben Flanschrohren kommen dabei sehr häufig Muffenrohre zum Einsatz. Die Einzelrohre werden in Längen um sechs Meter geliefert. Beim Verlegen wird das Spitzende eines Muffenrohres in das Muffen-Ende des nächsten eingeschoben (**Bild 4.2**). Je nach Anforderungen kommen unterschiedliche Muffenkonstruktionen zum Einsatz. Sie sind so gestaltet, dass eine dauerhaft dichte und, falls nötig, auch längskraftschlüssige Verbindung entsteht (*siehe Abschnitt 4.1.2 „Rohrverbindungen"*). Aufgrund der herstellungsbedingt großen Wandstärken weisen Gussrohre eine hohe Tragfähigkeit auf, was sie besonders geeignet für die Erdverlegung macht. Zum Korrosionsschutz werden z.B. Kunststoff, aber auch Zementmörtel-Umhüllungen außen, Zementmörtelauskleidungen oder Bituminierungen innen, sowie kathodischer Korrosionsschutz angewendet.

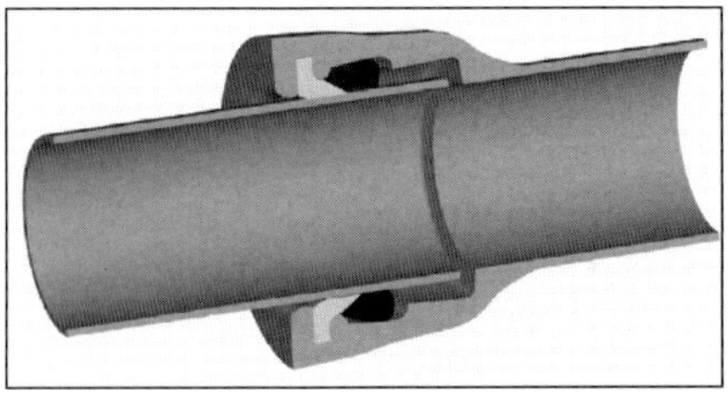

Bild 4.2: Muffenverbindung   erdverlegter Gussrohre (Beispiel)

---

10   [29], [30], [31], [32]

Rohre, Formstücke und Zubehörteile aus duktilem Gusseisen und ihre Verbindungen sind für Wasserleitungen in DIN EN 545[11], für Gasleitungen in DIN EN 969[12] genormt. Dort werden Rohrklassen (z.B. K9, K10, K12) unterschieden, deren Wanddicken s jeweils der folgenden Bedingung genügen müssen[13]:

$$s = k \cdot (0{,}5 + 0{,}001 \cdot DN) \qquad (4.2)$$

mit k als der Zahl der Rohrklasse (z.B. $k = 9$ für K9) und s in mm

Tabelle 4.8 enthält Maße für Muffenrohre aus diesen Normen.

Für Abwasserleitungen innerhalb von Gebäuden sind heute neben anderen Rohrwerkstoffen muffenlose Gussrohrsysteme üblich, die über Schellen miteinander verbunden werden.

4.1.1.3 Kupferrohre

Man unterscheidet zwischen „weichem", „halbhartem" und „hartem" Kupfer. Die härteren Sorten werden im Unterschied zu den weichen bei der Verformung verfestigt und weisen deutlich höhere Festigkeitswerte auf. Entsprechend werden diese Kupfer-"Zustände" über die jeweilige Festigkeit definiert (siehe *Abschnitt 3.2.1*). **Tabelle 4.9** gibt beispielhaft einen Überblick über Normen zu Rohren aus Kupfer und Kupferlegierungen, sowie zugehörige Formstücke. **Tabelle 4.10** enthält Maße von Kupferrohren für Installationen nach DIN EN 1057. Diese Norm[14] empfiehlt Lieferlängen von 25 und 50 m für Ringe von weichen Kupferrohren (Zustand R220) und Stangen von 3 oder 5 m für halbharte (R250) und harte (R290) Kupferrohre.

4.1.1.4 Kunststoffrohre

Tabelle 4.11 gibt eine beispielhafte Übersicht über Normen für Kunststoffrohre. In den Maßnormen werden die Wanddicken thermoplastischer Kunststoffrohre heute nach der nominellen Rohrserienzahl S (ISO 4065) und dem Durchmesser/Wanddickenverhältnis SDR[15] kategorisiert:

Tabelle 4.8:   Maße von Gussrohren für Wasserleitungen nach DIN EN 545: 1995-01 und Gasleitungen nach DIN EN 969: 1995-11; Gasleitungen nur bis DN 600; alle Maße außer DN in mm

DN	Außen-durch-messer d_a	Guss-Wanddicke s Klasse	
		K9	K10
40	56	6	6
50	66	6	6
60	77	6	6
65	82	6	6
80	98	6	6
100	118	6	6
125	144	6	6,2
150	170	6	6,5
200	222	6,3	7
250	274	6,8	7,5
300	326	7,2	8
350	378	7,7	8,5
400	429	8,1	9
450	480	8,6	9,5
500	532	9	10
600	635	9,9	11
700	738	10,8	12
800	842	11,7	13
900	945	12,6	14
1000	1048	13,5	15
1100	1152	14,4	16
1200	1255	15,3	17
1400	1462	17,1	19
1500	1565	18,0	20
1600	1668	18,9	21
1800	1875	20,7	23
2000	2082	22,5	25

---

[11]   berücksichtigte Ausgabe: DIN EN 545: 1995-01
[12]   berücksichtigte Ausgabe: DIN EN 969: 1995-11
[13]   In den genannten Normen ist die Wanddicke mit „e" bezeichnet. Hier wird zwecks Durchgängigkeit der Kapitel „s" verwendet.
[14]   berücksichtigte Ausgabe: DIN EN 1057: 1996-05
[15]   SDR = „Standard Dimension Ratio"

Tabelle 4.9: Übersicht über ausgewählte Normen für Rohre aus Kupfer und Kupferlegierungen sowie zugehörige Fittings (Formstücke)

Verwendungszweck	Norm	Inhalt
Rohre für allgemeine Verwendungszwecke	DIN EN 12449: 1999-10	Nahtlose Rohre aus Kupfer und Kupferknetlegierungen
Rohre für Wärmeaustauscher	DIN EN 12451: 1999-10	Nahtlos Rohre aus Kupfer und Kupferknetlegierungen
	DIN EN 1252: 1999-10	Nahtlose, gewalzte Rippenrohre aus Kupfer und Kupferknetlegierungen
Rohre für Wasser- und Gasleitungen	DIN EN 1057: 1996-05	Nahtlose Rundrohre aus Kupfer, für Sanitärinstallationen und Heizungsanlagen
Fittings und Verbindungen	DIN 2857: 1966-05, DIN 2858: 1966-05, DIN EN 1254 Teile 1,2,4, 5 (jeweils 1998-03)	Kapillarlötfittings, Klemmverbindungen etc.

$$S = \frac{1}{2} \cdot \left(\frac{d_a}{s} - 1 \right) \tag{4.3}$$

$$SDR = \frac{d_a}{s} = 2 \cdot S + 1 \tag{4.4}$$

Die Wanddicken von Kunststoffrohrleitungen werden im allgemeinen nach der Schubspannungshypothese berechnet (siehe *Abschnitte 9.3.1 und 6.1.3*). Die mittlere Vergleichspannung berechnet sich nach *Gleichung 6.14* ($\bar{\sigma}_{V,Sch} = p_e/2 \cdot (d_a/s - 1)$). Aus dieser Beziehung und *Gleichung 4.3* folgt für die Rohrserienzahl S:

$$S \approx \frac{\sigma_{V,zul}}{p_{e,zul}} \tag{4.5}$$

Kennt man die zulässige Vergleichsspannung für den jeweiligen Kunststoff (siehe z.B. **Tabellen 9.5 und 9.6**), so kann man der Rohrserienzahl S und damit auch der *SDR* einen zulässigen Überdruck zuordnen. Der zulässigen Vergleichspannung wird üblicherweise Wasserfüllung und 50 Jahre Betriebsdauer der Rohre, heute auch teilweise 100 Jahre zugrundegelegt. Die Berücksichtigung der Nutzungsdauer ist notwendig, weil die Kunststoffe ein ausgeprägtes Zeitstandsverhalten aufweisen (siehe *Abschnitt 9.3.1*). **Tabelle 4.12** gibt einen Überblick über die so genormten Maßreihen von Rohren aus einigen thermoplastischen Kunststoffen. **Tabelle 4.13** zeigt beispielhaft die genormten Außendurchmesser und Wanddicken der Maßreihen, die PN 10 und PN 16 entsprechen. Die in der Tabelle genannten Maßnormen enthalten genaue Angaben über die zulässigen Betriebsdrücke der verschiedenen Rohrmaßreihen bei unterschiedlichen Temperaturen.

DER SCHNELLE WEG ZUR FACHLITERATUR

Kunststoffrohr-Handbuch

Vulkan Verlag, Essen 2000, 831 Seiten

48,00 €
für KRV- und Gütegemeinschaft-Mitglieder 37,00 €

ISBN 3-8027-2718-5

1978 erschien die 1. Auflage des Kunststoffrohr-Hand-buches als fachliche Informationsquelle zum Anwen-dungsbereich „Druckrohre". Die 1997 herausgegebene 3. Auflage umfasste erstmalig das gesamte Einsatzspek-trum der Kunststoffrohre einschließlich aller relevanten Rohrwerkstoffe. Das Buch erscheint in der 4. Auflage – aktualisiert, in Teilen überarbeitet und ergänzt. Es soll ein Nachschlagewerk für den Praktiker ohne typischen lexikalen Charakter sein. Von daher sind gelegentliche Wiederholungen wichtiger Informationen gewollt, um dem Leser nicht ständiges Suchen aufgrund von Querver-weisen zuzumuten. Das Buch richtet sich vorrangig an Pla-ner, Entscheider, Anwender und Verarbeiter als Quelle für die tägliche Praxis, aber auch an Lehrende und Lernende.

FAX-BESTELLSCHEIN

Name: _____

Firma: _____

Anschrift: _____

Datum/Unterschrift: _____

_____ Exemplare

Fax 0201 / 8 20 02-40

VULKAN-VERLAG GmbH

A 4

Rohre aus glasfaserverstärkten Polyester-harzen (UP-GF) sind in DIN 16965[16] in vier verschiedenen Typen genormt, die sich in Laminataufbau und folgenden zusätzlichen Schutzschichten unterscheiden:

- Typ A: harzreiche Innenschicht (max. 1mm)

- Typ B: Auskleidung mit thermoplastischer oder elastomerer Kunststoff-schicht

- Typ D: Chemieschutzschicht (min. 2,5 mm)

- Typ E: ohne zusätzliche Schutzschicht

Rohre aus glasfaserverstärktem Epoxid-harz (EP-GF) sind in gewickelter (DIN 16870-1) und geschleuderter (DIN 16871) Ausführung genormt[17], die gewickelten in zwei Durchmesserreihen. **Tabelle 4.14** zeigt beispielhaft genormte Durchmesser und Wanddicken der Stufen PN 10 und PN 16 von EP-GF- und UP-GF-Rohren.

4.1.2 Rohrverbindungen

Zum Aufbau von Rohrleitungen sind Einzelrohre, Formstücke und Armaturen miteinander zu verbinden. Die gängigen Verbindungsarten sollen hier grob in drei Gruppen eingeteilt werden:

- Schweiß-, Löt- und Klebeverbindungen

- geschraubte Verbindungen

- gesteckte und verpresste Verbindungen

Im folgende wird jede dieser Gruppen kurz beschrieben.

4.1.2.1 Schweiß-, Löt- und Klebeverbindungen

Hierbei handelt es sich um unlösbare und sogenannte „stoffschlüssige" Verbindungen. Die Werkstoffe der beiden zu verbindenden Teile sind direkt miteinander vereinigt, d.h. es gibt dazwischen keine Fugen oder Spalten mehr.

Tabelle 4.10: Maße von nahtlosen Kupferrohren für Installationen nach DIN EN 1057: 1996-05

Außen-durch-messer d_a in mm	Empfohlene europäische Wand-dicken in mm	Grenzabmaße für die Wanddicke s in % vom Außendurchmesser	
		$s < 1mm$	$s \geq 1mm$
6	0,6/0,8/1,0		
8	0,6/0,8/1,0		
10	0,6/0,7/0,8/1,0		± 13
12	0,6/0,8/1,0		
14	-		
15	0,7/0,8/1,0		
16	-		
18	0,8/1,0		
22	0,9/1,0/1,2/1,5		
25	-		
28	0,9/1,0/1,2/1,5	± 10	
35	1,2/1,5		
40	-		
42	1,2/1,5		
54	1,2/1,5/2,0		
64	2,0		± 15 *)
66,7	1,2		
70	-		
76,1	1,5/2,0		
80	-		
88,9	2,0		
108	1,5/2,5/3,0		
133	1,5/3,0		
159	2,0/3,0		
219	3,0		
267	3,0		

*) ± 10% bei da=35mm, 42mm, 54mm und s=1,2mm und Zustand R250

---

16 berücksichtigte Ausgabe: DIN 16965: 1982-07
17 berücksichtigte Ausgaben: DIN 16870-1: 1982-07, DIN 16871: 1982-02

Tabelle 4.11:   Beispiele für Normen von Rohren und Rohrleitungsteilen aus Kunststoff

Inhalt	Kunststoff	DIN
Maße	PVC-U / PVC-HI	8062: 1988-11
	PVC-C	8079: 1997-12
	PP	8077: 1999-07
	PE	8074: 1999-08
	PB	16969: 1997-12
	ABS	16891: 1980-05
	UP-GF	16965: 1982-07
	EP-GF gewickelt	16870-1: 1987-01
	EP-GF geschleudert	16871: 1982-02
Qualitäts-/ Güteanforderungen	PVC	8061: 1994-08
	PP	8078: 1996-04
	PE	8075: 1999-08
	ABS	16890: 1980-05
Rohrleitungsteile, Formstücke, Verbindungen	PVC	8063: 1986-12
	PVC-C	16832: 2000-02
	PP	16962 (13 Teile)
	PE	16963 (15 Teile)
	PB	16831 (7 Teile)
	UP-GF	16966 (8 Teile)
	EP-GF	16967: 1982-07
Armaturen	PVC	3441: 1988-05
	PP	3442 (3 Teile)

Beim Schweißen fließen die Grundmaterialien der zu verbindenden Teile ineinander, beim Löten wird Lot und beim Kleben Klebstoff als Verbindungsmaterial verwendet. Während sich beim Löten das Lot und die Grundmaterialien gegenseitig legieren, d.h. chemisch verbinden, wirken zwischen dem Klebstoff und den Grundmaterialien zwischenmolekulare Kräfte (Adhäsionskräfte, innerhalb des Klebstoffes Kohäsionskräfte)[18]. Schweißverbindungen weisen die höchste Festigkeit auf, häufig die gleiche wie die Grundwerkstoffe. Verbreitet ist das Schweißen bei Stahlrohren und teilweise auch anderen metallischen Rohren mit den üblichen Gas-, Lichtbogen- und Schutzgasverfahren und bei Kunststoffrohren mit Heizelementen (**Bild 4.3**). Insbesondere bei Kunststoffrohren ist zwischen Stumpf- und Muffenschweißungen zu unterscheiden (**Bild 4.4**). Löten ist bei Kupferrohren verbreitet. Hier seien besonders Lötverbindungen mit Kapillarlötfittings erwähnt. Diese genormten Verbindungsteile weisen definierte Lötfugen mit engen Toleranzen auf, die das Lot durch Kapillarkräfte gleichmäßig und vollständig füllt.

---

[18]   z.B. [28]

Tabelle 4.12: Genormte Wanddicken von Rohren aus einigen thermoplastischen Kunststoffen mit zugeordneten PN-Stufen

Wanddicken-kategorisierung		Kunststoff			
S	SDR	PVC	PP *)	PE-HD *)	PB **)
		DIN 8062	DIN 8077	DIN 8074	DIN 16969
62,5	126	X			
25	51	PN 4		X	PN 3,2
20	41		PN 2,5	PN 2,5	PN 4
16,7	34,4				PN 4,8
16,667	34,334	PN 6			
16	33		PN 3,2	PN 3,2	PN 5
12,5	26		PN 4	PN 4	PN 6,3
10,5	22			X	
10	21	PN 10		X	PN 8
8,3	17,6		PN 6	PN 6	
8	17			X	PN 10
6,3	13,6			X	PN 12,5
6,25	13,5	PN 16			
5	11		PN 10	PN 10	PN 16
4	9	X		X	PN 20
3,2	7,4		PN 16	PN 16	
3,15	7,3				PN 25
2,5	6		PN 20	PN 20	
2	5		PN 25	PN 25	

*) PN mit $\sigma_{V,zul} = 5$ N/mm^2 **) PN mit $\sigma_{V,zul} = 8$ N/mm^2

„X" bedeutet, dass ein solches Rohr genormt, ihm aber keine PN-Stufe zuzuordnen ist.

4.1.2.2 Geschraubte Verbindungen

Geschraubte Verbindungen werden kraftschlüssig über eine Gewindepaarung (Innen- und Außengewinde) erzeugt. Nach der Art, wie diese Gewindepaarungen am Rohr angeordnet werden, lassen sich zunächst zwei grundsätzlich unterschiedliche geschraubte Verbindungs-arten unterscheiden:

- Flanschverbindungen
- Verschraubungen

Flanschverbindungen sind besonders für Stahlrohre verbreitet (**Bild 4.5**), werden jedoch auch z.B. für Kunststoff- oder Gussrohre verwendet. Sie sind in zahlreichen Normen stan-

Tabelle 4.13:   Beispiele genormter Wanddicken von Rohren aus thermoplastischen Kunststoffen

Außen-durch-messer d_a in mm	Wanddicke s in mm							
	PVC DIN 8062		PP DIN 8077		PE-HD DIN 8074		PB DIN 16969	
	PN 10	PN 16	PN 10	PN 16	PN 10	PN 16	PN 10	PN 16
	S 10	S 6,25	S 5	S 3,2	S 5	S 3,2	S 8	S 5
	SDR 21	SDR 13,5	SDR 11	SDR 7,4	SDR 11	SDR 7,4	SDR 17	SDR 11
10		1,0					1,3	1,3
12		1,0		1,8		1,8	1,3	1,3
16		1,2		2,2		2,2	1,3	1,5
20		1,5	1,9	2,8	1,9	2,8	1,3	1,9
25	1,5	1,9	2,3	3,5	2,3	3,5	1,5	2,3
32	1,8	2,4	2,9	4,4	2,9	4,4	1,9	2,9
40	1,9	3,0	3,7	5,5	3,7	5,5	2,4	3,7
50	2,4	3,7	4,6	6,9	4,6	6,9	3,0	4,6
63	3,0	4,7	5,8	8,6	5,8	8,6	3,8	5,8
75	3,6	5,6	6,8	10,3	6,8	10,3	4,5	6,8
90	4,3	6,7	8,2	12,3	8,2	12,3	5,4	8,2
110	5,3	8,2	10,0	15,1	10,0	15,1	6,6	10,0
125	6,0	9,3	11,4	17,1	11,4	17,1	7,4	11,4
140	6,7	10,4	12,7	19,2	12,7	19,2	8,3	12,7
160	7,7	11,9	14,6	21,9	14,6	21,9	9,5	14,6
180	8,6	13,4	16,4	24,6	16,4	24,6	10,7	16,4
200	9,6	14,9	18,2	27,4	18,2	27,4	11,9	18,2
225	10,8	16,7	20,5	30,8	20,5	30,8	13,4	20,5
250	11,9	18,6	22,7	34,2	22,7	34,2	14,8	22,7
280	13,4	20,8	25,4	38,3	25,4	38,3	16,6	25,4
315	15,0	23,4	28,6		28,6	43,1	18,7	28,6
355	16,9	26,3	32,2		32,2	48,5	21,1	
400	19,1	29,7	36,3		36,3	54,7	23,7	
450	21,5		40,9		40,9	61,5	26,7	
500	23,9				45,4	68,3		
560	26,7				50,8			
630	30,0				57,2			
710					64,5			

dardisiert. Besonders sei auf die Normung der Anschlussmaße in DIN 2501-1[19] hingewiesen. Verschiedene Bauarten unterscheiden sich einerseits in der Art der Verbindung des Flanschringes mit dem Rohrende und andererseits in der Form der Dichtflächen. Beispiele dazu zeigen die **Bilder 4.6 und 4.7**.

---

[19]   berücksichtigte Ausgabe: DIN 2501-1:1972-02

Tabelle 4.14: Beispiele genormter Wanddicken von Rohren aus glasfaserverstärkten Kunststoffen

DN	EP-GF geschleudert DIN 16871: 1982-02			UP-GF Typ E DIN 16965: 1982-07		
	Außendurchmesser d_a in mm	Wanddicke s in mm		Innendurchmesser d_i in mm	Wanddicke s in mm	
		PN 10	PN 16		PN 10	PN 16
25				25		5
32				32		5
40				40		5
50				50		5
65	73		3,2	65	5	5,1
80	88,9		3,2	80	5	6,1
100	114,3	3,2	4,7	100	5	7,3
125	139,7	3,2	4,7	125	5,9	8,9
150	168,3	3,5	5,7	150	6,8	10,5
200	219,1	4,7	7	200	8,7	13,6
250	273	5,7	9	250	10,7	16,8
300	323,9	7	10,5	300	12,6	19,9
350	368	9	11,5	350	14,5	23,1
400	429	9	13,5	400	16,4	26,2
500	532	11	17,1	500	20,3	32,5

Bild 4.3: Heizelement für die Muffenschweißung von Kunststoffrohrleitungen

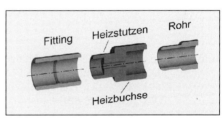

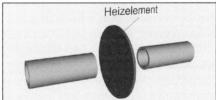

Bild 4.4: Schweißen von Kunststoffrohrleitungen mit Heizelementen (oben Muffenschweißen; unten Stumpfschweißen)

Bild 4.5:   Beispiele für Flanschverbindungen

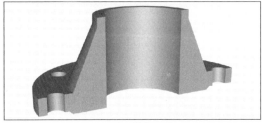

Vorschweißflansch
(DIN 2627 bis DIN 2638)

Loser Flansch mit glattem Bund
(DIN 2655 und DIN 2656)

Bild 4.6:   Beispiele für Verbindungen von Flansch und Rohrende

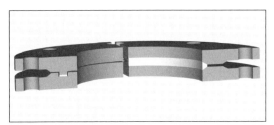

Bild 4.7:   Beispiele für Flanschdichtungen: links
Flachdichtung für Nut und Feder (DIN
2691: 1971-11), rechts Linsendichtung
(DIN 2696: 1999-08)

Bild 4.8:   Gewinde-Rohrverschraubung

Bei Verschraubungen wird häufig ein Teil mit Innengewinde, z.B. eine Mutter oder eine Schraubmuffe über eines der zu verbindenden Rohrenden geschraubt. Das ergänzende Außengewinde ist entweder direkt auf das Rohr geschnitten oder wiederum ein separates Element, das mit dem Rohr verbunden ist. Die zahlreichen konstruktiven Lösungen dieses Prinzips unterscheiden sich darin, wie die Gewindeteile an den Rohren befestigt werden. Bei sogenannten „Gewinderohren" (siehe auch *Abschnitt 4.1.1.1*), wird auf beide Rohrenden jeweils ein Außengewinde aufgeschnitten und mit einer Gewindemuffe verschraubt (**Bild 4.8**). **Bild 4.9** zeigt beispielhaft weitere konstruktive Lösungen. Verschraubungen gibt es für alle hier behandelten Rohrwerkstoffe, auch z.B. für Gussrohre in Form von Schraubmuffen (**Bild 4.10**). Sie werden jedoch hauptsächlich für kleinere Rohrdurchmesser angewendet.

Bild 4.9: Beispiele für Rohrverschraubungen (links Swagelok, Mitte GF, rechts Victaulic)

4.1.2.3 Gesteckte und verpresste Verbindungen

Bei gesteckten Verbindungen wird jeweils ein Rohrende („Spitzende") in eine Muffe eingesteckt. Die Muffe ist entweder direkt an das andere Rohrende angeformt (z.B. **Bild 4.2**) oder eine separate Überschiebemuffe, in die beide zu verbindenden Rohrenden eingeschoben werden. Die Dichtigkeit und Druckbelastbarkeit solcher Verbindungen ist naturgemäß begrenzt. Sehr häufig werden sie für drucklose Leitungen verwendet. Es gibt sie für alle hier behandelten Rohrwerkstoffe.

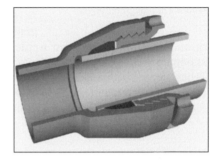

Bild 4.10: Gussrohr-Schraubmuffe (Beispiel)

Von verpressten Verbindungen kann man sprechen, wenn der Verbindung zwischen Spitzende und Muffe in einer gesteckten Verbindung zusätzlich ein Presssitz aufgeprägt wird. Dazu muss die Muffe verformt werden, was z.B. über Schrauben oder Presswerkzeuge (**Bild 4.11**) erfolgen kann.

4.1.3 Formstücke

Als Formstücke werden Bauteile für Rohrleitungen bezeichnet, die eine andere Form als das geradlinige unverzweigte Rohr aufweisen. Häufig wird auch die englische Bezeichnung „Fittings" dafür verwendet. Sie werden z.B. benötigt für:

*   Richtungsänderungen
*   Verzweigungen und Vereinigungen
*   Durchmesseränderungen

4.1.3.1 Bögen und Winkel

Bögen und Winkel sind Formstücke für Richtungsänderungen in Rohrleitungen. Bögen sind vor allem gekennzeichnet durch den Winkel der Richtungsänderung und den Krümmungsradius. Beide Charakteristika beeinflussen den Strömungswiderstand sowie die Beanspruchung der Wand durch Überdruck und bei Biegebeanspruchung. Für Bögen kommt auch der Begriff „Krümmer" vor. Eine Abart ist der Segment-

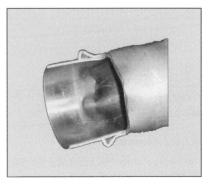

Bild 4.11: Pressverbindung (Mannesmann)

Bild 4.12:   Segmentbogen

Bogen (**Bild 4.12**). Beim Winkel geht der Krümmungsradius gegen null, im Extremfall ist es ein scharfer Knick in der Rohrleitung.

Bögen sind für die verschiedenen Rohrleitungswerkstoffe in zahlreichen Normen z.B. für Richtungsänderungen um 45°, 90° und 180° standardisiert. **Bild 4.13** zeigt beispielhaft 90°-Stahl-Rohrbögen nach DIN 2605. Es wird hier zwischen Bögen mit „vollem Ausnutzungsgrad" und „vermindertem Ausnutzungsgrad" unterschieden, was sich auf die Beanspruchung aus Überdruck im Vergleich mit dem geraden Rohr bezieht (siehe *Abschnitt 9.2 „Wanddickenberechnung von Formstücken"*). Bögen mit „vermindertem Ausnutzungsgrad" weisen überall die gleiche Wanddicke auf wie die Rohre, mit denen sie verbunden werden. Bögen mit „vollem Ausnutzungsgrad" haben an bestimmten Stellen dickere Wände und halten denselben Druck aus wie die geraden Rohre, mit denen sie verbunden werden. **Tabelle 4.15** enthält eine Auswahl von Maßen für Stahl-Rohrbögen mit vermindertem Ausnutzungsgrad. Die Zahl zur Bezeichnung der Bauart ist ungefähr gleich dem Verhältnis des Krümmungsradius r zum halben Außendurchmesser $d_a/2$:

Bauart x:
$$x \approx \frac{r}{d_a/2}$$
(4.6)

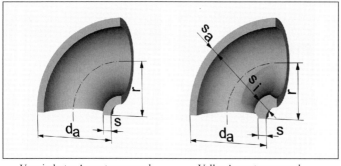

Verminderter Ausnutzungsgrad
(DIN 2605-1: 1991-02)

Voller Ausnutzungsgrad
(DIN 2605-2: 1995-06)

Bild 4.13:   Stahlrohrbögen

Richtungsänderungen in Rohrleitungen können außer durch den Einbau von Formstücken auch durch Biegen des geraden Rohres hergestellt werden. Dies ist jedoch nicht mit allen Rohrleitungswerkstoffen möglich. Rohre aus Stahl und Kupfer lassen sich z.B. biegen, Kunststoffrohre meist nicht. Manche Kunststoffe wie z.B. PP-LD oder PFA sind allerdings von sich aus biegeschlaff bzw. biegeweich und können wie Schläuche ohne Formstücke für Richtungsänderungen verlegt werden.

4.1.3.2 Abzweige

Abzweige sind Formstücke für Verzweigungen und Vereinigungen in Rohrleitungen. Für rechtwinklige Abzweige werden sie auch „T-Stücke" genannt (**Bild 4.14**). Sie bestehen geometrisch aus einem ausgeschnittenen Grundrohr mit aufgesetztem Stutzenrohr. Das Stutzenrohr hat entweder denselben Durchmesser wie das Grundrohr oder einen kleineren. T-Stücke

Tabelle 4.15: Beispiele für Maße von Stahl-Rohrbögen mit vermindertem Ausnutzungsgrad nach DIN 2605-1: 1991-02 (siehe auch **Bild 4.13**); alle Maße außer DN in mm

Außen-durch-messer d_a	DN	Wanddicke s					Krümmungsradius r				
		Reihe					Bauart				
		1	2	3	4	5	2	3	5	10	20
21,3	15	1,6	-	2,0	3,2	4,0	17,5	28,0	42,5	-	-
26,9	20	1,6	-	2,0	3,2	4,0	25,0	29,0	57,5	-	-
33,7	25	2,0	-	2,6	3,2	4,0	25	38	72,5	-	-
42,4	32	2,0	-	2,6	3,6	4,0	32	48	92,5	-	-
48,3	40	2,0	-	2,6	4,0	5,0	38	57	107,5	-	-
60,3	50	2,0	-	2,9	4,5	5,6	51	76	135	254	508
76,1	65	2,3	-	2,9	5,0	7,1	63	95	175	318	635
88,9	80	2,3	-	3,2	5,6	8,0	76	114	205	381	762
114,3	100	2,6	-	3,6	6,3	8,8	102	152	270	508	1016
139,7	125	2,6	-	4,0	6,3	10,0	127	190	330	635	1270
168,3	150	2,6	4,0	4,5	7,1	11,0	152	229	390	762	1524
219,1	200	2,9	4,5	6,3	8,0	12,5	203	305	510	1016	2032
273,0	250	2,9	5,0	6,3	8,8	-	254	381	650	1270	2540
323,9	300	2,9	5,6	7,1	10,0	-	305	457	775	1524	3048
355,6	350	3,2	5,6	8,0	11,0	-	356	533	850	1778	3556
406,4	400	3,2	6,3	8,8	12,5	-	406	610	970	2032	4064
457	450	4,0	6,3	10,0	-	-	457	686	1122	2286	4572
508	500	4,0	6,3	11,0	-	-	508	762	1245	2540	5080
610	600	5,0	6,3	12,5	-	-	610	914	1525	3050	6100
711	700	5,0	7,1	12,5	-	-	711	1067	1778	3555	7110
813	800	5,6	8,0	12,5	-	-	813	1219	2033	4065	8130
914	900	6,3	10,0	12,5	-	-	914	1372	2285	4570	9140
1016	1000	6,3	10,0	12,5	-	-	1016	1524	2540	5080	10160
1220	1200	6,3	12,5	-	-	-	1220	1830	3050	6100	12200
1420	1400	6,3	12,5	-	-	-	1420	2130	3550	7100	14200
1620	1600	6,3	12,5	-	-	-	1620	2430	4050	8100	16200

sind für die verschiedenen Rohrleitungswerkstoffe in zahlreichen Normen standardisiert. Auch hier gibt es wie bei Bögen die Unterscheidung zwischen „vollem" und „vermindertem" Ausnutzungsgrad (s.o.), da die Tragfähigkeit des Grundrohres durch den Ausschnitt geschwächt ist *(siehe Abschnitt 7.2.4)*. **Tabelle 4.16** enthält eine Auswahl von Maßen für T-Stücke mit vermindertem Ausnutzungsgrad.

Außer durch den Einbau solcher Formstücke können Abzweige auch direkt am geraden Rohr hergestellt werden. In einen Ausschnitt werden dazu Stutzenrohre eingesteckt und verschweißt oder der Ausschnitt ausgehalst und daran das Stutzenrohr angeschweißt.

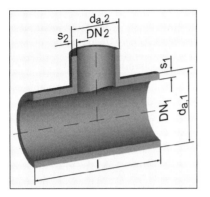

Bild 4.14:   T-Stück (Form beispielhaft, entspricht nicht DIN 2615)

4.1.3.3 Reduzierungen und Erweiterungen

Zur Reduzierung oder Erweiterung des Rohrleitungs-
durchmessers werden konisch geformte Übergangs-
Formstücke eingebaut, allgemein „Reduzierstücke"
genannt. Man unterscheidet konzentrische und exzentrische. Exzentrische Reduzierstücke weisen einen ge-
radlinigen Verlauf der Rohrwand an einer Stelle des
Rohrumfanges auf. Dies ist zum Beispiel für ungehin-
derten Abfluss in Gefälleleitungen (Abwasserleitungen oder Kondensat in Dampfleitungen) notwendig.

Wie Bögen und Abzweige sind auch Reduzierungen
und Erweiterungen für die verschiedenen Rohrleitungswerkstoffe in zahlreichen Normen standardisiert.
Bild 4.15 zeigt beispielhaft exzentrische und konzen-
trische Reduzierstücke für Stahlrohrleitungen mit vollem Ausnutzungsgrad nach DIN
2616-2, **Tabelle 4.17** enthält eine Auswahl von Maßen aus dieser Norm. Konzentrische
Reduzierstücke sind nur für vollen Ausnutzungsgrad genormt, da deren Wanddickenunter-
schied zum geraden Rohr nur sehr klein ist [3].

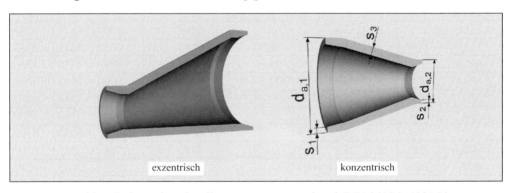

exzentrisch   konzentrisch

Bild 4.15:   Stahl-Reduzierstücke mit vollem Ausnutzungsgrad nach DIN 2616-2: 1991-02

4.1.3.4 Abschlüsse

Abschlüsse zum axialen druckdichten Verschließen von Rohren können als ebene Platten
oder gewölbte Böden („Kappen") ausgebildet werden. Diese Elemente spielen in der Apparatetechnik eine größere Rolle als in der Rohrleitungstechnik und werden deshalb im *Abschnitt 4.2 „Apparateelemente"* näher behandelt. Rohrkappen aus Stahl zum Einschweißen
in Korbbogenform sind z.B. in DIN 2617[20] genormt.

4.1.4 Halterungen

Bei oberirdischer Verlegung müssen Rohrleitungen in regelmäßigen Abständen gelagert werden. Dazu sind Rohrhalterungen notwendig, die mit Hilfs- und Stützkonstruktionen wie Kon-

---

[20]   berücksichtigte Ausgabe: DIN 2617:1991-02

Tabelle 4.16:   Beispiele für Maße von Stahl-T-Stücken mit vermindertem Ausnutzungsgrad nach DIN 2615-1: 1992-05; alle Maße außer DN in mm (zur Erläuterung der Maße siehe **Bild 4.14**)

Grundrohr								Stutzenrohr
Außendurchmesser $d_{a,1}$	DN_1	Wanddicke s_1					Länge l	DN_2
		Reihe						
		1	2	3	4	5		
21,3	15	1,6	-	2,0	3,2	4,0	50	10; 15
26,9	20	1,6	-	2,3	3,2	4,0	58	10; 15; 20
33,7	25	2,0	-	2,6	3,2	4,0	76	25; 20; 15
42,4	32	2,0	-	2,6	3,6	4,0	96	32; 25; 20; 15
48,3	40	2,0	-	2,6	4,0	5,0	114	40; 32; 25; 20
60,3	50	2,0	-	2,9	4,5	5,6	128	50; 40; 32; 25; 20
76,1	65	2,3	-	2,9	5,0	7,1	152	65; 50; 40; 32; 25
88,9	80	2,3	-	3,2	5,6	8,0	172	80; 65; 50; 40; 32
114,3	100	2,6	-	3,6	6,3	8,8	210	100; 80; 65; 50; 40
139,7	125	2,6	-	4,0	6,3	10,0	248	125, 100; 80; 65; 50
168,3	150	2,6	4,0	4,5	7,1	11,0	286	150; 125; 100; 80; 65
219,1	200	2,9	4,5	6,3	8,0	12,5	356	200; 150; 125; 100; 80
273,0	250	2,9	5,0	6,3	8,8	14,2	432	250; 200; 150; 125; 100
323,9	300	2,9	5,6	7,1	10,0	16,0	508	300; 250; 200; 150; 125
355,6	350	3,2	5,6	8,0	11,0	17,5	558	350; 300; 250; 200; 150
406,4	400	3,2	6,3	8,8	12,5	20,0	610	400; 350; 300; 250; 200; 150
457,0	450	4,0	6,3	10,0	14,2	22,2	686	450; 400; 350; 300; 250; 200
508,0	500	4,0	6,3	11,0	16,0	25,0	762	500; 450; 400; 350; 300; 250; 200
610,0	600	5,0	6,3	12,5	17,5	-	864	600; 500; 450; 400; 350; 300; 250
711,0	700	5,0	7,1	12,5	-	-	1042	700; 600; 500; 450; 400; 350; 300
813,0	800	5,6	8,0	12,5	-	-	1194	800; 700; 600; 500; 450; 400; 350
914,0	900	6,3	10,0	12,5	-	-	1346	900; 800; 700; 600; 500; 450; 400
1016,0	1000	6,3	10,0	12,5	-	-	1498	1000; 900; 800; 700; 600; 500; 450
1220,0	1200	6,3	12,5	-	-	-	1778	1200; 1000; 900; 800; 700; 600

*) Die Wanddicken der Stutzenrohre şind dieselben wie die der Grundrohre mit demselben Durchmesser, wobei die Wanddickenreihe des Stutzenrohres keine höhere Zahl haben kann als die des Grundrohres

Maße für Stutzenrohr DN 10:

17,2	10	1,6	-	1,8	2,9	-

solen, Stützen, Rohrbrücken[21] etc. verbunden werden. Die Gestaltung der Halterungen hängt wesentlich von den Kräften und den Rohrleitungsbewegungen ab, die zu erwarten und abzusichern sind. Dadurch können außerdem zusätzliche Maßnahmen wie z.B. elastische Halterungen, gelenkige Führungen oder Dämpfungsvorrichtungen erforderlich werden.

[21] Lange, H.-W. in: /9/

Tabelle 4.17: Beispiele für Maße von konzentrischen Stahl-Reduzierstücken mit vollem Ausnutzungs-grad nach DIN 2616-2: 1991-02 (siehe auch **Bild 4.15**); alle Maße außer DN in mm

Dickeres Ende								Dünneres Ende
Außen-durch-messer $d_{a,1}$	DN_1	Wanddicke s_1 (=s_3)					Länge l	DN_2*)
		Reihe						
		1	2	3	4	5		
21,3	15	1,6	-	2,0	3,2	4,0	38	10
26,9	20	1,6	-	2,3	3,2	4,0	38	10; 15
33,7	25	2,0	-	2,6	3,2	4,0	50	20; 15
42,4	32	2,0	-	2,6	3,6	4,0	50	25; 20; 15
48,3	40	2,0	-	2,6	4,0	5,0	64	32; 25; 20
60,3	50	2,0	-	2,9	4,5	5,6	76	40; 32; 25; 20
76,1	65	2,3	-	2,9	5,0	7,1	90	50; 40; 32; 25
88,9	80	2,3	-	3,2	5,6	8,0	90	65; 50; 40; 32
114,3	100	2,6	-	3,6	6,3	8,8	100	80; 65; 50; 40
139,7	125	2,6	-	4,0	6,3	10,0	127	100; 80; 65; 50
168,3	150	2,6	4,0	4,5	7,1	11,0	140	125; 100; 80; 65
219,1	200	2,9	4,5	6,3	8,0	12,5	152	150; 125; 100; 80
273,0	250	2,9	5,0	6,3	8,8	14,2	178	200; 150; 125; 100
323,9	300	2,9	5,6	7,1	10,0	16,0	203	250; 200; 150; 125
355,6	350	3,2	5,6	8,0	11,0	17,5	330	300; 250; 200; 150
406,4	400	3,2	6,3	8,8	12,5	20,0	355	350; 300; 250; 200; 150
457,0	450	4,0	6,3	10,0	14,2	22,2	381	400; 350; 300; 250; 200
508,0	500	4,0	6,3	11,0	16,0	25,0	508	450; 400; 350; 300; 250; 200
610,0	600	5,0	6,3	12,5	17,5	30,0	508	500; 450; 400; 350; 300; 250
711,0	700	5,0	7,1	12,5	20,0	32,0	610	600; 500; 450; 400; 350; 300
813,0	800	5,6	8,0	12,5	22,2	36,0	610	700; 600; 500; 450; 400; 350
914,0	900	6,3	10,0	12,5	25,0	40,0	610	800; 700; 600; 500; 450; 400
1016,0	1000	6,3	10,0	12,5	28,0	45,0	610	900; 800; 700; 600; 500; 450
1220,0	1200	6,3	12,5	-	-	-	711	1000; 900, 800; 700; 600

*) Die Anschlusswanddicken am dünneren Ende s_2 sind für die jeweilige Nennweite bis auf wenige Ausnahmen gleich den Anschlusswanddicken am dickeren Ende s_1 bei gleicher Nennweite und gleicher Wanddickenreihe

Maße für DN 10:					
17,2	10	1,6	-	1,8	2,9	-

Bild 4.16 enthält eine Übersicht über Halterungsarten. Hier wird unterschieden in statische oder quasistatische Halterungen, welche die Gewichtskräfte der Rohrleitungen aufnehmen und in dynamische Halterungen, die zusätzlich notwendig sein können, um dynamisch auf-tretende Kräfte z.B. aus Druckstößen oder äußeren Beanspruchungen wie Erdbeben aufzu-nehmen. Höhenbewegungen horizontaler Rohrleitungen können durch elastische Federn aus-geglichen werden (Federhänger und -stützen). Da die Federkraft proportional zum Federweg

ansteigt, wird die Rohrleitung mit einer zusätzlichen Querkraft belastet. Durch geeignete Hebelkonstruktionen und die Kombination mehrerer elastischer Federn kann die resultierende Federkraft jedoch unabhängig vom Weg konstant gehalten werden (Konstantfederhänger und -stützen). Diese Konstruktion ist in **Bild 4.16** durch drei rechtwinkelig angeordnete Schraubenfedern angedeutet. Um zusätzliche Belastungen von Rohrleitungen bei Änderung der Betriebstemperatur zu vermeiden, muss ihre Wärmedehnung in Längsrichtung möglichst ungehindert sein (siehe auch *Kapitel 8 „Lagerung und Dehnungsaugleich von Rohrleitungen"*). Dazu dienen gleitende und rollende Führungslager. So genannte „Kreuzgleitführungen" lassen zusätzlich seitliche Bewegungen der Rohrleitung zu.

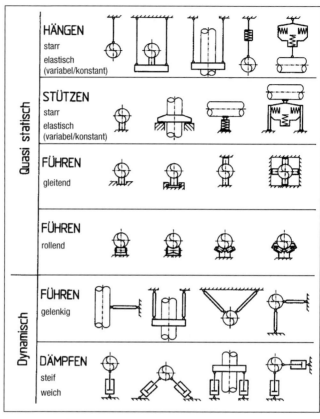

Bild 4.16:   Übersicht über Rohrleitungshalterungen (aus [9])

Sehr häufig werden Rohre an den Halterungen in Rohrschellen gehalten, die in großer Variantenvielfalt verfügbar sind (**Bild 4.17**). Ihre Auswahl hängt wesentlich von der Last ab, die sie zu tragen haben. Nach der Richtung des Rohrleitungsverlaufes werden Horizontal- und

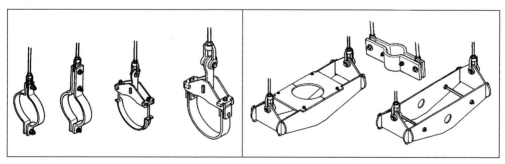

Bild 4.17:   Beispiele für Rohrschellen: links für horizontale Verlegung, rechts für vertikale Verlegung (aus: [9])

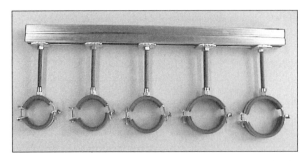

Bild 4.18: Beispiele von Rohrschellen für die Installationstechnik
(Werkbild Hilti AG, Fürstentum Liechtenstein)

Vertikalschellen unterschieden. Bei geringen Lasten werden jedoch für beide Richtungen meist dieselben Schellen einfacher Bauart verwendet, z.B. in der Installationstechnik (**Bild 4.18**). Durch Auswahl von Passung und Materialpaarung zwischen Rohr und Schelle können auf einfache Art Fest- und Führungslager hergestellt werden. Jedoch kommen auch Gleit- und Rollenlager zum Einsatz, auf denen die Schellen montiert werden. Die Verbindung von Rohrschellen mit

Hilfs- und Stützkonstruktionen erfolgt nach oben (Abhängung), unten (Aufstützung) oder seitlich. Schwere Rohrleitungen werden bei horizontaler Verlegung unter Ausnützung ihrer Gewichtskraft ohne Schellen aufgelagert (siehe **Bild 4.16**).

Im *Kapitel 8 „Lagerung und Dehnungsausgleich von Rohrleitungen"* werden Berechnungen z.B. zu den zulässigen Stützweiten und den Kräften auf Halterungen bei Rohrdehnungen behandelt.

4.1.5 Kompensatoren

Kompensatoren sind bewegliche Rohrleitungselemente. Sie dienen dazu, Relativbewegungen zwischen aneinander grenzenden Bauteilen in der Rohrleitung auszugleichen, d.h. zu kompensieren. Die Bewegungen resultieren sehr häufig aus Wärmedehnungen, können jedoch auch andere Ursachen haben, wie z.B. Verformungen durch Überdruck oder äußere Kräfte. Außerdem kann die Übertragung von Vibrationen oder Schall z.B. von Pumpen auf anschließende Rohrleitungen durch Kompensatoren gedämpft werden.

Grundsätzlich kann man zwei Arten von Kompensatoren unterscheiden:

- Konstruktionen, in denen zwei Teile gegeneinander verschoben oder verdreht werden.

- bewegliche Elemente (Bälge)

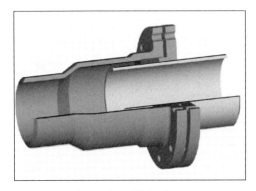

Bild 4.19: Prinzip eines Gleitrohrkompensators

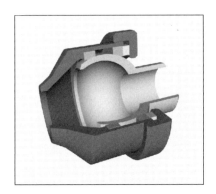

Bild 4.20: Prinzip eines Kugelgelenks

In die erste Kategorie fallen Gleitrohrkompensatoren, Dreh- und Kugelgelenke. Die **Bilder 4.19 und 4.20** zeigen Prinzipbeispiele hierzu. Im Gleitrohrkompensator kann das Innenrohr im Außenrohr axial verschoben und somit eine Rohrbewegung in Längsrichtung, meist verursacht durch Wärmedehnung, ausgeglichen werden. In Drehgelenken können die verbundenen Rohrleitungsteile axial gegeneinender verdreht, in Kugelgelenken zusätzlich gegeneinander abgeknickt werden. Sie werden selten zum Ausgleich der Wärmedehnung, sondern zum beweglichen Aufbau von Leitungen eingesetzt [1]. In diesen Arten von Kompensatoren müssen die Spalten zwischen den bewegten Teilen gegen den inneren Überdruck der Rohrleitung abgedichtet werden.

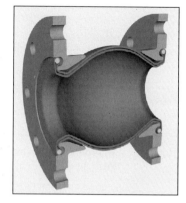

Bild 4.21:   Gummikompensator

Die meisten Kompensatoren basieren auf beweglichen Bälgen aus Gummi, Kunststoff oder Metall. Hier fällt das Abdichtungsproblem zwischen bewegten Teilen weg. Gummikompensatoren (**Bild 4.21**) erlauben neben axialen auch winkelige (angulare) und seitliche (laterale) Bewegungen (**Bild 4.22**). Das Material hält sehr hohe Lastwechselzahlen aus und eignet sich besonders gut zur Vibrationsdämpfung. Überdruck und Temperatur sind jedoch begrenzt (**Tabelle 4.18**). Kunststoffbälge aus PTFE (z.B. Teflon[22], Hostaflon[23]) sind wegen der hohen Chemikalienresistenz des Materials besonders für den Einsatz mit aggressiven Medien geeignet. Für höhere Drücke sind Verbindungen aus Metall- und PTFE-Bälgen möglich.

22   Handelsname der Firma Du Pont
23   Handelsname der Firma Hoechst

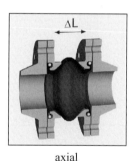 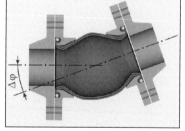 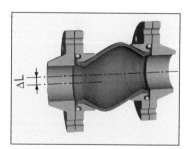

axial   angular   lateral

Bild 4.22:   Bewegungsmöglichkeiten von Gummikompensatoren

Tabelle 4.18:   Einsatzgrenzen von Gummi-Kompensatoren (Werte aus [1])

	Balgausführung	
	mit Dichtbund	mit Glattflansch
Druckstufen	PN 10 und PN 16	PN 2,5, PN 6 und PN 10
Maximal zulässige Betriebstemperatur	110 °C	90 °C

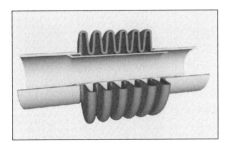

Bild 4.23: Wellrohrkompensator mit zusätzlichem Innenrohr

Für hohe Drücke und Temperaturen kommen nur Wellrohrbälge aus Metall in Frage (**Bilder 4.23 bis 4.26**). Metall-Wellrohrkompensatoren gibt es in zahlreichen Ausführungen. An der Richtung der Bewegung, die sie ausführen können, orientiert sich die Einteilung in Axial-, Angular- und Lateralkompensatoren (**Bild 4.24**). Die Bälge von Angular- und Lateralkompensatoren sind zwischen gelenkigen Führungen angeordnet, die nur die jeweils vorgesehene Bewegung des Balges zulassen (**Bild 4.25**). Diese Führungen, die Teil des Kompensators sind, stabilisieren die gesamte Konstruktion und verhindern beispielsweise, dass der Kompensator auseinandergezogen wird. Eine Art Sonderform von Angularkompensatoren sind Kardan-Rohrgelenke mit zwei Führungen, die geführte Angularbewegungen in alle Richtungen zulassen.

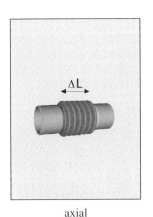

axial

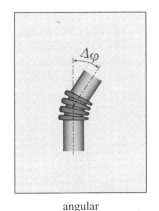

angular

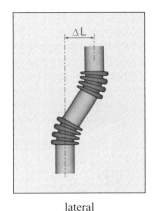

lateral

Bild 4.24: Bewegungsmöglichkeiten von Metallbälgen

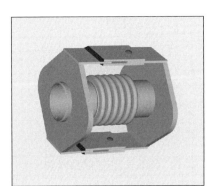

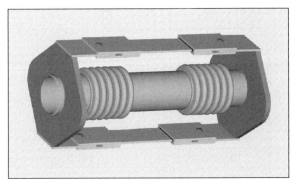

Bild 4.25: Angular- (links) und Lateral-Wellrohrkompensator

NEU 2002 – NEU 2002 – NEU 2002 – NEU 2002 – NEU 2002

Erwin Ruppelt (Hrsg.)

Druckluft Handbuch

4. Auflage

Vulkan-Verlag, 2002, in Vorbereitung (erscheint II. Quartal 2002)

ca. 520 Seiten, ca. 114,- €, Subs.-Preis bis zum Erscheinen 98,- €

ISBN 3-8027-2548-4

Spezialisten der einzelnen Fachbereiche haben Empfehlungen und Leitlinien erarbeitet, nach denen der Anwender ein optimales Druckluftsystem auslegen kann. Nach der Lektüre wird er in der Lage sein, ein Druckluftsystem und dessen Bausteine für seinen speziellen Anwendungsfall zu dimensionieren und die Rahmenbedingungen für ein wirtschaftliches und betriebssicheres Arbeiten der Einzelkomponenten zu schaffen.

Das Buch besteht aus drei Hauptteilen: Im ersten Teil werden zunächst die einzelnen Komponenten eines Druckluftsystems beschrieben. Im zweiten Teil werden einige Systeme beschrieben, die mit Druckluft betrieben werden. Im dritten Teil rückt dann das Zusammenspiel der Einzelkomponenten in den Vordergrund der Darstellung.

Die 4. Auflage wird vollständig neu bearbeitet.

A 8

Der Balg von Axialkompensatoren ist frei. Zur Stabilisierung wie auch zum Schutz des Balges oder zur Verbesserung der Durchströmungseigenschaften können zusätzliche Rohre innerhalb („Innenrohr", **Bild 4.23**) und außerhalb des Balges („Außenrohr") angeordnet werden. Eine weitere Konstruktion weist wie ein Lateralkompensator zwei Bälge mit Zwischenrohr, jedoch keine Führung auf. Damit sind beide Bälge frei und der Kompensator kann grundsätzlich alle Bewegungen ausführen (Universalkompensator [*33*], **Bild 4.26**), allerdings sind seine Angular- und Lateralbewegungen nicht geführt.

Der innere Überdruck in der Rohrleitung versucht, flexible Rohrleitungselemente auseinander zu ziehen. Bei Rohrgelenken (Angular- und Lateralkompensatoren) werden die so entstehenden Druckreaktionskräfte von den Gelenkführungen aufgenommen. Bei freien Bälgen (z.B. Axial- oder „Universal"-Kompensatoren) und Gleitrohrkompensatoren werden diese Kräfte jedoch auf die Festlager der Rohrleitung übertragen. Bei hohen Drücken entstehen dort sehr hohe Kräfte. Deshalb wurden druckentlastete Kompensatoren entwickelt, in denen sich die Reaktionskräfte mehrerer Druckkammern gegenseitig aufheben (**Bild 4.27**).

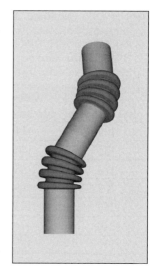

Bild 4.26: Universalkompensator mit angularer und lateraler Bewegungsmöglichkeit

Auf die Anordnung und Dimensionierung von Kompensatoren, die zusätzliche Führung der Rohrleitungen, die Berechnung der Festpunktbelastung etc. wird im *Kapitel 8 „Lagerung und Dehnungsausgleich von Rohrleitungen"* ausführlich eingegangen.

4.2 Apparateelemente

Die Apparatetechnik lässt sich von der Rohrleitungstechnik nicht klar trennen. Innerhalb der Apparatetechnik stellt die zugehörige Rohrleitungstechnik eine Teilmenge dar. Einige der oben beschriebenen Rohrleitungselemente sind auch Apparateelemente. Im folgenden werden spezielle Apparateelemente beschrieben, die darüber hinaus wichtig sind. DIN 28016[24] enthält z.B. eine Übersicht über Elemente speziell für Kolonnen.

4.2.1 Mäntel

Die äußeren Formen von Apparaten und Behältern basieren hauptsächlich auf Zylinder-, Kugel- und Kegelflächen sowie Teilen davon. Dazu kommen besondere Formen der Böden, die weiter unten behandelt werden. Aus Gründen der Fertigungstechnik und der Druckbeanspruchung sind die Grundkörper von Apparaten in sehr vielen Fällen Zylinder. Bei langen Zylindern unterscheidet man Rohrkolonnen, die aus einem langen Stück bestehen und Schusskolonnen, die aus Teilstücken, zylindrischen

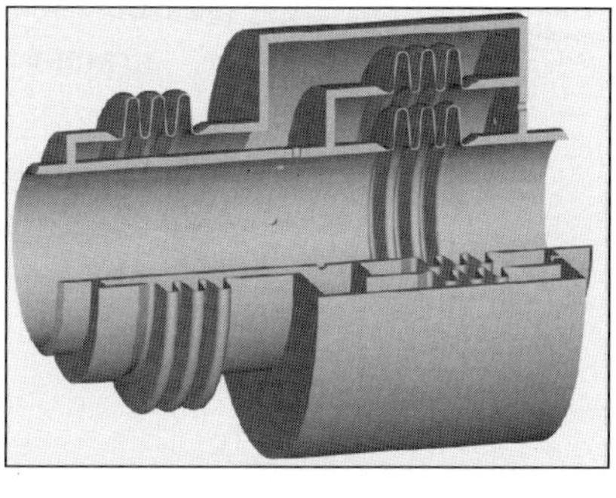

Bild 4.27: Prinzip eines druckentlasteten Wellrohrkompensators

---

[24] berücksichtigte Ausgabe: DIN 28016: 1987-01

Tabelle 4.19: Genormte Durchmesser chemischer Apparate bis 500mm nach DIN 28001: 1976-02 (Durchmesser größerer Apparate siehe Text)

Nenn-durchmesser	Außen-durchmesser
100	114
125	140
150	168
200	219
250	273
300	324
350	355
400	406
500	508

„Schüssen", aufgebaut werden [13]. Für Durchmesseränderungen der Zylinder, wie sie z.B. in Kolonnen oder auch Silos vorkommen, werden kegelförmige Schüsse eingebaut. Als Verbindungstechniken kommen insbesondere Schweiß- und Flanschverbindungen zur Anwendung (siehe *Abschnitt 4.1.2 „Rohrverbindungen"* oben).

In DIN 28001[25] sind Nenndurchmesser für chemische Apparate zwischen 100mm und 4000mm festgelegt. **Tabelle 4.19** enthält die genormten Durchmesser zwischen 100mm und 500mm. Die dort festgelegten Außendurchmesser entsprechen ungefähr den für Stahlrohre üblichen (siehe **Tabelle 4.5**). Über 500mm sind die Nenndurchmesser gleich den Außendurchmessern mit Stufungen der Nenndurchmesser zwischen 500mm und 1200mm in Schritten von 100mm, darüber (bis 4000mm) in Schritten von 200mm. Verschiedene Normen (DIN 28005 bis DIN 28008) geben Allgemeintoleranzen für unterschiedliche Arten von Apparaten vor, auf die in Zeichnungen verwiesen werden soll.

4.2.2 Böden

Im Apparatebau müssen folgende zwei verschiedene Arten von „Böden" unterschieden werden:

- axiale Abschlüsse („Deckel") von Apparaten
- eingebaute Zwischenböden in bestimmten Apparaten

Während Abschlussböden aus Beanspruchungsgründen meist gewölbt sind, sind eingebaute Böden üblicherweise flache Platten, in der Regel mit Bohrungen, Aussparungen, zusätzlichen Aufbauten etc.

Gewölbte Böden werden in einer Reihe unterschiedlicher Formen hergestellt (siehe z.B. **Bilder 4.28, 7.11 und 7.12**). Weitaus am häufigsten sind

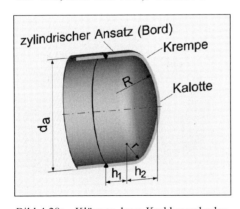

Bild 4.28:   Klöpper- bzw. Korbbogenboden

- Klöpperböden (DIN 28011[26])
- Korbbogenböden (DIN 28013[27])
- Halbkugelböden

Bild 4.28 zeigt die Form von Klöpper- und Korbbogenböden. Sie bestehen jeweils aus Kalotte, Krempe und zylindrischem Ansatz („Bord") und unterscheiden sich im wesentlichen in den Krümmungsradien von Kalotte (R) und Krempe (r) (**Tabelle 4.20**). Die größten Ma-

25   berücksichtigte Ausgabe: DIN 28001: 1976-02
26   berücksichtigte Ausgabe: DIN 28011:1993-01
27   berücksichtigte Ausgabe: DIN 28013:1993-01

Tabelle 4.20:   Maße von Klöpperböden (DIN 28011: 1993-01) und Korbbogenböden (DIN 28013: 1993-01); siehe dazu **Bild 4.28**

	Kalotten-radius	Krempen-radius	Länge des zylindrischen Anschlusses	Höhe des gewölbten Teiles
Klöpperboden	$R = d_a$	$r = 0{,}1 \cdot d_a$	$h_1 \geq 3{,}5 \cdot s$	$h_2 = 0{,}1935 \cdot d_a - 0{,}455 \cdot s$
Korbbogenboden	$R = 0{,}8 \cdot d_a$	$r = 0{,}154 \cdot d_a$	$h_1 \geq 3 \cdot s$	$h_2 = 0{,}255 \cdot d_a - 0{,}635 \cdot s$

terialbeanspruchungen treten in der Krempe auf (siehe *Abschnitt 7.4 „Gewölbte Böden"*). Beim Halbkugelboden gibt es keine Krempe.

Flache Böden als Einbauten in Apparaten erfüllen z.B. folgende Funktionen:

*   Trennung und Vermischung verschiedener Phasen in Bodenkolonnen
*   Auflage für Füllkörper in Füllkörperkolonnen
*   Verteilung von Fluidströmen über den Apparatequerschnitt
*   Befestigung von Rohren in Wärmetauschern

Entsprechend unterschiedlich sind die Bauformen (siehe z.B. **Bilder 4.29 und 4.30**, auch **Bilder 2.15 und 7.13**). Sehr wesentlich und variantenreich ist auch die Abdichtung der verschiedenen Einbauten gegeneinander und gegen die Apparatewände. Eine ausführliche Darstellung der Boden- und Eindichtungsarten gibt z.B. *[13]*.

Bild 4.29: Prozessboden einer Phosgenkolonne (Werkbild Johann Stahl GmbH & Co. KG, Mannheim)

4.2.3 Stutzen

Stutzen dienen zum Anschluss von Rohren und anderen Anbauten wie z.B. Messfühlern etc. an Apparate. Ein Stutzen ist eine Öffnung in der Apparatewand mit einem meist ein- oder angeschweißten Rohrstück. Der Stutzen kann rechtwinkelig oder schräg zur Apparatewand angeordnet sein (**Bild 4.31**). In den meisten Fällen endet er in einem Flansch als Verbindungs-

Bild 4.30:   Reaktor-Rohrboden in Bearbeitung (Werkbild Deggendorfer Werft und Eisenbau GmbH, Deggendorf)

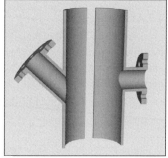

Bild 4.31:   Beispiele für Stutzen an Druckbehältern

element für die weiteren Anschlüsse oder für einen Verschluss. Er kann also z.B. aus einem Rohr und einem Vorschweißflansch hergestellt werden. Durch die Öffnung ist die Apparatewand verschwächt, was bei der Wanddickenberechnung berücksichtigt, bzw. durch zusätzliche Verstärkungen ausgeglichen werden muss (siehe *Abschnitt 7.2.4*). Normen für Stutzen sind:

- DIN 28025[28] für Stutzen aus nichtrostenden Stählen
- DIN 28115[29] für Stutzen aus unlegierten Stählen.

Weitere Öffnungen und Verschlüsse von Apparaten sind z.B. genormt in:

- DIN 28124[30] (Mannlochverschlüsse)
- DIN 28125[31] (Klappverschlüsse)

4.2.4 Tragelemente

Die meist zylinderförmigen Apparate und Behälter werden für den Betrieb vertikal aufgestellt, horizontal aufgelegt oder in Stützkonstruktionen eingehängt. Zum Aufstellen und Einhängen sind Tragelemente wie Füße, Pratzen etc. an der Apparatewand zu befestigen (**Bild 4.32**). Zum Auflegen dienen Tragsättel (**Bild 4.33**). Diese Elemente sind z.B. in DIN 28080 bis 28087 genormt.

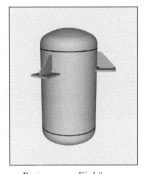
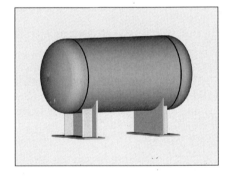

Füße zum Aufstellen Pratzen zum Einhängen

Bild 4.32: Beispiele für Tragelemente senkrecht angeordneter Druckbehälter

Bild 4.33: Sattel für liegenden Druckbehälter

4.3 Armaturen

„Armatur" ist der Oberbegriff für Funktionselemente, mit denen sich Strömungsvorgänge in Rohrleitungen oder Apparaten beeinflussen lassen. Eine Armatur stellt einen definiert veränderlichen Strömungswiderstand dar. Grundsätzlich kann unterschieden werden zwischen den Funktionen

- vollständig Schließen und Öffnen (Auf / Zu) und
- stufenlos Einstellen.

---

[28] berücksichtigte Ausgabe: DIN 28025:1981-04
[29] berücksichtigte Ausgabe: DIN 28115:1989-10
[30] berücksichtigte Ausgabe: DIN 28124:1992-12
[31] berücksichtigte Ausgabe: DIN 28125:1989-04
 und -08

In **Tabelle 4.21** werden die vier Armatur-Grundtypen Hahn, Ventil, Schieber und Klappe in ihren wichtigsten Eigenschaften verglichen. Dies stellt jedoch nur eine sehr grobe Kategorisierung dar, denn für jeden dieser Armaturtypen wurden zahlreiche Varianten entwickelt, die sich in den gezeigten Eigenschaften untereinander stark unterscheiden können. Es existieren zahlreiche Normen zu Armaturen aus verschiedenen Werkstoffen, auf die hier nicht näher eingegangen werden kann.

Der „Druckverlust", der in **Tabelle 4.21** mit aufgeführt ist, ist die Menge an Strömungsenergie, die beim Durchströmen der Armatur verloren geht. Bei der Bewertung dieses Kriteriums ist es wesentlich, ob die Armatur zur Auf/Zu-Funktion oder zum Einstellen der Strömung eingesetzt wird. Für Auf/Zu und einfache Einstellungsfunktionen ist ein minimaler

Tabelle 4.21:   Vergleich von Armaturentypen

Armatur	Funktion	Drossel-/Ab-sperr-element	Stell-kräfte	Druck-verlust*)	Strö-mungs-richtung umkehr-bar	Strö-mungs-druck unterstützt Dichtvor-gang
Hahn	Auf-Zu vereinzelt Regelung	Konus (Küken) Kugel	gering bei Küken-hahn hoch	gering etwas besser als Schieber	ja	ja
Ventil	Auf-Zu, Rege-lung, Rück-schlag, Sicher-heit	Kugel, Kegel, Kolben, Teller, Nadel, Mem-bran	hoch	allgemein hoch ($\zeta=4...8$) Schräg-sitzventil $\zeta<1$	allgemein nein in Aus-nahmen ja	allgemein nein bei großen Ventilen erforderlich
Schieber	Auf-Zu	Kugel, Kegel, Kolben, Keil, Platte	ca. 1/3 von Ventil aber 2...4-fa-cher Hub	gering ($\zeta=0,15...$ 0,2 bei glattem Durch-gang)	ja	ja
Klappe	Auf-Zu, Drossel, Rück-schlag, auch Regelung	meist Platte	je nach Bauart	$\zeta=0,4...1$	ja (mit Aus-nahmen)	ja, wenn anschla-gend nein, wenn durch-schlagend

*) Zur Definition der Widerstandszahl ζ siehe Abschitte 10.3.1.2 und 10.3.2.2

Druckverlust im voll geöffneten Zustand optimal. Für die Regelbarkeit von hydraulischen Systemen kann dagegen ein Mindestanteil der Armatur am Gesamtdruckverlust erforderlich sein, der Druckverlust in der Armatur selbst darf also nicht zu klein sein. Da dies in der Regel Ventile betrifft, wird dieser Anteil z.B. auch „Ventilautorität" genannt (z.B. [*34*]). Die Druckverlustberechnung wird im *Kapitel 10 „Strömungstechnische Auslegung von Rohrleitungen"* behandelt.

Der Hahn ist der älteste Armaturentyp, bereits von den Römern in ihrer städtischen Wasserversorgung verwendet [5]. Durch eine Vierteldrehung des durchbohrten Verschlusselementes (Kugel oder Konus) wird von voll offen auf voll geschlossen geschaltet. Er wird daher meist zur Auf/Zu-Funktion verwendet. Mit einem Getriebe z.B. zwischen Handrad und Verschlusselement, das mehrere Umdrehungen des Handrades zum Schließen notwendig macht, kann ein Hahn auch zum Einstellen der Strömung verwendet werden. Der Strömungswiderstand von Hähnen kann bei sorgfältiger Konstruktion nahezu Null sein. **Bild 4.34** zeigt ein Ausführungsbeispiel eines kleinen Kugelhahns.

Beim Schließen eines Ventils wird das Verschlusselement im Ventilsitz gegen den Strömungsdurchlass gedrückt. Das Verschlusselement kann von sehr unterschiedlicher Form sein, z.B. Kugel, Kegel, Kolben, Teller, Nadel oder Membran. Beim Öffnen wird es kontinuierlich vom Sitz weg bzw. aus dem Sitz heraus bewegt. Der Spalt zwischen Sitz und Verschlusselement und damit der Strömungswiderstand sind so stufenlos einstellbar. Daher ist die Gruppe der Ventile mit ihren zahlreichen Bauartvarianten in den meisten Anwendungsbereichen besonders geeignet zum Einstellen von Strömungen. Ihr Druckverlust ist hoch. Für Auf/Zu- und einfache Einstellungs-Anwendungen wurden Ausführungen mit vermindertem Widerstand entwickelt (z.B. Schrägsitz-Ventil). **Bild 4.35** zeigt Ausführungsbeispiele eines Durchgangsventils und eines Schrägsitzventils mit Weichdichtung.

In Schiebern wird das Absperrelement, im einfachsten Fall eine kreisförmige Platte, radial, d.h. quer zur Strömungsrichtung in den durchströmten Querschnitt eingeschoben (**Bild 4.36**).

Durchgangsventil

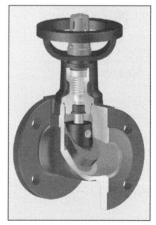

Schrägsitzventil

Bild 4.34: Kugelhahn

Bild 4.35: Ausführungsbeispiele für Ventile (Werkbild Ari Armaturen GmbH & Co. KG, Schloß Holte-Stukenbrock)

Sie werden für Auf/Zu-Funktionen insbesondere für große Rohr-leitungsquerschnitte, z.B. in der Wasserversorgung, eingesetzt. Es gibt Schieber für Rohrdurchmesser bis zu mehreren Metern. Ihr Druckverlust ist gering. Die verschiedenen angebotenen Bauarten unterscheiden sich z.B. in der Form der Absperrelemente und besonderen Vorrichtungen, die das Öffnen lange geschlossener Schieber erleichtern.

Der Durchlassquerschnitt von Klappen wird wie der von Hähnen durch Drehen des Verschlusselementes verändert, zwischen voll offen und voll geschlossen liegt eine Vierteldrehung. Anders als beim Hahn ist das Absperrelement flach. Klappen werden für Auf/Zu, mit Getriebe ähnlich wie Hähne (s.o.) jedoch auch zur Strömungseinstellung eingesetzt. Man unterscheidet nach der Lage des Klappen-Drehlagers „durchschlagende" und „anschlagende" Klappen. In den durchschlagenden verbleibt die Klappe auch bei Vollöffnung im Strömungsquerschnitt. Anschlagende Klappen können bei geeigneter Konstruktion aus dem Strömungsquerschnitt herausklappen, wodurch der Druckverlust kleiner wird. **Bild 4.37** zeigt Ausführungsbeispiele für durchschlagende Klappen.

Bild 4.36: Ausführungs-beispiel eines Schiebers für chemische Anlagen (Werkbild Friatec AG, Mannheim)

Es können drei verschiedene Arten der Betätigung von Armaturen unterschieden werden:

- manuell (Handrad)

- elektrisch (Motor, Magnet) oder pneumatisch aktiviert

- selbsttätig

Bild 4.37: Ausführungsbeispiele für durchschlagende Klappen (Werkbild Ari Armaturen GmbH & Co. KG, Schloß Holte-Stukenbrock)

Bild 4.38: Ausführungsbeispiel für ein Rückschlagventil (Werkbild Ari Armaturen GmbH & Co. KG, Schloß Holte-Stukenbrock)

Selbsttätig sind z.B.

- Rückschlagarmaturen, die automatisch schließen, wenn sich die Strömungsrichtung umkehrt. Hierfür eignen sich die Funktionsprinzipien von Ventilen (**Bild 4.38**) und Klappen.

- Entlüftungs-Armaturen und Kondensatableiter, über die störende Gase und Flüssigkeiten aus dem Rohrleitungssystem entfernt werden

Für verschiedene Anwendungsfälle sind auch „selbsttätige" Regelarmaturen verfügbar, in denen ein gesamter Regelkreis integriert ist, z.B.:

- Druckminderer, die einen voreingestellten Druck hinter der Armatur einregeln (**Bild 4.39**)

Bild 4.39: Ausführungsbeispiel für einen Druckminderer (Werkbild Ari Armaturen GmbH & Co. KG, Schloß Holte-Stukenbrock)

Bild 4.40: Ausführungsbeispiel für ein Überdruckventil (Werkbild Ari Armaturen GmbH & Co. KG, Schloß Holte-Stukenbrock)

- Druckhalteventile, die einen voreingestellten Druck vor der Armatur einregeln
- Thermostatventile z.B. an Heizkörpern, die über Manipulation des Heizmedienstromes eine voreingestellte Temperatur einregeln

4.4 Überdrucksicherungen

Überdrucksicherungen sind Sicherheitseinbauten in Rohrleitungen und an Apparaten, die öffnen, wenn ein voreingestellter Überdruck überschritten wird. Es kommen zwei unterschiedliche Prinzipien zur Anwendung:

- Überdruckventile (**Bild 4.40**)
- Berstscheiben

Überdruckventile öffnen selbsttätig, sobald die Druckkraft auf das Schließelement eine voreingestellte Gegenkraft überschreitet. Die Gegenkraft wird z.B. durch elastische Federn oder ein Gewicht über einen Hebel aufgeprägt. Berstscheiben sind flache Scheiben am Ende eines Stutzens, die zerstört werden, sobald der Überdruck einen bestimmten Wert überschreitet. Ihre Dicke wird genau auf den benötigten Berstdruck berechnet und mit geringer Toleranz hergestellt.

5 Zeichnerische Darstellung

Das Spektrum der Darstellungen von Anlagen und Anlagenteilen reicht in der Rohrleitungs- und Apparatetechnik von Pipelinetrassen über verfahrenstechnische Produktionsanlagen, Kraftwerksanlagen, haustechnische oder industrielle Versorgungsinstallationen bis zu Werkstattzeichnungen von Apparaten und anderen Anlagenelementen. Während für Werkstattzeichnungen die Regeln des Maschinenzeichnens gelten, wird für die Darstellung von Anlagen eine spezielle Symbolik verwendet.

5.1 Symbole

In den meisten Zeichnungen werden die Anlagenelemente nicht in ihrer tatsächlichen Form, sondern durch Symbole dargestellt. Etliche Normen enthalten Symbole für verschiedene Anwendungsfälle (siehe **Tabelle 5.1**). DIN 2429-2 enthält Bildzeichen für Rohrleitungskomponenten und in DIN ISO 6412 ist die orthogonale (2D) und isometrische (3D) Darstellung von Rohrleitungen geregelt. Die anderen Normen enthalten weitere Bildzeichen und Regeln für spezielle Anwendungsfälle. Für die Apparatetechnik ist DIN EN ISO 10628 von besonderer Bedeutung. Die **Bilder 5.1 und 5.2** zeigen eine kleine Auswahl wichtiger Bildzeichen aus verschiedenen der genannten Normen. In DIN 30600 sind die Bildzeichen registriert.

Ein sehr nützliches System zur übersichtlichen Darstellung der Prozessleittechnik ist in DIN 19227-1 geregelt. Darin werden MSR[1]-Punkte an Rohrleitungen und Apparaten markiert und

---

[1] Mess-, Steuerungs- und Regelungstechnik

Tabelle 5.1: Übersicht über Normen zur zeichnerischen Darstellung von Rorleitungen und Apparaten

Anwendungsbereich	Gegenstand der Darstellung	Norm	Ausgabe
Rohrleitungen allgemein	Funktion	DIN 2429-2	1988-01
	Leitungen orthogonal	DIN ISO 6412-1	1991-05
	Leitungen isometrisch	DIN ISO 6412-2	1991-05
Verfahrenstechnik	Fließbilder	DIN EN ISO 10628	2001-03
Prozessleittechnik	Aufgaben und Einzelheiten	DIN 19227-1 und -2	1993-10 (1) 1991-02 (2)
Vakuumtechnik	Funktion	DIN 28401	1976-11
Kälteanlagen und Wärmepumpen	Fließbilder	DIN EN 1861	1998-07
Wärmekraftanlagen	Funktion	DIN 2481	1979-06
Raumlufttechnik	Funktion	DIN 1946-1	1988-10
Trinkwasserinstallationen	Funktion	DIN 1988-1	1988-12
Entwässerung von Gebäuden und Grundstücken	Funktion	DIN 1986-1	1988-06
Gas- und Wasserversorgung	Rohrnetzpläne	DIN 2425-1	1975-08
Fernwärme	Rohrnetzpläne	DIN 2425-2	1977-07
Fernleitungen	Pläne	DIN 2425-3	1980-05
Abwasser	Kanalnetzpläne	DIN 2425-4	1980-05

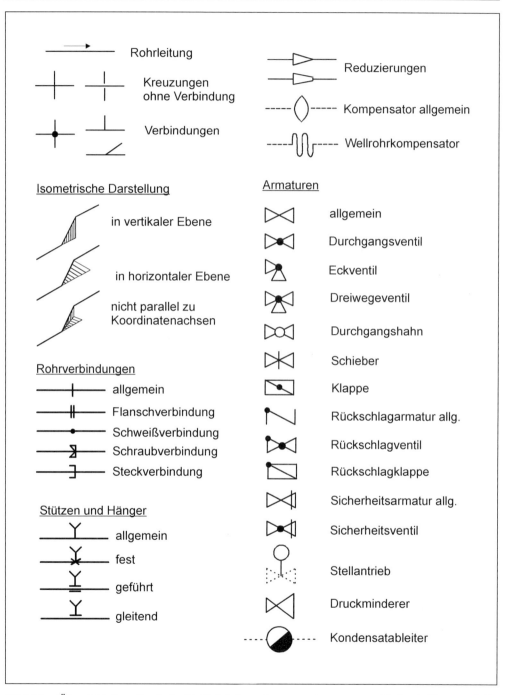

Bild 5.1: Übersicht über Symbole für Rohrleitungskomponenten aus verschiedenen Normen (z.B. DIN 2429, DIN ISO 6412)

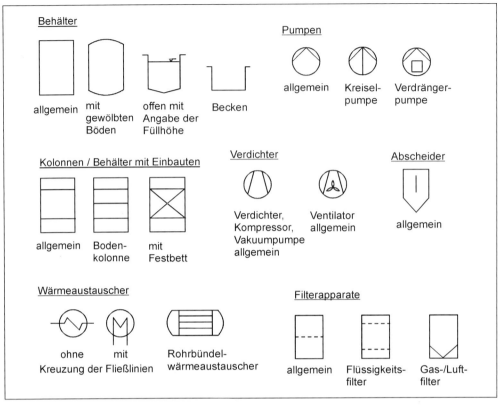

Bild 5.2: Übersicht über Symbole der Apparatetechnik aus verschiedenen Normen (z. B. DIN EN ISO 10628. DIN 2481)

über Buchstabenkombinationen die notwendigen Informationen ergänzt. **Bild 5.3** zeigt einige Beispiele dazu und erläutert die Bedeutungen einiger wichtiger Buchstabenkombinationen.

5.2 Darstellungsarten

Das grundlegende Kriterium für die Gestaltung einer Zeichnung ist der Grad an Detaillierung, der gezeigt werden soll. Er reicht vom Funktionsschema bis zur Detail- oder Werkstattzeichnung. Davon hängt ab,

- ob die Zeichnung maßstäblich sein muss,
- welcher Maßstab gegebenenfalls zu wählen ist,
- ob räumliche Darstellung sinnvoll ist,
- wie detailliert die Form der Rohrleitungs- und Apparateelemente abzubilden ist,
- welche zusätzlichen Informationen zu den Elementen enthalten sein müssen,
- etc.

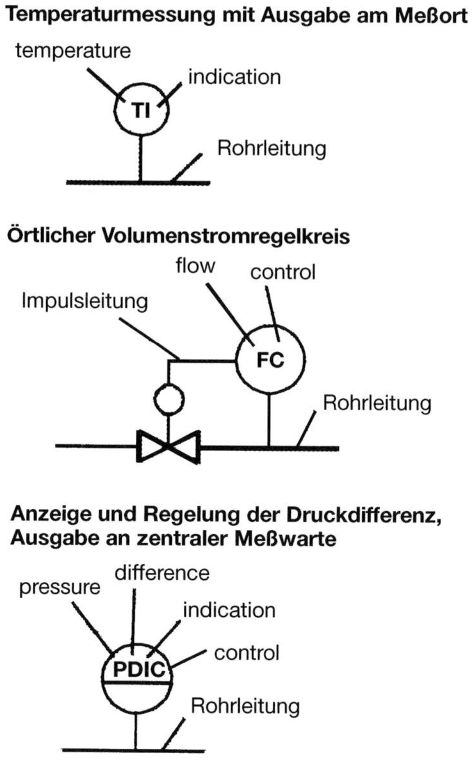

Temperaturmessung mit Ausgabe am Meßort

temperature

indication

TI

Rohrleitung

Örtlicher Volumenstromregelkreis

flow   control

Impulsleitung

FC

Rohrleitung

Anzeige und Regelung der Druckdifferenz, Ausgabe an zentraler Meßwarte

difference

pressure

indication

control

PDIC

Rohrleitung

Kennbuchstaben

Messgrößen

D   Dichte (density)
    Differenz (difference)
    als zweiter Buchstabe
F   Volumenstrom (flow);
    Verhältnis als
    zweiter Buchstabe
L   Stand (level)
M   Feuchte (moisture)
P   Druck (pressure)
Q   Qualitätsgröße (quality)
T   Temperatur (temperature)
V   Viskosität (viscosity)
W   Gewichtskraft (weight)

Signalverarbeizung

I   Anzeige (indication)
R   Registrierung (registration)
C   Regelung (control)

Bild 5.3:   Beispiele zur Darstellung der Prozessleittechnik mit graphischen Symbolen und Kennbuchstaben nach DIN 19227-1: 1993-10

Beispielhaft werden im folgenden drei Detaillierungsstufen vorgestellt, in die man die zeichnerischen Darstellungen der Rohrleitungs- und Apparatetechnik grob einteilen kann:

• Schema:
  Ein Schema zeigt mehr oder weniger detailliert die Funktion einer Anlage mit den wesentlichen Funktionseinheiten. Die Darstellung ist nicht maßstäblich, Rohre werden als Striche, andere Elemente mit Symbolen (s.o.) dargestellt. Speziell in der Verfahrenstechnik ist die Darstellung von Schemata („Fließbilder" oder „Fließschemata", s.u.) genau geregelt. Je nach Komplexität einer Anlage kann im Planungsverlauf die Erstellung verschiedener Schemata mit steigender Detaillierung sinnvoll sein. Auch isometrische Darstellung kann bereits hier in Frage kommen, um zusätzliche Informationen über die räumliche Anordnung einer Anlage zu geben.

• Anlagenplan:
  Anlagen mit Rohrleitungen und Apparaten werden wegen ihrer Größe nicht in jedem Detail naturgetreu gezeichnet. Die Pläne zeigen maßstäblich die Anordnung der Anlagenelemente (Rohrleitungs- und Apparateelemente). Für Rohrleitungen werden die „Ein-Strich-

Darstellung"[2] und die „Drei-Strich-Darstellung"[3] unterschieden. In den Plänen wird der Einfachheit halber nach Möglichkeit die „Ein-Strich-Darstellung" verwendet. Rohrleitungselemente werden meist als Symbole dargestellt (s.o.).

Anlagenpläne können auch in vorgegebene Pläne, z.B. Gelände-, Bau- oder Aufstellungspläne etc., eingezeichnet werden. Die Wahl des Maßstabes hängt vom Anwendungsfall und insbesondere von der Größe der Anlage ab. In der Gebäudetechnik kommen hier z.B. 1:200 bis 1:50 in Frage. Üblich ist die Darstellung von Draufsichten und Schnitten durch die Anlage, eventuell in mehreren Ebenen. Isometrische Darstellungen können insbesondere bei komplexen Anlagen sehr hilfreich sein. Je nach Planungsstand enthalten die Zeichnungen zusätzliche Angaben wie Rohrnennweiten, wesentliche Leistungs- und Größenmerkmale von Pumpen, Apparaten etc.

- Detailzeichnungen:
  Die Darstellung von Details reicht von der Ausschnittsvergrößerung aus Anlagenplänen bis zur Werkstattzeichnung von Apparaten oder anderen nicht genormten Anlagenelementen. Im Idealfall werden sämtliche enthaltenen Elemente maßstäblich in ihrer tatsächlichen Größe, Position und Gestalt nach den Regeln des Technischen Zeichnens dargestellt. Für Rohrleitungen bedeutet das „Drei-Strich-Darstellung" (s.o.). Oft sind jedoch auch Vereinfachungen unter Verwendung von Symbolen möglich. Die Wahl des Maßstabes variiert stark mit dem Anwendungsfall und der Größe des gezeigten Details.

5.3 Verfahrenstechnische Fließbilder

Die Darstellung verfahrenstechnischer Anlagen in Fließbildern bzw. Fließschemata, wie in DIN EN ISO 10628 detailliert geregelt, ist ein sehr gutes Beispiel für den Aufbau von Funktionsschemata in verschiedenen Detaillierungsstufen, das sinngemäß auch auf andere Anlagenarten angewandt werden kann. Es werden unterschieden:

- Grundfließschema, d.i. ein Blockschema mit Abfolge und Verbindung der in der Anlage enthaltenen Verfahren
- Verfahrensfließschema mit den notwendigen Apparaten und Rohrleitungen symbolisch dargestellt sowie der Angabe der wesentlichen Betriebs- und Auslegungsbedingungen
- Rohrleitungs- und Instrumentenfließschema (RI-Fließschema) mit der gesamten technischen Ausrüstung der Anlage inklusive MSR-Technik in symbolischer Darstellung und Informationen zu Nennweiten, Druckstufen, Werkstoffen, Wärmedämmung, kennzeichnenden Größen von Apparaten und Maschinen etc.

Bilder 5.4 bis **5.6** zeigen Ausführungsbeispiele für diese drei Arten von Fließschemata.

5.4 Computerunterstützte Planung und Darstellung

Während die beschriebenen Zeichnungen und Pläne bis vor wenigen Jahren noch sämtlich von Hand am Zeichenbrett gezeichnet wurden, werden sie heute weitgehend mit Hilfe von Computern erstellt. Diese Entwicklung darf allerdings nicht darüber hinwegtäuschen, dass der Ingenieur auch heute noch häufig Entwürfe frei Hand machen muss, z.B. Schemata zu

---

2   Rohrleitungen werden durch einfache Striche dargestellt
3   Rohrleitungen werden mit drei Strichen dargestellt, den beiden Begrenzungslinien und der strichpunktierten Mittellinie

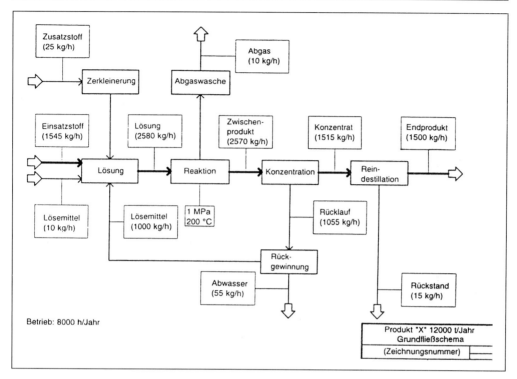

Bild 5.4: Grundfließschema mit Grund- und Zusatzinformationen nach DIN EN ISO 10628: 2001-03

Beginn eines Projektes, aber auch Korrekturen oder Ergänzungen in Plänen und Detailzeichnungen, beispielsweise bei der Montageüberwachung vor Ort.

Für das computerunterstützte Planen, Konstruieren und Darstellen ist auch in Deutschland
der englische Begriff CAD (Computer Aided Design) üblich, wobei „Design" „Konstruktion" und nicht „Zeichnen" bedeutet. So wird im englischen Sprachraum auch CADD für
„Computer Aided Design and Drawing" verwendet. Es sind zahlreiche Programme in einem
weiten Bereich von Preisklassen auf dem Markt, die ständig weiterentwickelt werden. Man
kann unterscheiden zwischen reinen Grund-Programmen und anwendungsbezogenen „Auf-
sätzen" (Zusatzprogrammen) auf die Grundprogramme, die zusätzlich z.B. Berechnungen ermöglichen.

Einige Beispiele für Vorteile und Möglichkeiten des computerunterstützten Planens und
Zeichnens sind:

• Zeichnungen können papierlos kopiert und ausgetauscht werden.

• Beliebige Änderungen und Ergänzungen in den Zeichnungen sind sehr schnell möglich.

• Es sind Bibliotheken von Standardbauteilen verfügbar, aus denen Anlagen schnell zusam-
mengesetzt werden können, ohne die Einzelteile zeichnen zu müssen.

• Moderne Programme bieten verschiedenste Darstellungsmöglichkeiten, neben den üblichen Projektionen z.B. Isometrien, realitätsnahe Darstellungen, Animationen etc.

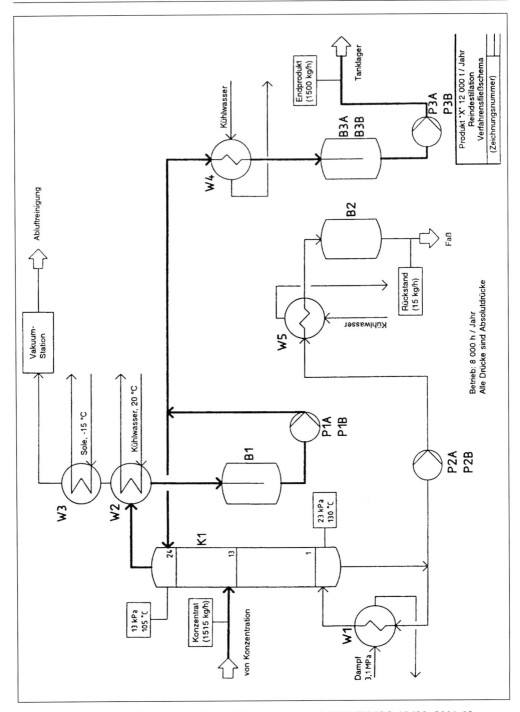

Bild 5.5: Verfahrensfließschema mit Grundinformationen nach DIN EN ISO 10628: 2001-03

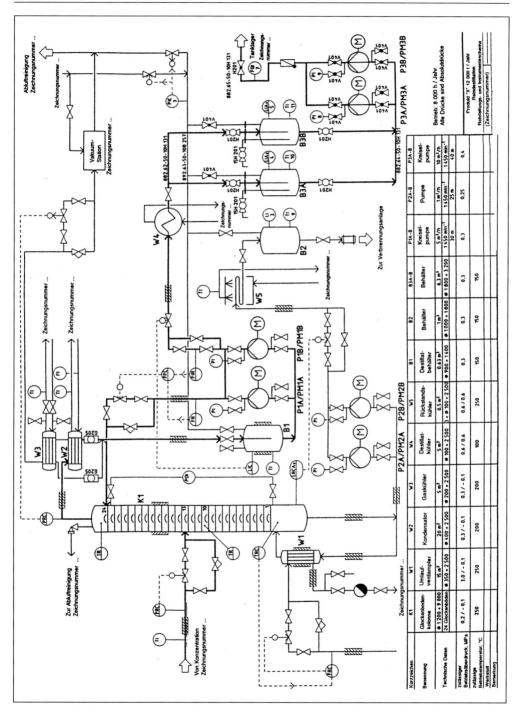

Bild 5.6: RI-Fließschema mit Grundinformationen nach DIN EN ISO 10628: 2001-03

- Planungsschritte sind automatisierbar, z.B. die Verhinderung von Kollisionen.

- Unter Einsatz entsprechender Zusatzprogramme sind auch Berechnungen automatisierbar.

Diese Liste kann selbstverständlich nicht vollständig sein, zeigt jedoch deutlich, warum auf die Computerunterstützung bei Planung und Darstellung von Anlagen heute nicht mehr verzichtet werden kann.

6 Beanspruchungen von Druckbehälterwänden

Die Wände von Druckbehältern sind in erster Linie durch inneren oder äußeren Überdruck beansprucht. Dazu können zusätzliche Beanspruchungen z.B. aus ungleichförmiger Temperaturverteilung über den Wandquerschnitt (Wärmespannungen) und aus Eigengewicht (Lagerung) kommen. Im allgemeinen werden die Wanddicken zunächst so berechnet, dass sie den zu erwartenden Überdruck aushalten. Falls notwendig wird anschließend geprüft, ob die ermittelte Wanddicke auch zur Aufnahme zusätzlicher Beanspruchungen ausreicht.

6.1 Beanspruchungen aus Überdruck

Wirken verschieden hohe Drücke auf die Innen- und Außenseite einer zylindrischen Behälterwand, so entstehen in der Wand Zug- bzw. Druckspannungen in Richtung von (**Bild 6.1**):

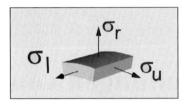

Bild 6.1: Spannungen durch Überdruck in der Druckbehälterwand

- Zylinderumfang (Umfangsspannung oder Tangentialspannung σ_u)
- Zylinderachse (Längsspannung oder Axialspannung σ_l)
- Zylinderradius (Radialspannung σ_r)

In der Wand eines kugeligen Behälters gibt es keine axiale Richtung und damit keine Längsspannung. Stattdessen wirken in zwei Richtungen Umfangsspannungen.

Im folgenden sind Zugspannungen positiv (+) und Druckspannungen negativ (-) definiert.

6.1.1 Spannungsverlauf

Die Spannungen aus innerem Überdruck sind nicht alle gleichförmig, sondern nach folgenden Gleichungen entlang der laufenden Koordinate x zwischen d_i und d_a über die zylindrische Behälterwand verteilt [35]:

- Umfangsspannung:
$$\sigma_{ux} = p_e \cdot \frac{\left(d_a / x\right)^2 + 1}{\left(d_a / d_i\right)^2 - 1} \qquad (6.1)$$

- Längsspannung:
$$\sigma_l = p_e \cdot \frac{1}{\left(d_a / d_i\right)^2 - 1} \qquad (6.2)$$

- Radialspannung:
$$\sigma_{rx} = -p_e \cdot \frac{\left(d_a / x\right)^2 - 1}{\left(d_a / d_i\right)^2 - 1} \qquad (6.3)$$

Bild 6.2 zeigt beispielhaft den Verlauf dieser Spannungen über der Behälterwanddicke, jeweils bezogen auf den herrschenden Überdruck p_e. Diese Abhängigkeiten gelten im linear elastischen Bereich, d.h. solange lineares Werkstoffverhalten gilt und nirgendwo die Streckgrenze erreicht wird. Umfangsspannung σ_u und Radialspannung σ_r nehmen jeweils an der Innenseite der Behälterwand ($x = d_i$) ihren betragsmäßig größten Wert an:

- maximale Umfangsspannung:

$$\hat{\sigma}_U = p_e \cdot \frac{\left(d_a / d_i\right)^2 + 1}{\left(d_a / d_i\right)^2 - 1} \qquad (6.4)$$

- minimale Radialspannung:

$$\check{\sigma}_r = -p_e \qquad (6.5)$$

Die Längsspannung σ_l ist gleichförmig verteilt, sie hat keine Extremwerte. Für die Verläufe von Umfangs- und Radialspannung in den Wänden kugeliger Druckbehälter gelten andere Beziehungen (siehe z.B. [35]).

Wird der Überdruck soweit erhöht, dass die Spannungsspitzen die Streckgrenze und damit bei duktilen Werkstoffen den plastischen Bereich erreichen, ändern sich die Spannungsprofile über der Behälterwanddicke. Die Spannungen können nicht über die Streckgrenze hinaus ansteigen. Wird der Überdruck dennoch weiter erhöht, so werden die Materialfasern ne-

ben den plastischen Bereichen mit den Spannungen, die die bereits plastischen Fasern nicht mehr aufnehmen können, zusätzlich beansprucht. Es entstehen abgeplattete Spannungsprofile. Dadurch, dass die noch elastischen Bereiche die bereits plastischen stützen („Stützwirkung"), kann es zunächst nicht zu haltlosem Fließen kommen und die teilplastische Behälterwand als Ganze versagt nicht. Mit haltlosem Fließen ist erst dann zu rechnen, wenn der Überdruck so groß wird, dass über den gesamten Wandquerschnitt die Streckgrenze erreicht und er somit vollplastisch geworden ist.

6.1.2 Mittlere Spannungen

Der beschriebene vollplastische Zustand ist erreicht, sobald die mittleren Spannungen in der Behälterwand die Streckgrenze überschreiten. Für dünne Behälterwände können diese mittleren Spannungen unabhängig von den oben gezeigten tatsächlichen Spannungsprofilen verhältnismäßig einfach bestimmt werden. Man vergleicht dazu jeweils die Fläche A_p, auf die der Überdruck wirkt mit der Fläche A_σ, in der die Spannung entsteht („Flächenvergleichsverfahren"). Dahinter steckt folgender Ansatz:

$$\bar{\sigma} \cdot A_\sigma = p_e \cdot A_p \qquad (6.6)$$

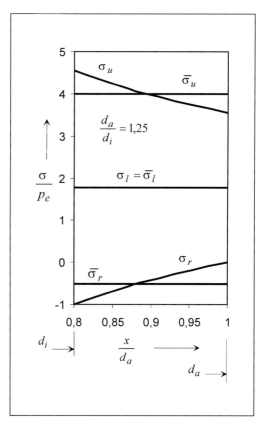

Bild 6.2: Spannungsverlauf in der Wand eines zylindrischen Druckbehälters unter innerem Überdruck bei linear elastischem Werkstoffverhalten

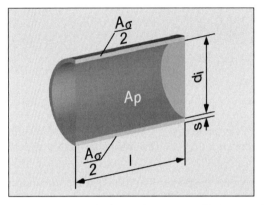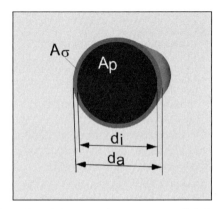

Bild 6.3: Druckflächen und Spannungsflächen zur Ermittlung der mittleren Umfangsspannung (links) und der mittleren Längsspannung (rechts) in einem zylindrischen Druckbehälter unter innerem Überdruck (siehe auch *Anmerkung 6.1*)

Für die mittlere Spannung $\overline{\sigma}$ ergibt sich:

$$\overline{\sigma} = p_e \cdot \frac{A_p}{A_\sigma} \tag{6.7}$$

In **Bild 6.3** sind jeweils die Druckfläche A_p und die Spannungsfläche A_σ für die mittlere Umfangsspannung $\overline{\sigma}_u$ und die mittlere Längsspannung $\overline{\sigma}_l$ in der Wand eines zylindrischen Druckbehälters gezeigt[1]. Daraus lässt sich ableiten:

- $\overline{\sigma}_u = p_e \cdot \dfrac{A_p}{A_\sigma} = p_e \cdot \dfrac{d_i \cdot l}{2 \cdot s \cdot l} = \dfrac{p_e \cdot d_i}{2 \cdot s}$ (6.8)

- $\overline{\sigma}_l = p_e \cdot \dfrac{A_p}{A_\sigma} = p_e \cdot \dfrac{\dfrac{\pi}{4} d_i^2}{\pi \cdot d_m \cdot s} \approx \dfrac{p_e \cdot d_i}{4 \cdot s}$ (6.9)

mit $d_m \approx d_i$, was für kleine Wanddickenverhältnisse s/d_i nur kleine Fehler ergibt

Im Falle der Radialspannung ist an Behälteraußen- und -innenfläche jeweils $A_p = A_\sigma$ und diese Fläche jeweils gleich der Behälteroberfläche. Damit ergeben sich die Extremwerte $\sigma_r = 0$ an der Behälteraußenfläche, $\sigma_r = -p_e$ an der Behälterinnenfläche und für die mittlere Radialspannung:

- $\overline{\sigma}_r = -\dfrac{p_e}{2}$ (6.10)

---

[1] siehe auch *Anmerkung 6.1*

Diese mittleren Spannungen sind zum Vergleich mit den tatsächlichen Spannungsverläufen in **Bild 6.2** aufgetragen.

Für dünnwandige kugelförmige Druckbehälter ergibt sich aus dem Flächenvergleich für die mittleren Umfangsspannungen *Gleichung 6.9*, so dass $\bar{\sigma}_{u,Kugel} = \bar{\sigma}_{l,Zylinder}$. Für die mittlere Radialspannung in kugeligen Druckbehältern gilt wie für Zylinder *Gleichung 6.10*.

6.1.3 Vergleichsspannungen

Es wurde gezeigt, dass die Wände von Druckbehältern jeweils einem dreiachsigen Spannungszustand unterliegen. Es sind in der Regel jedoch nur Festigkeitswerte verfügbar, die aus einachsigen Versuchen gewonnen wurden (Streckgrenze, Zugfestigkeit etc.). Deshalb müssen die drei Spannungen in der Behälterwand zu einer Vergleichsspannung σ_V umgerechnet werden, die mit dem einachsigen Festigkeitswert verglichen werden kann. Dafür wurden Festigkeitshypothesen entwickelt, von denen für den Druckbehälterbau die folgenden in Betracht kommen:

- bei Versagen durch Trennbruch (spröde Werkstoffe) die Normalspannungshypothese:

$$\sigma_{V,N} = \sigma_{max} \tag{6.11}$$

- bei Versagen durch plastische Verformung und Gleitbruch (duktile Werkstoffe unter statischer Beanspruchung) die Schubspannungshypothese („Tresca"-Hypothese):

$$\sigma_{V,Sch} = \sigma_{max} - \sigma_{min} \tag{6.12}$$

- bei Versagen durch plastische Verformung und Dauerbruch (duktile Werkstoffe unter dynamischer Beanspruchung) die Gestaltänderungsenergiehypothese („GE"-Hypothese oder „von Mises"-Hypothese):

$$\sigma_{V,GE} = \frac{1}{\sqrt{2}} \cdot \sqrt{\left(\sigma_u - \sigma_l\right)^2 + \left(\sigma_l - \sigma_r\right)^2 + \left(\sigma_r - \sigma_u\right)^2} \tag{6.13}$$

Aus **Bild 6.2** ist ersichtlich, dass in der Druckbehälterwand jeweils gilt: $\sigma_{max} = \sigma_u$. Bei Anwendung der Normalspannungshypothese ist daher der Festigkeitswert lediglich mit der Umfangsspannung zu vergleichen, Längs- und Radialspannung bleiben unberücksichtigt. Diese Hypothese wird im Druckbehälterbau jedoch nur selten angewendet, weil heute allgemein duktile Werkstoffe zur Anwendung kommen.

In die Vergleichsspannung nach der Schubspannungshypothese gehen die größte und die kleinste Spannung ein, die in der Rohrwand wirken. Nach **Bild 6.2** sind das: $\sigma_{max} = \sigma_u$ und $\sigma_{min} = \sigma_r$. Je nachdem, ob die mittleren Spannungen $\bar{\sigma}_u$ und $\bar{\sigma}_r$ nach den *Gleichungen 6.8 und 6.10* oder die maximalen Spannungen $\sigma_{u,max}$ und $\sigma_{r,max}$ nach den *Gleichungen 6.4 und 6.5* eingesetzt werden, erhält man für eine zylindrische Druckbehälterwand mit $d_a = d_i + 2 \cdot s$:

- die mittlere Vergleichsspannung nach der Schubspannungshypothese

$$\bar{\sigma}_{V,Sch} = \bar{\sigma}_u - \bar{\sigma}_r = \frac{p_e \cdot d_i}{2 \cdot s} - \left(-\frac{p_e}{2}\right) = \frac{p_e}{2} \cdot \left(\frac{d_i}{s} + 1\right) = \frac{p_e}{2} \cdot \left(\frac{d_a}{s} - 1\right) \tag{6.14}$$

oder

- die maximale Vergleichspannung nach der Schubspannungshypothese

$$\hat{\sigma}_{V,Sch} = \hat{\sigma}_u - \check{\sigma}_r \approx \frac{p_e}{2} \cdot \left(\frac{d_i}{s} + 3 \right) = \frac{p_e}{2} \cdot \left(\frac{d_a}{s} + 1 \right)$$ (6.15)

(Herleitung siehe *Anmerkung 6.2*)

Für die Vergleichsspannung nach der GE-Hypothese ergibt sich durch Einsetzen der drei Einzelspannungen nach den *Gleichungen 6.1 bis 6.3 in Gleichung 6.13*:

$$\sigma_{V,GE} = p_e \cdot \frac{\sqrt{3} \cdot (d_a / x)^2}{(d_a / d_i)^2 - 1}$$ (6.16)

und folgender Maximalwert an der Innenfläche der Druckbehälterwand ($x = d_i$):

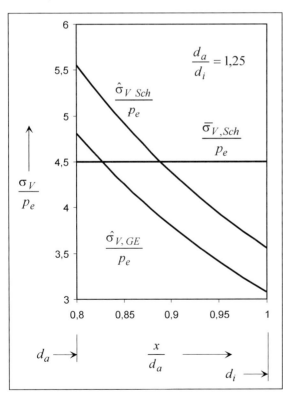

$$\hat{\sigma}_{V,GE} = p_e \cdot \frac{\sqrt{3} \cdot (d_a / d_i)^2}{(d_a / d_i)^2 - 1}$$ (6.17)

Zum Vergleich mit dem Verlauf der Einzelspannungen in **Bild 6.2** ist in **Bild 6.4** beispielhaft der Verlauf dieser verschiedenen Vergleichsspannungen in der Wand eines zylindrischen Druckbehälters mit einem Durchmesserverhältnis von $d_a/d_i = 1,25$ dargestellt. In **Bild 6.5** sind die Vergleichsspannungen in Abhängigkeit vom Durchmesserverhältnis d_a/d_i aufgetragen. Daraus ist folgendes zu ersehen:

- $\hat{\sigma}_{V,Sch}$ ergibt stets höhere Werte als $\hat{\sigma}_{V,GE}$. Damit ist die Rechnung mit $\hat{\sigma}_{V,Sch}$ immer konservativ (auf der sicheren Seite).

- $\bar{\sigma}_{V,Sch}$ ergibt für $d_a/d_i > 1,2$ deutlich kleinere Werte als $\hat{\sigma}_{V,GE}$. Für $d_a/d_i \leq 1,2$ ist der Unterschied jedoch unwesentlich und für sehr dünnwandige Behälter erhält man mit $\bar{\sigma}_{V,Sch}$ sogar konservative Werte.

Bild 6.4: Verlauf verschiedener Vergleichsspannungen in der Wand eines zylindrischen Druckbehälters unter innerem Überdruck

Dies wird in den Regelwerken zur Wanddickenberechnung von Druckbehältern ausgenutzt, indem dort meist die verhältnismäßig einfachen Gleichungen nach der Schubspannungshypothese auch dann verwendet werden, wenn theoretisch die Anwendung der GE-Hypothese angezeigt wäre. Diese Berechnungen werden in den *Kapiteln 7 (Wanddickenberechnung von Druckbehältern) und 9 (Festigkeitsberechnung von Rohrleitungen)* eingehend behandelt.

Am Ende des *Abschnittes 6.1.1 (Spannungsverlauf)* wurde gezeigt, dass die Behälterwand infolge zu hohen Innendruckes erst dann versagt, wenn über dem gesamten Querschnitt der plastische Zustand (vollplastisch) erreicht ist. Dies gilt allerdings nur bei „vorwiegend ruhender" Beanspruchung der Wand, d.h. wenn sämtliche Spannungen überwiegend konstant bleiben. Anders ist es bei dynamischer Beanspruchung, d.h. wenn mindestens eine der auftretenden Spannungen zeitlich veränderlich ist.

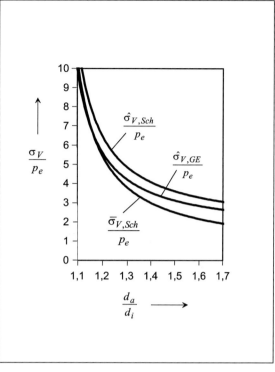

Bild 6.5: Bezogene Vergleichsspannung in der Druckbehälterwand unter innerem Überdruck in Abhängigkeit vom Durchmesserverhältnis

Wenn der dynamische Festigkeitswert im höchstbeanspruchten Bereich der Behälterwand zu häufig überschritten wird, muss mit Dauerbruch aufgrund von Materialermüdung gerechnet werden. Es kommt dann zu Anrissen in diesem Bereich, die allmählich fortschreiten. Ist die Wanddicke dadurch schließlich weit genug eingeschnürt, so kommt es zum Gewaltbruch der Restwanddicke. Bei dynamischer Beanspruchung sind folglich korrekterweise die Maximalspannungen in der Behälterwand, z.B. die maximale Vergleichspannung nach der GE-Hypothese (*Gleichung 6.17*), zu berücksichtigen.

6.2 Zusätzliche Beanspruchungen

Außer den Spannungen aus Überdruck können in der Druckbehälterwand weitere Beanspruchungen auftreten, nämlich:
- Spannungen aus äußeren Krafteinwirkungen
- Eigenspannungen
- Wärmespannungen

6.2.1 Spannungen aus äußeren Krafteinwirkungen

Äußere Krafteinwirkungen werden insbesondere durch das Eigengewicht des Druckbehälters erzeugt, das an bestimmten Punkten des Mantels in eine Stütz- oder Tragkonstruktion abge-

Bild 6.6: Induktionsglühen einer Reaktorab-
schlussnaht
(Werkbild Deggendorfer Werft und Eisenbau GmbH, Deggendorf)

leitet wird (siehe *Abschnitt 4.2.4, Tragelemente*). Daneben können z.B. Reaktionskräfte aus Bewegungen angeschlossener
Rohrleitungen (siehe *Kapitel 8, Lagerung
und Dehnungsausgleich von Rohrleitungen*) o.ä. auftreten. Bezüglich der Berechnung sei z.B. auf die AD-Merkblätter
der Reihe S 3 [*26*] verwiesen.

6.2.2 Eigenspannungen

Eigenspannungen sind „Wärme-,
Schrumpf- und Restspannungen" [*35*].
Sie treten bei oder in Folge von ungleich-
förmigen Temperatur- und Spannungs-
verteilungen in der Behälterwand auf.
Schrumpf- und Restspannungen entstehen meist während der Fertigung der
Druckbehälter, z.B. durch Schweißvor-
gänge oder örtliche plastische Verformungen bei äußerer Belastung. Sie kön-
nen z.B. durch Spannungsfreiglühen (**Bild 6.6**) oder plastische Verformungen im Werkstoff
abgebaut werden und sollen hier nicht näher betrachtet werden.

6.2.3 Wärmespannungen

Wärmespannungen treten auf, wenn innerhalb der Behälterwand unterschiedliche Temperaturen herrschen. Dies kommt z.B. dadurch zustande, dass Innen- und Außenwand des Behälters mit Medien oder Flächen von unterschiedlicher Temperatur in Berührung stehen. Es entsteht ein Wärmestrom durch die Wand. Zwischen den Oberflächen, d.h. innerhalb der Behäl-

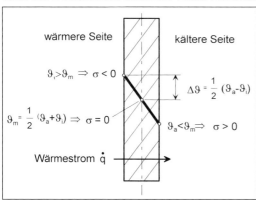

Bild 6.7: Temperaturverlauf und resultierende Wärmespannungen in einer ebenen Wand mit
unterschiedlichen Oberflächentemperatu-
ren (hier: innen wärmer, außen kälter)

terwand, bildet sich ein Temperaturprofil
aus, das für ebene Platten geradlinig und
für gekrümmte Behälterwände – wegen
der unterschiedlichen Umfangslängen innen und außen – leicht gekrümmt ist. Die
wärmere Seite der Wand will sich dann
stärker ausdehnen als die kältere, wird
von der kälteren jedoch daran gehindert.
So entstehen an der wärmeren Seite
Druck- (-) und an der kälteren Zugspannungen (+). Annähernd in der Mitte der
Wand bleibt eine neutrale Faser ohne
Spannung. Dort herrscht die mittlere
Wandtemperatur. **Bild 6.7** verdeutlicht
diese Verhältnisse am Beispiel einer ebenen Wand mit unterschiedlichen Ober-
flächentemperaturen.

Da sich die Wärmespannungen aus behinderter Dehnung ergeben, können sie aus dem Hookschen Gesetz

$$\sigma = \frac{\Delta L}{L} \cdot E \tag{6.18}$$

hergeleitet werden. Die Wärmedehnung ΔL wird nach *Gleichung 8.4* ($\Delta L = L \cdot \beta_L \cdot \Delta\vartheta$) berechnet. Die maßgebliche Temperaturdifferenz $\Delta\vartheta$ für die höchsten auftretenden Wärmespannungen ist hier jeweils die zwischen Extremwert und neutraler Faser, d.h.($\vartheta_a - \vartheta_i$)/2. Diese Spannung wirkt z.B. in einer zylindrischen Behälterwand sowohl in Umfangs- als auch in Längsrichtung. Da die Temperaturdifferenzen Dehnungsunterschiede der Behälterwand in alle drei Raumrichtungen verursachen, ist jeweils zusätzlich der Einfluss der Querkontraktion zu berücksichtigen. Insgesamt ergeben sich so die maximalen Wärmespannungen σ_W an den Oberflächen der Wand mit der Querkontraktionszahl (oder Poisson-Zahl) v zu[2]:

$$\sigma_W = \pm \frac{E}{1-v} \cdot \beta_L \cdot \frac{\vartheta_a - \vartheta_i}{2} \tag{6.19}$$

Das richtige Vorzeichen, d.h. „+" für Zugspannung und „–" für Druckspannung, ergibt sich jeweils, wenn die Wärmespannungen an der Außenseite ($\sigma_{W,a}$) und der Innenseite ($\sigma_{W,i}$) der Druckbehälterwand wie folgt berechnet werden:

$$\sigma_{W,a} = -\frac{E}{1-v} \cdot \beta_L \cdot \frac{\vartheta_a - \vartheta_i}{2} \tag{6.19a}$$

$$\sigma_{W,i} = +\frac{E}{1-v} \cdot \beta_L \cdot \frac{\vartheta_a - \vartheta_i}{2} \tag{6.19b}$$

E-Modul E und Wärmeausdehnungskoeffizient β_L sind korrekterweise für die jeweilige Oberflächentemperatur einzusetzen, vereinfachend wird häufig die mittlere Wandtemperatur $\vartheta_m = (\vartheta_a + \vartheta_i)/2$ zugrunde gelegt.

Die *Gleichungen 6.19, 6.19a und 6.19b* gelten strenggenommen nur für ebene Wände. Der Einfluss der Krümmung ist bei dünnen Behälterwänden jedoch gering und wird allgemein für $d_a/d_i \leq 1{,}2$ vernachlässigt[3]. Für größere Wandstärken lauten unter Berücksichtigung der Krümmung die korrekten Gleichungen für die Wärmespannungen an der Außenseite $\sigma_{W,a}$ und Innenseite $\sigma_{W,i}$ der Druckbehälterwand [36]:

$$\sigma_{W,a} = \frac{E}{1-v} \cdot \beta_L \cdot \frac{\vartheta_a - \vartheta_i}{2} \cdot \left(\frac{2}{\left(d_a / d_i\right)^2 - 1} - \frac{1}{\ln\left(d_a / d_i\right)} \right) \tag{6.20}$$

---

[2] für Stahl kann $v \approx 0{,}3$ eingesetzt werden (siehe physikalische Eigenschaften der verschiedenen Werkstoffe in *Kapitel 3 „Werkstoffe"*)
[3] z.B. AD B1 ([28]),

$$\sigma_{\mathrm{Wi}} = \frac{E}{1-\nu} \cdot \beta_{\mathrm{L}} \cdot \frac{\vartheta_{\mathrm{a}} - \vartheta_{\mathrm{i}}}{2} \cdot \left(\frac{2 \cdot \left(d_{\mathrm{a}} / d_{\mathrm{i}} \right)^2}{\left(d_{\mathrm{a}} / d_{\mathrm{i}} \right)^2 - 1} - \frac{1}{\ln \left(d_{\mathrm{a}} / d_{\mathrm{i}} \right)} \right) \qquad (6.21)$$

Diese Gleichungen liefern die richtigen Vorzeichen für die Wärmespannungen, d.h. „+" für Zugspannung und „–" für Druckspannung.

Die *Gleichungen 6.19, 6.20 und 6.21* gelten für stationären Wärmestrom, bei dem sich ein zeitlich konstantes Temperaturprofil über der Behälterwand ausgebildet hat. Die entsprechenden Temperaturen an der Behälteraußen- (ϑ_{a}) und -innenwand (ϑ_{i}) werden mit Hilfe der Gesetze der Wärmeübertragung berechnet. Während des Aufheizens oder Abkühlens der Wand herrschen dagegen instationäre Wärmeströme, bei denen ungleichförmige Temperaturprofile und höhere Temperaturspreizungen auftreten können.

Den Extremfall stellt der „Thermoschock" dar, der z.B. dann entsteht, wenn eine heiße Behälterwand mit einer kalten Flüssigkeit in Kontakt kommt. Im theoretisch ungünstigsten Fall erfolgt die Abkühlung der Wandoberfläche so schnell, dass ein Temperaturprofil nach **Bild 6.8** über dem Wandquerschnitt entsteht. Daraus folgt die theoretisch maximale Wärmespannung $\sigma_{\mathrm{W,Schock}}$ an der abgekühlten Oberfläche nach *Gleichung 6.19* zu:

$$\sigma_{\mathrm{W,Schock}} = \frac{E}{1-\nu} \cdot \beta_{\mathrm{L}} \cdot \Delta\vartheta_{\mathrm{max}} \qquad (6.22)$$

mit $\Delta\vartheta_{\mathrm{max}}$ entsprechend **Bild 6.8**.

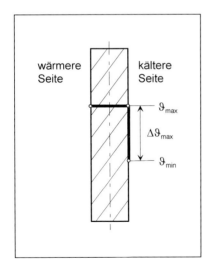

Bild 6.8: Theoretisch ungünstigstes Temperaturprofil beim Thermoschock

Dieser theoretische Thermoschock ist in der Praxis nicht möglich. Zur Abschätzung realer Thermoschocks wurden experimentell Abminderungsfaktoren k_{A} ermittelt, mit denen die maximale Schockspannung nach *Gleichung 6.22* zu multiplizieren ist:

$$\sigma_{\mathrm{W,Schock}} = \frac{E}{1-\nu} \cdot \beta_{\mathrm{L}} \cdot \Delta\vartheta_{\mathrm{max}} \cdot k_{\mathrm{A}} \qquad (6.23)$$

In **Bild 6.9** sind beispielhaft Anhaltswerte für den Abminderungsfaktor k_{A} aufgetragen, die nach Angaben von Pich [37] und Schwaigerer u.a. [35] berechnet wurden.

Bei allmählichem Aufheizen und Abkühlen der Behälterwand hängt die maximal auftretende Temperaturspreizung von der Temperaturänderungsgeschwindigkeit w_{ϑ} mit der Einheit *K/s* ab. Bleibt diese während des Heiz- bzw. Kühlvorganges konstant, so stellt sich nach einer gewissen Zeit ein quasistationärer Zustand

ein [37, 38]. Abhängig von der Temperaturleitfähigkeit a (Einheit m²/s) des Werkstoffes kann
die Temperaturspreizung zwischen Behäl-
teraußen- und -innenwand in diesem quasistationären Zustand bestimmt werden aus:

$$\vartheta_a - \vartheta_i = \pm \frac{w_\vartheta \cdot s^2}{a} \cdot f_F \qquad (6.24)$$

Zur Abschätzung der Wärmespannung nach
den *Gleichungen 6.19 , 6.20 und 6.21* kann für
den Formfaktor f_F eingesetzt werden [35, 37,
38]:

$$f_F \approx \frac{2}{3} \quad \text{für ebene Wände}$$

$$f_F \approx \frac{2}{3} \cdot \left(0,43 \cdot \frac{d_a}{d_i} + 0,57 \right)$$

für die Wände zylindrischer Behälter

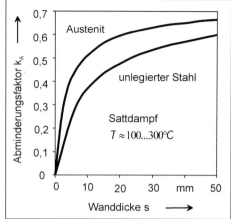

Bild 6.9: Anhaltswerte für den Abminderungsfaktor k_A zur Berechnung von Ther-
moschockspannungen in Stahlbehälter-
wänden im Kontakt mit Sattdampf (Werte
berechnet nach Angaben von Pich [37] und
Schwaigerer u.a. [35], siehe *Anmerkung
6.3*)

Die beschriebenen Wärmespannungen wirken sowohl in Umfangs- als auch in Längsrichtung. Sie müssen deshalb bei der Berechnung der Vergleichsspannung in der Behälterwand
zu den Spannungen aus Überdruck addiert werden ($\sigma_{u,ges} = \sigma_{u,Überdruck} + \sigma_{Wärmespannung}$
und $\sigma_{l,ges} = \sigma_{l,Überdruck} + \sigma_{Wärmespannung}$). Hierbei ist bei genauen Rechnungen insbesondere zu berücksichtigen, an welchen Stellen der Behälterwand jeweils die Maximalwerte mit
gleichem Vorzeichen auftreten. Häufig wird jedoch vereinfacht der Maximalwert der Wärmespannung nach *Gleichung 6.19 , 6.20 oder 6.21* zur Vergleichsspannung aus Innendruck
z.B. nach *Gleichung 6.14* addiert ($\sigma_{V,ges} = \sigma_V + \sigma_W$).

6.3 Besonderheiten bei äußerem Überdruck

Bei äußerem Überdruck sind die Spannungen im elastischen Bereich nach folgenden Gleichungen entlang der laufenden Koordinate x zwischen d_i und d_a über die zylindrische Behälterwand verteilt [35]:

- Umfangsspannung: $\qquad \sigma_{ux} = -p_e \cdot \dfrac{\left(d_a / d_i\right)^2 + \left(d_a / x\right)^2}{\left(d_a / d_i\right)^2 - 1} \qquad (6.25)$

- Längsspannung: $\qquad \sigma_l = p_e \cdot \dfrac{\left(d_a / d_i\right)^2}{\left(d_a / d_i\right)^2 - 1} \qquad (6.26)$

- Radialspannung:

$$\sigma_{rx} = -p_e \cdot \frac{\left(d_a / d_i\right)^2 - \left(d_a / x\right)^2}{\left(d_a / d_i\right)^2 - 1} \qquad (6.27)$$

Analog zu *Abschnitt 6.1.1 (Spannungsverlauf)* lassen sich aus diesen Gleichungen mit $x = d_i$ die Maximalspannungen $\hat{\sigma}_u$ und $\hat{\sigma}_r$ an der Wandinnenfläche berechnen. Durch Einsetzten der Gleichungen für die Einzelspannungen *6.25 bis 6.27* in *Gleichung 6.13* ergibt sich dieselbe Vergleichspannung nach der Gestaltänderungsenergiehypothese[4] $\sigma_{V,GE}$ wie bei innerem Überdruck (*Gleichung 6.16*). Aus dem Flächenvergleich ergeben sich analog zu *Abschnitt 6.1.2* die mittlere Umfangs- und Radialspannung zu:

$$\overline{\sigma}_u = -\frac{p_e \cdot d_a}{2 \cdot s} \qquad (6.28)$$

$$\overline{\sigma}_r = -\frac{p_e}{2} \qquad (6.29)$$

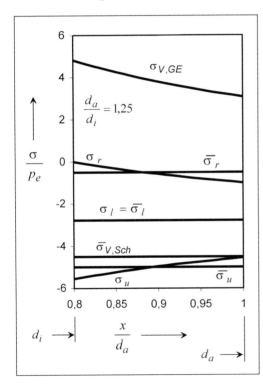

Bild 6.10: Spannungsverlauf in der Wand eines zylindrischen Druckbehälters unter äußerem Überdruck bei linear elastischem Werkstoffverhalten

Damit wird die mittlere Vergleichspannung nach der Schubspannungshypothese (Tresca-Hypothese) vom Betrag her ebenso groß wie bei innerem Überdruck (*Gleichung 6.14*):

$$\overline{\sigma}_{V,Sch} = \overline{\sigma}_u - \overline{\sigma}_r =$$

$$-p_e \cdot \frac{d_a - s}{2 \cdot s} = -p_e \cdot \frac{d_i + s}{2 \cdot s} \qquad (6.30)$$

Bild 6.10 zeigt den Verlauf dieser Spannungen, jeweils bezogen auf den herrschenden äußeren Überdruck p_e. Besonders zu bemerken ist, dass die Vergleichspannungen bei äußerem Überdruck gleich groß sind wie bei innerem Überdruck.

Bei äußerem Überdruck auf Behälterwände besteht allerdings zusätzlich die Gefahr elastischen Beulens. Beulung ist wie Knickung (vergleiche *Abschnitt 8.2.2*) ein Instabilitätsfall infolge von Druckspannungen. Bei dünnwandigen Behältern können die kritischen Druckspannungen, die zum elastischen Beulen führen (Beul- oder

---

4 Hypothese nach von Mises, auch „GE-Hypothese"

Knickspannungen), deutlich niedriger liegen als die Elastizitätsgrenze des Werkstoffes, d.h. es kann zu Beulen kommen, obwohl die Vergleichspannung in der Behälterwand deutlich unter der Dehngrenze des Werkstoffes liegt.

Für kreisrunde zylindrische Druckbehälter von unendlicher Länge lässt sich die kritische Spannung bezüglich elastischen Beulens berechnen aus [35]:

$$\sigma_{B,krit} = \frac{E \cdot s^2}{\left(1 - \nu^2\right) \cdot d_i^2} \tag{6.31}$$

Dieser Fall gilt z.B. annähernd für sehr lange Rohre. Für Druckbehälter mit endlicher Länge liegt die kritische Beulspannung höher, d.h. die Gefahr elastischen Beulens ist kleiner. So ergeben sich für Behälter mit einem Verhältnis von Länge zu Durchmesser von $l/d \approx 5$ kritische Beulspannungen, die etwa um das zwei- bis dreifache höher liegen als die nach *Gleichung 6.31* berechneten [35]. Sind die Behälter nicht kreisrund, so ist die kritische Spannung kleiner und damit die Beulgefahr wiederum größer, da neben den oben beschriebenen Spannungen in der Behälterwand zusätzliche Biegespannungen auftreten.

A 10

7 Wanddickenberechnung von Druckbehältern

7.1 Grundlagen der Wanddickenberechnung

7.1.1 Regelwerke

Bisher sind in Deutschland für die Wanddickenberechnung von Druckbehältern folgende Richtlinien wesentlich:

- AD-Merkblätter [26] und

- Technische Regeln für Dampfkessel (TRD) [39]

Im Zuge der „Angleichung der Rechtsvorschriften der Mitgliedsstaaten" der Europäischen Union wurde z.B. eine europäische Norm „Unbefeuerte Druckbehälter" (EN 13455) mit sieben Teilen erarbeitet, die in ihrer deutschen Fassung[1] seit April 1999 im Entwurf (Rotdruck) vorliegt. Sie füllt die grundlegenden Sicherheitsanforderungen des Anhangs I der EG-Richtlinie für Druckgeräte[2] aus (siehe hierzu auch *Abschnitt 2.3*). Teil 3 der DIN EN 13445 („Konstruktion") behandelt unter anderem die Wanddickenberechnung. Auch die oben genannten AD-Merkblätter, die auf den bisherigen deutschen Verordnungen basieren, wurden durch ein neues AD 2000-Regelwerk ergänzt, das die europäische Druckgeräte-Richtlinie ausfüllt.

Im Folgenden werden Beispiele sowohl aus den bisherigen AD-Merkblättern und der TRD als auch aus dem Entwurf der DIN EN 13445 genannt. In DIN EN 13445 werden zum Teil andere Formelzeichen verwendet als die bisher in den AD-Merkblättern, der TRD und anderen deutschen Regelwerken üblichen. Wegen der Übersichtlichkeit und der Kompatibilität mit den anderen Kapiteln dieses Buches orientiert sich das Folgende an den bisher üblichen Formelzeichen.

In den USA wird der umfangreiche „Boiler & Pressure Vessel Code" der American Society of Mechanical Engineers (ASME) verwendet.

7.1.2 Festigkeitsbedingung

Den Formeln für die notwendige Wanddicke der verschiedenen Teile von Druckbehältern liegt im allgemeinen folgende Festigkeitsbedingung zu Grunde:

$$\text{vorhandene Spannung } \sigma_{\text{vorh}} \leq \text{zulässige Spannung } \sigma_{\text{zul}} \tag{7.1}$$

Die vorhandene Spannung ist diejenige, die im Betrieb in der Behälterwand maximal zu erwarten ist. Ihre Berechnung wurde im *Kapitel 6 „Beanspruchungen von Druckbehälterwänden"* behandelt. Sie setzt sich zusammen aus den oben beschriebenen Spannungen aus Überduck und zusätzlichen Spannungen (z.B. Spannungen aus äußeren Kräften und Wärmespannungen). Meist wird die Wanddicke zunächst für die Aufnahme des Überdruckes dimensioniert und bei Bedarf anschließend bezüglich zusätzlicher Spannungen nachgerechnet.

Bei dynamischer Beanspruchung kann es allerdings problematisch sein, einen einzigen Wert für σ_{vorh} anzugeben, denn hier spielt neben der Höhe der Spannungen auch die Häufigkeit der Lastwechsel eine entscheidende Rolle. In manchen Fällen muss dann statt der obigen Festigkeitsbedingung z.B. eine Betrachtung der Schadensakkumulation zu Grunde gelegt

---

[1] DIN EN 13445 (Entwurf April 1999)

[2] „Richtlinie des Europäischen Parlaments und des Rates zur Angleichung der Rechtsvorschriften der Mitgliedsstaaten über Druckgeräte" (97/23/EG vom 29.05.1997)

werden (siehe z.B. *Abschnitt 7.2.2*). Außerdem müssen im dynamischen Fall Spannungsspitzen berücksichtigt werden, die zu Materialermüdung führen können. Deshalb spielen auch z.B. Bauteilgeometrien einschließlich Schweißnahtgestaltung, Wanddicken und Oberflächenrauhigkeiten eine große Rolle.

Die zulässige Spannung wird aus dem jeweils relevanten Festigkeitskennwert K und einem geeigneten Sicherheitsbeiwert S berechnet:

$$\sigma_{zul} = \frac{K}{S} \qquad\qquad (7.2)$$

Art und Höhe des Festigkeitskennwertes ist im wesentlichen abhängig von Werkstoff, Betriebstemperatur, Beanspruchungsart (z.B. statisch oder dynamisch) und eventuell Beanspruchungsdauer (Zeitstandsverhalten z.B. von Kunststoffen oder von Stahl bei hohen Temperaturen). Bei dynamischer Beanspruchung ist außerdem die Lastwechselzahl entscheidend.

Aus dem Festigkeitsansatz (*Gleichung 7.1*) werden die Gleichungen für die Mindestwanddicke (Vergleichswanddicke) s_V der verschiedenen Druckbehälterbauteile abgeleitet, die immer gewährleistet sein muss. Bei der Ermittlung der Bestellwanddicke s müssen zu dieser Mindestwanddicke folgende Zuschläge addiert werden:

- c_1 zum Ausgleich von Wanddickenunterschreitungen (Fertigungstoleranzen):
  In den allgemeinen Anforderungen für Flacherzeugnisse aus Druckbehälterstählen in DIN EN 10028-1[3] wird diesbezüglich auf verschiedene Normen für unterschiedliche hergestellte Bleche, Bänder etc. verwiesen. Für warmgewalzte Bleche sind in DIN EN 10029[4] vier Klassen von Grenzabmaßen genormt. Wenn nichts anderes vereinbart ist, gelten die Werte der Klasse B, die in **Tabelle 7.1** zusammengestellt sind. Für austenitische Stähle und NE-Metalle wird üblicherweise $c_1 = 0$ eingesetzt[5].

Tabelle 7.1: Grenzabmaße für warmgewalztes Stahlblech nach DIN EN 10029: 1991-10, Klasse B (alle Maße in mm)

Nenndicke des Bleches	Unteres Abmaß	Oberes Abmaß
≥ 3 < 5		+ 0,9
≥ 5 < 8		+ 1,2
≥ 8 < 15		+ 1,4
≥ 15 < 25		+ 1,6
≥ 25 < 40	- 0,3	+ 1,9
≥ 40 < 80		+ 2,5
≥ 80 <150		+ 2,9
≥150 <250		+ 3,3

- c_2 zum Ausgleich von Korrosion und Abnutzung während des Betriebes:
  üblich für ferritische Stähle: $c_2 = 1mm$; für austenitische Stähle, Nichteisenmetalle und für Bestellwanddicke $s \geq 30mm : c_2 = 0$[6]

Die Bestellwanddicke s errechnet sich damit aus:

$$s = s_V + c_1 + c_2 \qquad\qquad (7.3)$$

[3] berücksichtige Ausgabe: DIN EN 10028-1:2000-07
[4] berücksichtige Ausgabe: DIN EN 10029:1991-10
[5] AD-B0: 1995-01, TRD 300: 1998-12, prEN 13445-3: 1999-04
[6] AD-B0: 1995-01, TRD 300: 1998-12, prEN 13445-3: 1999-04

Im folgenden werden die üblichen Berechnungen der notwendigen Mindestwanddicke s_V für die wichtigsten Druckbehälterteile mit Beispielen aus gängigen Regelwerken beschrieben.

7.2 Zylinder- und Kugelmäntel

Bei der Wanddickenberechnung von Druckbehältern muss grundsätzlich unterschieden werden zwischen statischer oder „überwiegend statischer" Beanspruchung und dynamischer Beanspruchung. Bei überwiegend statischer Beanspruchung kann allgemein mit mittleren Spannungen in den Bauteilen gerechnet werden. Spannungsspitzen werden dann nicht berücksichtigt, da diese durch plastische Verformung des Werkstoffes und Stützwirkung der weniger beanspruchten Bereiche abgebaut werden. Bei dynamischer Beanspruchung sind Spannungsspitzen dagegen nicht zu vernachlässigen, weil es dort zu Materialermüdung und Dauerbruch kommen kann.

Als Grenze zwischen überwiegend statischer und dynamischer Beanspruchung sind z.B. in den AD-Merkblättern folgende Bedingungen festgelegt[7]:

- Die Anzahl der Lastwechsel zwischen drucklosem Zustand und maximal zulässigem Betriebsüberdruck darf 1000 nicht überschreiten ($N \leq 1000$)

und

- Die Schwingbreite beliebig vieler Druckschwankungen darf 10% bzw. unter bestimmten Voraussetzungen 20% des maximal zulässigen Betriebsdruckes nicht überschreiten ($\Delta p \leq (0,1...0,2) \cdot p_{e,max,zul}$)

7.2.1 Überwiegend statische Beanspruchung

Bei überwiegend statischer Beanspruchung der Wände dünnwandiger Behälter ist im allgemeinen erst dann mit Versagen (haltlosem Fließen) der Behälterwand zu rechnen, wenn der Mittelwert der vorhandenen Spannung $\overline{\sigma}_{vorh}$ den Festigkeitswert des Werkstoffes K erreicht. Mit Berücksichtigung des Sicherheitsbeiwertes S ergibt sich daraus die oben beschriebene Festigkeitsbedingung (*Gleichung 7.1*): $\overline{\sigma}_{vorh.} \leq \sigma_{zul} = K/S$. Spannungsspitzen, wie sie z.B. durch die ungleichförmige Verteilung der Spannungen aus Innendruck resultieren (siehe *Bild 6.2 und 6.4*) bleiben dabei unberücksichtigt. Ist allerdings ein großes Spannungsgefälle in der Behälterwand zu erwarten (z.B. dickwandige Behälter), so werden u.U. die Maximalspannungen als vorhandene Spannungen eingesetzt. Aus der Festigkeitsbedingung *7.1* folgt dann: $\sigma_{max, vorh.} \leq \sigma_{zul} = K/S$.

Der Wanddickenberechnung dünnwandiger Behälter bei überwiegend statischer Beanspruchung liegt in aller Regel die mittlere Vergleichspannung aus Überdruck in der Behälterwand zugrunde, die aus der Schubspannungshypothese berechnet wurde (siehe *Kapitel 6.1.3*). Für zylindrische Behälterwände ohne Ausschnitte ergibt sich so aus *Gleichung 6.14* und *Gleichung 7.1* folgende Festigkeitsbedingung:

$$\overline{\sigma}_{V,Sch} = \frac{p_e}{2} \cdot \left(\frac{d_a}{s_V} - 1 \right) \leq \frac{K}{S} \tag{7.4}$$

[7] AD-S1: 1998-05

Tabelle 7.2: Beispiele für Formeln zur Berechnung der Wanddicke von Zylinder- und Kugelschalen bei statischer Beanspruchung

Regelwerk	Geltungsbereich	Zylinderschalen	Kugelschalen
AD B1 (1986-06)	$\dfrac{d_a}{d_i} \le 1,2\,^*$	$s_V = \dfrac{d_a \cdot p_e}{2 \cdot \dfrac{K}{S} \cdot \upsilon_N + p_e}$	$s_V = \dfrac{d_a \cdot p_e}{4 \cdot \dfrac{K}{S} \cdot \upsilon_N + p_e}$
AD B10 (1986-06)	$1,2 < \dfrac{d_a}{d_i} \le 1,5$	$s_V = \dfrac{d_a \cdot p_e}{2,3 \cdot \dfrac{K}{S} - p_e}$	–
TRD 301 (1997-10)	$\dfrac{d_a}{d_i} \le 1,7\,^*$	$s_V = \dfrac{d_a \cdot p_e}{\left(2 \cdot \sigma_{zul} - p_e\right)\upsilon_N + 2 \cdot p_e}$	–
TRD 303 (1991-05)	$\dfrac{d_a}{d_i} \le 1,5$	–	$s_V = \dfrac{d_a}{2} \cdot \left(\sqrt{1 + \dfrac{2 \cdot p_e}{\left(2 \cdot \sigma_{zul} - p_e\right)\upsilon_N}} - 1\right)$
TRD 303 (1991-05)	$\dfrac{s_V}{d_i} \le 0,05$	–	$s_V = \dfrac{1}{2} \cdot \dfrac{d_a \cdot p_e}{\left(2 \cdot \sigma_{zul} - p_e\right)\upsilon_N + p_e}$
prEN 13445-3: 1999-08	$\dfrac{s_V}{d_a} \le 0,16$	$s_V = \dfrac{d_a \cdot p_e}{2 \cdot \sigma_{zul} \cdot \upsilon_N + p_e}$	$s_V = \dfrac{d_a \cdot p_e}{4 \cdot \sigma_{zul} \cdot \upsilon_N + p_e}$

* mit Ausnahmen

Daraus erhält man die häufig verwendete Gleichung für die Mindestwanddicke von dünn-wandigen zylindrische Druckbehältern ohne Ausschnitte, die auch als „Kesselformel" be-kannt ist:

$$s_\text{V} \geq \frac{p_\text{e} \cdot d_\text{i}}{2 \cdot K/S - p_\text{e}} = \frac{p_\text{e} \cdot d_\text{a}}{2 \cdot K/S + p_\text{e}} = \frac{p_\text{e} \cdot d_\text{m}}{2 \cdot K/S} \tag{7.5}$$

Für Kugelmäntel erhält man entsprechend (siehe auch *Abschnitt 6.1.2*):

$$s_\text{V} \geq \frac{p_\text{e} \cdot d_\text{i}}{4 \cdot K/S - p_\text{e}} = \frac{p_\text{e} \cdot d_\text{a}}{4 \cdot K/S + p_\text{e}} = \frac{p_\text{e} \cdot d_\text{m}}{4 \cdot K/S} \tag{7.6}$$

Tabelle 7.2 enthält eine Übersicht über Gleichungen zur Wanddickenberechnung zylindri-scher und kugeliger Mäntel aus verschiedenen Regelwerken bei überwiegend ruhender Be-anspruchung. **Tabelle 7.3** zeigt eine Auswahl von Sicherheitsbeiwerten S für verschiedene Eisenwerkstoffe mit unterschiedlichen Festigkeitskennwerten K. Für die Berechnung des Prüfdruckes gelten andere Werte.

Aufgrund des Kriechverhaltens von Stahl bei hohen Temperaturen ist dort bei der Tempera-tur ϑ neben der Warmdehngrenze $R_{\text{p}\,0,2/\vartheta}$ die Zeitstandsfestigkeit $R_{\text{m}/t/\vartheta}$ nach t Stunden als Festigkeitskennwert relevant. Meist wird die Zeitstandsfestigkeit nach 200.000 Stunden, in manchen Fällen auch nach 100.000 Stunden verwendet. Die zulässige Spannung in diesem Bereich wird üblicherweise nach folgenden Gleichungen ermittelt:

$$\sigma_\text{zul} = \frac{K}{S} = \min\left\{\frac{R_{\text{p}\,0,2/\vartheta}}{S}; \frac{R_{\text{m}/t/\vartheta}}{S}\right\} \tag{7.7}$$

Tabelle 7.3: Beispiele für Sicherheitsbeiwerte zur Wanddickenberechnung von Druckbehältern

Werkstoff	Festigkeitswert	AD B0 (1/1995)	TRD 300 (12/1998)	prEN 13445-3: 1999-08
Walz- und Schmiedestähle	$R_{\text{p}0,2/\vartheta}$; $R_{\text{p}1,0/\vartheta}$ *)	1,5	1,5	1,5 **)
	$R_{\text{m}/t/\vartheta}$	1,5	1,0	-
	R_m	-	2,4	2,4 **)
Stahlguss	$R_{\text{p}0,2/\vartheta}$	2,0	2,0	1,9
	$R_{\text{m}/t/\vartheta}$	2,0	2,0	-
	R_m	-	3,2	3,0
Grauguss globular (GGG 35.3 / 40.3)	$R_{\text{p}0,2/\vartheta}$	2,4 ***)	3,0 / 4,0 ****)	-
	R_m	-	4,8 / 5,8 ****)	-
Grauguss laminar	R_m	7,0 / 9,0 ****)	7,0 / 9,0 ****)	-

*) austenitische Stähle nach prEN 13445-3
**) mit Ausnahmen
***) höhere Werte für andere GGG-Sorten (bzw. GJS-Sorten)
****) geglüht / ungeglüht, jeweils mit Abnahmeprüfzeugnis nach DIN 50049

bzw.

$$\sigma_{zul} = \frac{K}{S} = \min \left\{ \frac{R_{p1,0/\vartheta}}{S}; \frac{R_{m/t/\vartheta}}{S} \right\} \tag{7.8}$$

Tabelle 7.4 enthält beispielhaft ausgewählte Festigkeitswerte einiger Werkstoffe, die für Druckbehälter nach den verschiedenen Regelwerken zugelassen sind.

Die „Ausnutzung der zulässigen Berechnungsspannung für Fügeverbindungen"[8], d.h. die Verschwächung des Druckbehältermantels durch Schweiß- oder Lötnähte, wird über den („Schweißnaht"-) Faktor v_N berücksichtigt. Durch den heute erreichten hohen Stand der Schweißtechnologie kann für Schweißnähte in vielen Fällen $v_N=1$ eingesetzt werden, für hartgelötete Verbindungen z.B.[9] $v_N=0,8$.

Wie in *Abschnitt 6.2* ausgeführt können in der Druckbehälterwand neben den Spannungen aus Überdruck weitere Beanspruchungen auftreten, nämlich:

- Spannungen aus äußeren Krafteinwirkungen
- Eigenspannungen
- Wärmespannungen

Statische Berechnungen bezüglich äußerer Zusatzkräfte (siehe *Abschnitt 6.2.1*) sind zu berücksichtigen, wenn sie die „Auslegung des Druckbehälters wesentlich beeinflussen"[10]. Darauf soll hier nicht näher eingegangen werden, es sei z.B. auf die AD-Merkblätter der Reihe S verwiesen. Eigenspannungen (siehe *Abschnitt 6.2.2*) werden durch Glühen oder plastische Verformungen im Werkstoff abgebaut und belasten den Druckbehälter in der Regel nicht auf Dauer. Wärmespannungen müssen dagegen in der Festigkeitsbetrachtung häufig berücksichtigt werden. Ihre Entstehung, Berechnung und Berücksichtigung bei der Berechnung von Vergleichsspannungen ist in *Abschnitt 6.2.3* beschrieben.

Wärmespannungen sind ungleichförmig über die Behälterwanddicke verteilt und weisen Extremwerte an der Innen- und Außenfaser auf (siehe auch *Bild 6.7*). Bei dynamischer Beanspruchung sind Spitzenspannungen für die Festigkeitsberechnung entscheidend (siehe auch *Abschnitt 6.1.3* und den folgenden *Abschnitt 7.2.2*). Bei überwiegend statischer Beanspruchung, d.h. wenn sämtliche Spannungen überwiegend konstant bleiben, werden die Spannungsspitzen abgebaut. Entscheidend ist in diesem Fall, dass die mittlere Beanspruchung in der Behälterwand den zulässigen statischen Festigkeitswert nicht übersteigt.

Nach den AD-Merkblättern z.B. sind „nennenswerte" Wärmespannungen in dickwandigen zylindrischen Mänteln ($1,2 < d_a/d_i < 1,5$) zu berücksichtigen[11]. Es wird auf die genaue Rechnung mit der Vergleichsspannung nach der GE-Hypothese hingewiesen (siehe *Abschnitt 6.1.3*), jedoch auch folgende vereinfachte Nachrechnung vorgeschlagen:

> An der Innen- und Außenfaser der Druckbehälterwand ist jeweils die maximale Spannung σ_{max} mit dem Festigkeitskennwert K zu vergleichen:

---

[8] z.B. AD-B0: 1995-01
[9] z.B. AD-B0: 1995-01
[10] AD- B0: 1995-1 in Verbindung mit den AD-Merkblättern der Reihe S3
[11] AD-B10: 1986-06

Tabelle 7.4: Beispiele für Festigkeitskennwerte zur Berechnung der Wanddicke s von Druckbehältern (gültig für $s \leq 40$mm, nur teilweise auch für größere Wanddicken)

Stahlsorte	R_m N/mm²		20 °C	50 °C	100 °C	150 °C	200 °C	250 °C	300 °C	350 °C	400 °C	450 °C	500 °C	550 °C	600 °C
Dehngrenzen R_{eH} bzw. $R_{p0,2}$ und Zeitstandsfestigkeiten $R_{m/t/9}$ in N/mm²															
Unlegierte Baustähle (DIN EN 10025:1994-03 bzw. AD-Merkblatt W1:1998-02)															
S235JRG1, S235JRG2, S235J2G3	≥ 340	R_{eH}; K	225		180		155	136	117						
S275JR, S275J2G3	≥ 410	R_{eH}; K	265		210		180	170	140						
S355J2G3, S355K2G3	≥ 490	R_{eH}; K	345		249		221	202	181						
Warmfeste Stähle (DIN EN 10028-2:1993-04)															
P235H	≥ 360	R_{eH}; $R_{p0,2/9}$	225	206	190	180	170	150	130	120	110				
		$R_{m/200.000/9}$									115	57			
16Mo3	≥ 440	R_{eH}; $R_{p0,2/9}$	270				215	200	170	160	150	145	140		
		$R_{m/200.000/9}$										217	84		
10CrMo9-10	≥ 480	$R_{p0,2/9}$	300				245	230	220	210	200	190	180		
		$R_{m/200.000/9}$										201	120	58	28
Austenitische nichtrostende Stähle (DIN EN 10028-7:2000-06)															
X5CrNi18-10 (1.4301)	≥ 520	$R_{p0,2/9}$	≥ 210		157	142	127	118	110	104	98	95	92	90	
X6CrNiTi18-10 (1.4541)	≥ 500	$R_{p0,2/9}$	≥ 200		176	167	157	147	136	130	125	121	119	118	
X5CrNiMo17-12-2 (1.4401)	≥ 520	$R_{p0,2/9}$	≥ 220		177	162	147	137	127	120	115	112	110	108	
X6CrNiMoTi17-12-2 (1.4571)	≥ 520	$R_{p0,2/9}$	≥ 220		185	177	167	157	145	140	135	131	129	127	

$$\sigma_{max} = \sigma_W + \sigma_V \leq K \tag{7.9}$$

mit der Wärmespannung σ_W nach *Gleichung 6.20 bzw. 6.21* und der Vergleichsspannung σ_V an Innen- und Außenfaser:

$$\sigma_{V,i} = p_e \cdot \frac{d_a + s}{2,3 \cdot s} \tag{7.10}$$

$$\sigma_{V,a} = p_e \cdot \frac{d_a - 3 \cdot s}{2,3 \cdot s} \tag{7.11}$$

Für s ist die ausgeführte Wanddicke einzusetzen.

7.2.2 Dynamische Beanspruchung

Bei der Wanddickenberechnung dynamisch beanspruchter Druckbehälterwände müssen grundsätzlich zwei Bedingungen eingehalten werden:

- Die mittlere Spannung darf den zulässigen Festigkeitskennwert nicht überschreiten (wie bei überwiegend statischer Beanspruchung).
- Spannungsspitzen in der Behälterwand dürfen die zulässige Spannungsschwingbreite nicht überschreiten.

Auf die erste Bedingung wurde oben eingegangen. Die zweite Bedingung erfordert wesentlich komplexere Analysen und Berechnungen. Die Spannungsspitzen werden außer von den Lastgrößen z.B. auch wesentlich von der geometrischen Form der Behälterwand, der Schweißnahtgestaltung und der Oberflächenbeschaffenheit beeinflusst. Sobald der gleichförmige Kraftfluss gestört, d.h. die Kraftflusslinien verdichtet werden, entstehen Spannungsspitzen durch „Kerbwirkung". Neben der Amplitude der so entstehenden Spannungsschwingungen ist auch deren Lage, d.h. die Höhe der statischen Grundspannung, von Bedeutung (siehe **Bild 7.1**).

Die Berücksichtigung dieser Einflüsse zur Nachrechnung der dynamischen Festigkeit von Behälterwänden soll im folgenden beispielhaft anhand der Vorschriften des AD-Merkblattes S2[12] erläutert werden:

Die Festigkeitsbedingung mit Vergleichsspannungsschwingbreite $2 \cdot \sigma_{Va}$ und zulässiger Spannungsschwingbreite $2 \cdot \sigma_{a,zul}$ (siehe **Bild 7.1**) lautet:

$$2 \cdot \sigma_{Va} \leq 2 \cdot \sigma_{a,zul} \tag{7.12}$$

Die maßgebliche Vergleichsspannungsschwingbreite ist bei mehrachsigen Spannungszuständen aus den Hauptspannungsdifferenzen zu berechnen, wobei die Hauptspannungen in komplexen Fällen z.B. experimentell aus Dehnungsmessungen oder über die „Finite Elemente Methode" zu ermitteln sind. Im einachsigen Spannungszustand berechnet sich die Vergleichsspannungsschwingbreite aus:

---

[12] berücksichtigte Ausgabe: AD- S2: 1998-05

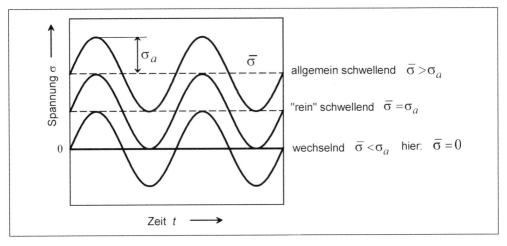

Bild 7.1:   Unterscheidung der Lage von Spannungsschwingungen

$$2 \cdot \sigma_{Va} = \sigma_{max} - \sigma_{min} \tag{7.13}$$

mit der Vergleichsmittelspannung:

$$\bar{\sigma}_V = \frac{1}{2} \cdot \left(\sigma_{max} + \sigma_{min} \right) \tag{7.14}$$

Bei überelastischer Beanspruchung werden die Spannungen über „Vergrößerungsfakto-ren" in „pseudoelastische" Vergleichspannungsschwingbreiten umgerechnet.

Dynamische Festigkeitswerte werden üblicherweise als einachsige Wechselfestigkeit ($\bar{\sigma}_V$ = 0) an ungekerbten Probestäben eines bestimmten Durchmessers und mit glatter Ober-fläche ermittelt. Diese Wechselfestigkeitswerte für ungekerbte Probestäbe ($2 \cdot \sigma_a$) werden z.B. in Wöhler-Linien abhängig von der Lastwechselzahl N dargestellt. Deren Gleichun-gen werden für den Zeitfestigkeitsbereich (Lastwechselzahl $N \leq 2 \cdot 10^6$) mit der Zug-festigkeit des Werkstoffes R_m wie folgt angegeben (mit σ_a und R_m in N/mm^2):

- für ungeschweißte Bereiche: $2 \cdot \sigma_a = \dfrac{4 \cdot 10^4}{\sqrt{N}} + 0,55 \cdot R_m - 10$ (7.15)

- für geschweißte Bereiche: $2 \cdot \sigma_a = \left(\dfrac{B1}{N} \right)^{\frac{1}{3}}$ (7.16)

mit z.B. $B1 = 5 \cdot 10^{11}$ für Schweißnahtklasse K1 (z.B. Längs- oder Rundnaht bei glei-chen Wanddicken beidseitig geschweißt oder einseitig geschweißt mit Gegennaht)

Für den Dauerfestigkeitsbereich ($N > 2 \cdot 10^6$ bzw. $N > 10^8$ bei Lastkollektiv) sind in AD-S2 Werte für $2 \cdot \sigma_a$ angegeben:

- für ungeschweißte Bereiche abhängig von der Zugfestigkeit R_m des Werkstoffes, z.B. für $R_m = 400\text{N/mm}^2$: $2 \cdot \sigma_a = 240\text{N/mm}^2$ bzw. $2 \cdot \sigma_a = 162\text{N/mm}^2$ bei Lastkollektiv

- für geschweißte Bereiche unabhängig vom Werkstoff, z.B. für Schweißnahtklasse K1: $2 \cdot \sigma_a = 63\text{N/mm}^2$ bzw. $2 \cdot \sigma_a = 29\text{N/mm}^2$ bei Lastkollektiv.

Zur Berechnung der zulässigen Spannungsschwingbreite $2 \cdot \sigma_{a,zul}$ ist dieser Festigkeitswert hinsichtlich Oberflächen- (f_0), Wanddicken- (f_d), Mittelspannungs- (f_M) und Temperatureinfluss ($f_{\vartheta*}$) zu korrigieren:

ungeschweißte Bereiche: $2 \cdot \sigma_{a,zul} = 2 \cdot \sigma_a \cdot f_0 \cdot f_d \cdot f_M \cdot f_{\vartheta*}$ (7.17)

geschweißte Bereiche: $2 \cdot \sigma_{a,zul} = 2 \cdot \sigma_a \cdot f_d \cdot f_{\vartheta*}$ (7.18)

Für die Korrekturfaktoren werden folgende Gleichungen angegeben[13]:

- $f_0 = F_0^{\frac{0,4343 \cdot \ln N - 2}{4,301}}$ für $N \le 2 \cdot 10^6$ (7.19)

  $f_0 = F_0$ für $N > 2 \cdot 10^6$ (7.20)

  mit $F_0 = 1 - 0,056 \cdot (\ln R_z)^{0,64} \cdot \ln R_m + 0,289 \cdot (\ln R_z)^{0,53}$ (7.21)
  (R_z in µm; R_m in N/mm^2)

- $f_d = F_d^{\frac{0,4343 \cdot \ln N - 2}{4,301}}$ für $s > 25\text{mm}$ und $N \le 2 \cdot 10^6$ (7.22)

  $f_d = F_d$ für $s > 25\text{mm}$ und $N > 2 \cdot 10^6$ (7.23)

  mit $F_d = \left(\frac{25}{s}\right)^{\frac{1}{5,5}} \ge 0,72$ (s in mm; s $\le$ 150 mm)   (7.24)

  $f_d = 1$ für $s \le 25\text{mm}$

- im elastischen Bereich:

  $f_M = \sqrt{1 - \frac{M(2+M)}{1+M} \cdot \frac{\overline{\sigma}_V}{\sigma_a}}$ für $-R_{p0,2/\vartheta*} \le \overline{\sigma}_V \le \frac{\sigma_a}{1+M}$ (7.25)

---

13 berücksichtigte Ausgabe: AD-S2: 1998-05, verschiedene Ausnahmen und Zusatzbedingungen unberücksichtigt

$$f_M = \frac{1 + M/3}{1 + M} - \frac{M}{3} \cdot \frac{\overline{\sigma}_V}{\sigma_a} \quad \text{für} \quad \frac{\sigma_a}{1 + M} \le \overline{\sigma}_V \le R_{p0,2/\vartheta*} \tag{7.26}$$

$$\text{mit } M = 0{,}00035 \cdot R_m - 0{,}1\,\text{N/mm}^2 \tag{7.27}$$

- für $100°C \le \vartheta* \le 600°C$:

    für ferritische Werkstoffe: $f_{\vartheta*} = 1{,}03 - 1{,}5 \cdot 10^{-4} \cdot \vartheta* - 1{,}5 \cdot 10^{-6} \cdot \vartheta*^2$ \hfill (7.28)

    für austenitische Werkstoffe: $f_{\vartheta*} = 1{,}043 - 4{,}3 \cdot 10^{-4} \cdot \vartheta*$ \hfill (7.29)

    mit der maßgebenden Berechnungstemperatur

    (Lastzyklustemperatur) $\vartheta* = 0{,}75 \cdot \vartheta_{max} + 0{,}25 \cdot \vartheta_{min}$ in °C \hfill (7.30)

    $f_{\vartheta*} = 1$ für $\vartheta* < 100\ °C$

Ergebnisse für zulässige Spannungsschwingbreiten nach den Gleichungen *7.17* und *7.18* sind beispielhaft in **Bild 7.2** für Temperaturen bis 100°C abhängig von der Lastwechselzahl N und in **Bild 7.3** für Dauerfestigkeit abhängig von der Temperatur $\vartheta*$ dargestellt. Es wurden hier jeweils Wanddicken $s \le 25$mm und eine gewalzte Behälteroberfläche mit R_z = 200µm bei rein schwellender Beanspruchung ($\overline{\sigma}_V = \sigma_a$, siehe *Bild 7.1*) zugrundegelegt.

Unterliegt ein Druckbehälter unterschiedlichen bzw. unterschiedlich hohen dynamischen Belastungsvorgängen, so sind die obigen Berechnungen für jeden einzelnen durchzuführen. Liegen eine oder mehrere der vorkommenden Spannungsschwingbreiten über dem

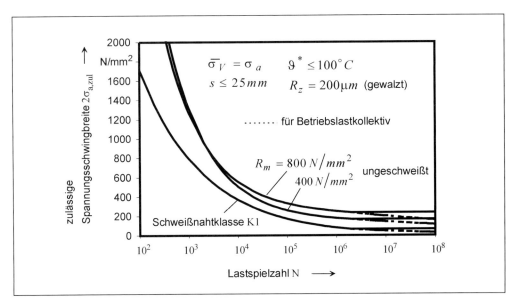

Bild 7.2: Zulässige Spannungsschwingbreiten in Abhängigkeit von der Lastwechselzahl N, berechnet nach AD-Merkblatt S2: 1998-05

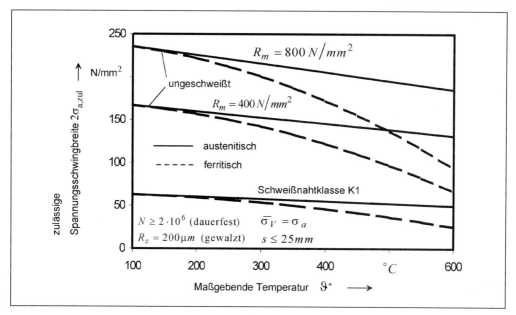

Bild 7.3: Zulässige Spannungsschwingbreiten für Dauerfestigkeit in Abhängigkeit von der maßgebenden Temperatur ϑ^* (Lastzyklustemperatur), berechnet nach AD-Merkblatt S2: 1998-05

zulässigen Dauerfestigkeitswert, so ist Schädigungsakkumulation zu berücksichtigen (Betriebslastkollektiv). Dazu wird die (Teil)-Schädigung der Behälterwand aus dem Verhältnis der zu erwartenden zu den zulässigen Lastspielen berechnet:

$$\sum_{k} \frac{N_k}{N_{zul,k}} = \left(\frac{N_1}{N_{zul,1}} + \frac{N_2}{N_{zul,2}} + \ldots + \frac{N_k}{N_{zul,k}} \right) \leq 1 \tag{7.31}$$

Wird diese Bedingung eingehalten, ist nicht mit Versagen zu rechnen. Sind die in einem bestimmten Zeitraum (z.B. ein Jahr) jeweils zu erwartenden Lastspiele bekannt, so lässt sich aus der Bedingung

$$\sum \left(N_k / N_{zul,k} \right) = 1 \tag{7.32}$$

die zu erwartende Lebensdauer des Druckbehälters berechnen (zur näheren Erläuterung siehe *Beispiel 7.7* im Anhang).

Die zulässige Lastwechselzahl N_{zul} wird bei bekannter Vergleichspannungsschwingbreite $2 \cdot \sigma_{Va}$ aus *Gleichung 7.15 oder 7.16* jeweils aufgelöst nach N berechnet:

für ungeschweißte Bereiche: $N_{zul} = \left(\dfrac{4 \cdot 10^4}{2 \cdot \sigma_a - 0,55 \cdot R_m + 10} \right)^2$ \hfill (7.33)

$$\text{mit: } 2 \cdot \sigma_a = \frac{2 \cdot \sigma_{Va}}{f_0 \cdot f_d \cdot f_M \cdot f_{\vartheta*}} \qquad (7.34)$$

$$\text{für geschweißte Bereiche: } N_{zul} = \frac{B1}{\left(2 \cdot \sigma_a\right)^3} \qquad (7.35)$$

$$\text{mit: } 2 \cdot \sigma_a = \frac{2 \cdot \sigma_{Va}}{f_d \cdot f_{\vartheta*}} \qquad (7.36)$$

zu B1 siehe Legende zu *Gleichung 7.16*

Aus **Bild 7.2** können auf der Abszisse die zulässigen Lastspielzahlen für die dort berücksichtigten Fälle ($s \leq 25$mm; $R_z = 200\mu$m; $\bar{\sigma}_V = \sigma_a$) abgelesen werden, wenn an der Ordinate $2 \cdot \sigma_{Va}$ vorgegeben wird. Bei Anwendung der Schädigungsakkumulations-Methode (Betriebslastkollektiv) sind dort für Lastspielzahlen $N > 10^6$ die gestrichelten Linien maßgebend. Sie folgen den folgenden Beziehungen (σ_a und R_m in N/mm²):

$$\text{für ungeschweißte Bereiche: } N_{zul} = \left(\frac{2,35 \cdot R_m + 80}{2 \cdot \sigma_a} \right)^{10} \qquad (7.37)$$

$$\text{für geschweißte Bereiche: } N_{zul} = \frac{B2}{\left(2 \cdot \sigma_a\right)^5} \qquad (7.38)$$

mit z.B. $B2 = 1,98 \cdot 10^{15}$ für Schweißnahtklasse K1 (z.B. Längs- oder Rundnaht bei gleichen Wanddicken beidseitig geschweißt oder einseitig geschweißt mit Gegennaht)

Die *Gleichungen 7.37 und 7.38* gelten auch für $s > 25$mm.

7.2.3 Zylindrische Behälter unter äußerem Überdruck

Wie in *Abschnitt 6.3* beschrieben besteht unter äußerem Überdruck neben der Möglichkeit des Versagens durch plastische Verformung die Gefahr elastischen Einbeulens.

Üblicherweise werden für beide Fälle kritische Drücke p_k berechnet, gegen die ausreichende Sicherheit S vorhanden sein muss:

$$p_{e,zul} = \frac{p_k}{S} \qquad (7.39)$$

Der kritische äußere Überdruck bezüglich elastischen Einbeulens beträgt für einen zylindrischen Druckbehälter der Länge l [14]:

---

14 [35] und AD-B6: 1995-01

$$p_{k,el} = \frac{2 \cdot E}{\left(n^2 - 1\right) \cdot \left[1 + \left(\dfrac{2 \cdot n \cdot l}{\pi \cdot d_a}\right)^2\right]^2} \cdot \frac{s_V}{d_a}$$

$$+ \frac{2 \cdot E}{3 \cdot \left(1 - \nu^2\right)} \cdot \left[n^2 - 1 + \frac{2 \cdot n^2 - 1 - \nu}{1 + \left(\dfrac{2 \cdot n \cdot l}{\pi \cdot d_a}\right)^2}\right] \cdot \left(\frac{s_V}{d_a}\right)^3 \tag{7.40}$$

mit der Anzahl der möglichen Einbeulwellen auf dem Umfang:

$$n = 1,63 \cdot 4\sqrt{\frac{d_a^3}{l^2 \cdot s_V}} \tag{7.41}$$

n wird ganzzahlig so gewählt, dass $n \geq 2$ und $n > \dfrac{\pi \cdot d_a}{2 \cdot l}$

Für $l \to \infty$ (z.B. für Rohre) gilt:

$$p_{k,el} = \frac{2 \cdot E}{\left(1 - \nu^2\right)} \cdot \left(\frac{s_V}{d_a}\right)^3 \tag{7.42}$$

(siehe auch *Gleichung 6.31*)

Bezüglich plastischer Verformung zylindrischer Behälter der Länge l unter äußerem Überdruck werden z.B. in AD-Merkblatt B6[15] folgende kritische Drücke angegeben:

$$\text{Für } \frac{d_a}{l} \leq 5: \quad p_{k,pl} = 2 \cdot K \cdot \frac{s_V}{d_a} \cdot \left(1 + \frac{1,5 \cdot u \cdot \left(1 - 0,2 \cdot \dfrac{d_a}{l}\right) \cdot d_a}{100 \cdot s_V}\right)^{-1} \tag{7.43}$$

$$\text{bei Ovalität mit der Unrundheit} \quad u = 2 \cdot \frac{d_{i,max} - d_{i,min}}{d_{i,max} + d_{i,min}} \cdot 100\,\% \tag{7.44}$$

---

[15] berücksichtigte Ausgabe: AD-B6: 1995-01

$$\text{Für } \frac{d_a}{l} > 5: \quad p_{k,pl} = \max \left\{ 2 \cdot K \cdot \frac{s_V}{d_a}; 3 \cdot K \cdot \left(\frac{s_V}{l} \right)^2 \right\} \tag{7.45}$$

Folgende Sicherheitsbeiwerte sind vorgegeben:

- $S=3,0$ gegen elastisches Beulen unabhängig vom Werkstoff, unter Berücksichtigung einer Unrundheit von u ≤ 1,5%
- $S=1,6$ gegen plastisches Verformen z.B. für Walz- und Schmiedestähle; S=2,0 für Stahlguss und S=2,4...5,0 für globularen Grauguss je nach Sorte

7.2.4 Ausschnitte in zylindrischen und kugeligen Behälterwänden

Druckbehälter ohne Ausschnitte gibt es praktisch nicht (siehe auch *Abschnitt 4.2, „Apparateelemente"*). In den Ausschnitten fehlt ein Teil der Behälterwand, der ansonsten den Überdruck mit tragen würde. Die Wandbereiche direkt neben einem Ausschnitt müssen deshalb zusätzliche Beanspruchung aufnehmen, wodurch dort höhere Spannungen entstehen als in den anderen Wandbereichen. Experimentell wurden folgende Längen der so verschwächten Bereiche ermittelt [*35*] (siehe dazu **Bild 7.4**):

- in der Behälterwand:

$$a_0 = \sqrt{\left(d_{i,0} + s_{V,0} \right) \cdot s_{V,0}} \tag{7.46}$$

- in der Wand des Stutzenrohres:

$$a_1 = 1,25 \cdot \sqrt{\left(d_{i,1} + s_{V,1} \right) \cdot s_{V,1}} \tag{7.47}$$

- in der Wand eines schräg angeordneten Stutzenrohres (α = Abzweigwinkel):

$$a_1 = \left(1 + 0,25 \cdot \frac{\alpha}{90°} \right) \cdot \sqrt{\left(d_{i,1} + s_{V,1} \right) \cdot s_{V,1}} \tag{7.48}$$

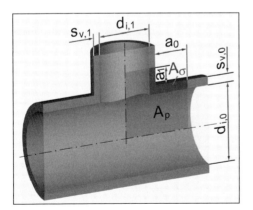

Bild 7.4: Flächenvergleich am Behälterausschnitt mit Stutzenrohr

Die notwendige Wanddicke $s_{V,0}$ der Behälterwand um den Abzweig herum wird üblicherweise mit einem „Verschwächungsbeiwert" v_A ($v_A > 1$) aus der Mindestdicke der unverschwächten Wand s_V berechnet[16]:

$$s_{V,0} = \frac{s_V}{v_A} \tag{7.49}$$

Obwohl in den Bereichen der Behälterwand direkt um Ausschnitte herum starke Spannungsspitzen auftreten, haben Untersuchungen erge-

---

16 z.B. TRD 301: 1997-10

ben, dass hier bei überwiegend ruhender Belastung ohne Bedenken mit der mittleren Beanspruchung gerechnet werden kann [35] (dynamische Beanspruchung s.u.). Unter Anwendung des Flächenvergleichsverfahrens (siehe *Abschnitt 6.1.2*) ergibt sich mit der mittleren Vergleichsspannung nach der Schubspannungshypothese $\bar{\sigma}_V$ und $s_V = s_{V,0} \cdot v_A$ nach *Gleichung 7.49* folgende Festigkeitsbedingung:

$$\bar{\sigma}_V = p_e \cdot \left(\frac{A_p}{A_\sigma} + \frac{1}{2} \right) = \frac{p_e \cdot d_{i,0}}{2 \cdot s_{V,0} \cdot v_A} + \frac{p_e}{2} \le \sigma_{zul} \tag{7.50}$$

Die drucktragende Fläche A_p und die spannungstragende Fläche A_σ sind aus **Bild 7.4** zu ersehen. Aus *Gleichung 7.50* folgt:

$$\frac{A_p}{A_\sigma} = \frac{d_{i,0}}{2 \cdot s_{V,0} \cdot v_A} \tag{7.51}$$

und

$$v_A = \frac{A_\sigma}{A_p} \cdot \frac{d_{i,0}}{2 \cdot s_{V,0}} \tag{7.52}$$

Mit A_p und A_σ aus **Bild 7.4** ergibt sich damit der Verschwächungsbeiwert v_A für zylindrische Behälterwände zu:

$$v_A = \frac{a_0 + a_1 \cdot \dfrac{s_{V,1}}{s_{V,0}} + s_{V,1}}{a_0 + s_{V,1} + \dfrac{d_{i,1}}{2} + \dfrac{d_{i,1}}{d_{i,0}} \cdot \left(a_1 + s_{V,0} \right)} \tag{7.53}$$

und für kugelige Behälterwände zu:

$$v_A = \frac{a_0 + a_1 \cdot \dfrac{s_{V,1}}{s_{V,0}} + s_{V,1}}{a_0 + s_{V,1} + 2 \cdot \dfrac{d_{i,1}}{d_{i,0}} \cdot \left(a_1 + s_{V,0} \right) + \dfrac{d_{i,1}}{d_{i,0}} \cdot \sqrt{\dfrac{1}{4} \left(d_{i,0}^2 - d_{i,1}^2 \right)}} \tag{7.54}$$

In **Bild 7.5** ist v_A für Ausschnitte in zylindrischen Behältern in Abhängigkeit der geometrischen Verhältnisse aufgetragen. Die Kurven sind nach *Gleichung 7.53* mit

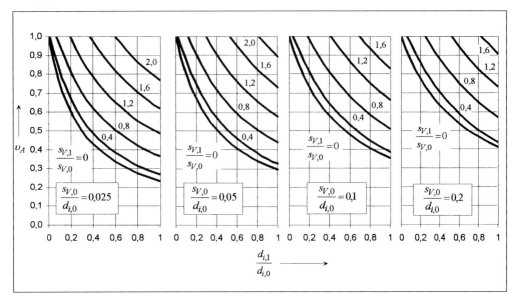

Bild 7.5: Verschwächungsbeiwert v_A für Abzweige in zylindrischen Behältern

$$\frac{a_0}{s_{V,0}} = \sqrt{\frac{d_{i,0}}{s_{V,0}} + 1} \qquad\qquad (7.55)$$

und

$$\frac{a_1}{s_{V,0}} = 1,25 \cdot \sqrt{\left(\frac{d_{i,1}}{d_{i,0}} \cdot \frac{d_{i,0}}{s_{V,0}} + \frac{s_{V,1}}{s_{V,0}}\right) \cdot \frac{s_{V,1}}{s_{V,0}}} \qquad\qquad (7.56)$$

berechnet [35]. Sie gelten unter der Voraussetzung, dass für die Wände des Druckbehälters und des Stutzenrohres dieselben zulässigen Spannungen gelten. Für andere Fälle sei z.B. auf TRD 301[17] verwiesen.

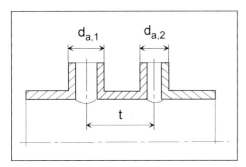

Bild 7.6: Benachbarte Ausschnitte

Die Verschwächung der Druckbehälterwand durch mehrere nebeneinander angeordnete Ausschnitte wird wie die für Einzelausschnitte (s.o.) berechnet, wenn sich die tragenden Längen a_0 in der Druckbehälterwand nicht überschneiden, d.h. wenn für die Teilung[18] t der benachbarten Ausschnitte nach **Bild 7.6** folgende Bedingung erfüllt ist:

[17] berücksichtigte Ausgabe: TRD 301: 1997-10
[18] „Teilung" = Abstand der Mittellinien benachbarter Ausschnitte

$$t \geq \frac{d_{\mathrm{a},1}}{2} + \frac{d_{\mathrm{a},2}}{2} + 2 \cdot a_0 \tag{7.57}$$

mit a_0 nach *Gleichung 7.46*

Ist diese Bedingung nicht erfüllt, sind die benachbarten Ausschnitte als „Lochreihe" zu betrachten, für die Verschwächungsbeiwerte ebenfalls aus dem Flächenvergleich zu ermitteln sind. In TRD 301 werden z.B. folgende vereinfachte Verschwächungsbeiwerte unter Vernachlässigung der tragenden Länge der Stutzenrohre angegeben:

- für in Zylinderlängsrichtung benachbarte Ausschnitte mit Abstand t_l:

$$\upsilon_{\mathrm{L}} = \frac{t_l - d_{\mathrm{a},1}}{t_l} \leq 1 \tag{7.58}$$

- für in Zylinderumfangsrichtung benachbarte Ausschnitte mit Abstand t_{u}:

$$\upsilon_{\mathrm{L}} = \frac{2 \cdot \left(t_{\mathrm{u}} - d_{\mathrm{a},1}\right)}{t_{\mathrm{u}}} \leq 1 \tag{7.59}$$

Die Mindestwanddicke für den Druckbehälter ergibt sich damit zu:

$$s_{\mathrm{V},0} = \frac{s_{\mathrm{V}}}{\upsilon_{\mathrm{L}}} \tag{7.60}$$

Da nur die Bereiche der Druckbehälterwand direkt um die Ausschnitte herum verschwächt sind, ist es oft wirtschaftlicher, diese Bereiche gezielt zu verstärken als die gesamte Druckbehälterwand dicker zu dimensionieren. Zur Berechnung der notwendigen Querschnittsfläche A_{V} der Verstärkung ist diese beim Flächenvergleich zur Spannungsfläche A_{σ} zu addieren. Da die Verstärkung jedoch nicht vollflächig mit der Behälterwand verbunden werden kann und der gesamte Kraftfluss z.B. durch die Schweißnähte gebündelt wird, ist ihre Tragfähigkeit eingeschränkt. Dies wird über einen Bewertungsfaktor k_{V} (**Tabelle 7.5**) berücksichtigt. Damit ergibt sich folgende Festigkeitsbedingung aus dem Flächenvergleich:

$$p_{\mathrm{e}} \cdot \left(\frac{A_{\mathrm{p}}}{A_{\sigma} + k_{\mathrm{V}} \cdot A_{\mathrm{V}}} + \frac{1}{2}\right) \leq \sigma_{\mathrm{zul}} \tag{7.61}$$

und daraus die notwendige Querschnittsfläche der Verstärkung A_{V}:

Tabelle 7.5: Beispiele für Bewertungsfaktoren angeschweißter Verstärkungen (nach [35])

Ausführung der Verstärkung		Bewertungsfaktor k_V
A_V	**Stutzen** **mit Verstärkung** $\left(d_{i,1}/d_{i,0} \le 0{,}3\right)$ nicht geeignet für warmgehende Rohrleitungen	0,4
A_V	**Grundkörper** **mit Verstärkung** $\left(d_{i,1}/d_{i,0} \le 0{,}5\right)$ nicht geeignet für warmgehende Rohrleitungen	0,6
A_V	**Verstärkungsscheibe** $\left(d_{i,1}/d_{i,0} \le 0{,}7\right)$	0,8
A_V	**Umschließender** **Mantel** $\left(d_{i,1}/d_{i,0} \le 1{,}0\right)$	0,9

$$A_V = \left(\frac{A_p}{\dfrac{\sigma_{zul}}{p_e} - \dfrac{1}{2}} - A_\sigma \right) \cdot \frac{1}{k_V} \tag{7.62}$$

Die starken Spannungsspitzen in den verschwächten Bereichen der Druckbehälterwand um die Ausschnitte herum sind bei dynamischer Beanspruchung zu berücksichtigen (siehe *Abschnitt 7.2.2*). TRD 301 enthält Berechnungsvorschriften bei dynamischer Beanspruchung, die speziell die Spannungsspitzen an Lochrändern in Dampfkesselwänden berücksichtigen[19].

---

[19] berücksichtigte Ausgabe: TRD 301: 1997-10) und TRD 301, Anlage 1: 1996-08

Schwaigerer u.a. [35] haben aus Untersuchungsergebnissen verschiedener Autoren Werte für die Nennschwellfestigkeit $\sigma_{N,Sch} = p_e \cdot (d_i + s)/2s$ in Abhängigkeit von der Bruchlastspielzahl im Zeitfestigkeitsbereich zusammengestellt (**Bild 7.7**).

7.3 Kegelförmige Mäntel

Der kritischste Bereich von kegelförmigen Mänteln ist der Übergang zwischen dem kegelförmigen und dem zylindrischen Teil des Behältermantels. Dieser Bereich kann z.B. als Eckstoß oder als „Krempe" ausgebildet sein (**Bild 7.8**). Dort treten die größten Spannungen auf, weil unterschiedliche Dehnungen aufeinandertreffen. Die Einflusszone der erhöhten Spannungen erstreckt sich über folgende Längen[20]:

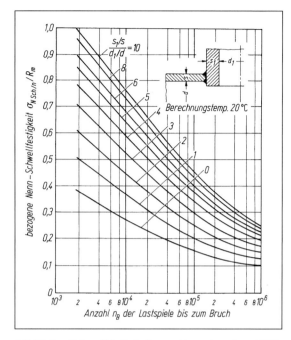

Bild 7.7: Schwellfestigkeit von Abzweigen (aus [35])

- im zylindrischen Teil beim Eckstoß:

$$x_1 = \sqrt{d_a \cdot s_{Kr}} \tag{7.63}$$

- im kegelförmigen Teil:

$$x_2 = 0,7 \cdot \sqrt{\frac{d_a \cdot s_{Kr}}{\cos\varphi}} \tag{7.64}$$

---

[20] AD-B2: 1995-01; abweichend von AD-B2 wurde s_{Kr} anstatt $(s_{Kr} - c_1 - c_2)$ eingesetzt

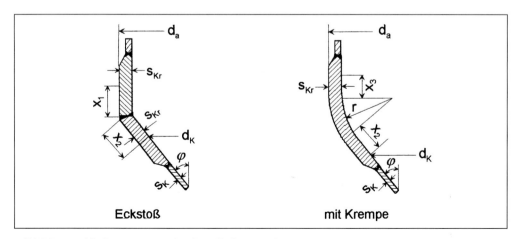

Bild 7.8: Verbindung von Kegel- mit Zylindermantel

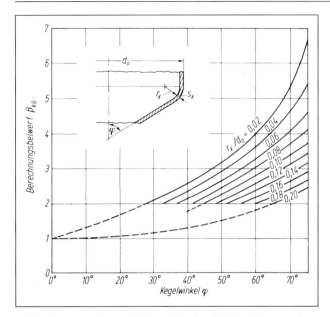

Bild 7.9: Berechnungsbeiwert β_{KB} für die Kegelkrempe (aus [35])

• im zylindrischen Teil bei einer Krempe: $x_3 = 0,5 \cdot x_1$ (7.65)

Die notwendige Mindestwanddicke in dieser Einflusszone (auch „Abklingbereich"[21]) wird z.B. in AD-Merkblatt B2 in Diagrammen angegeben. An anderen Stellen werden auch Beiwerte (z.B. β_{KB}, siehe **Bild 7.9**) aus dem Flächenvergleich angegeben, mit denen die Wanddicke analog der von gewölbten Böden (siehe *Abschnitt 7.4*) berechnet werden kann:

$$s_{V,Kr} = \frac{p_e \cdot d_a \cdot \beta_{KB}}{4 \cdot \sigma_{zul} \cdot \upsilon_N} \qquad (7.66)$$

Außerhalb des beschriebenen Abklingbereiches ergibt sich in kegelförmigen Mänteln mit einem Neigungswinkel $\varphi \le 70°$ aus dem Flächenvergleich (siehe *Abschnitt 6.1.2*) die notwendige Mindestwanddicke zu[22]:

$$s_{V,K} = \frac{d_K \cdot p_e}{2 \cdot \dfrac{K}{S} \cdot \upsilon_N - p_e} \cdot \frac{1}{\cos\varphi} \qquad (7.67)$$

mit dem Kegeldurchmesser d_K am Ende des Abklingbereiches (siehe Bild 7.8):

$$d_K = d_a - 2 \cdot [s_{Kr} + r \cdot (1 - \cos\varphi) + x_2 \cdot \sin\varphi] \qquad (7.68)$$

Für Neigungswinkel $\varphi > 70°$ sind in der kegelförmigen Wand wie bei ebenen Platten Biegespannungen zu berücksichtigen [40]. Daraus ergibt sich folgende notwendige Mindestwanddicke sowohl für den Abklingbereich als auch für den Kegelmantel[23]:

$$s_V = 0,3 \cdot \left(d_a - r\right) \cdot \frac{\varphi}{90°} \cdot \sqrt{\frac{p_e}{\dfrac{K}{S} \cdot \upsilon_N}} \qquad (7.69)$$

[21] AD-B2: 1995-01
[22] [40], [35], AD-B2: 1995-01
[23] [40], AD-B2: 1995-01

Die Verschwächung durch Ausschnitte in kegelförmigen Mänteln kann berechnet werden wie die in zylindrischen Mänteln (siehe *Abschnitt 7.2.4*), wobei als Zylinder-Ersatzdurchmesser der größte Kegeldurchmesser am Rand des Ausschnitts einzusetzen ist[24].

7.4 Gewölbte Böden

Gewölbte Böden bestehen aus einer kugelförmigen Kalotte, die gegebenenfalls über eine stärker gekrümmte Krempe mit dem zylindrischen Teil verbunden ist (**Bild 4.28**). Die festigkeitsmäßig günstigste Form ist der Halbkugelboden, der naturgemäß keine Krempe hat bzw. nur aus einer kugeligen Kalotte besteht. Bei Klöpper- und Korbbogenböden treten die größten Spannungen in der Krempe auf.

Die Wanddicke der Kugelkalotte wird jeweils wie die von kugelförmigen Behälterwänden nach *Gleichung 7.6* (siehe auch **Tabelle 7.2**) berechnet. Auch die Verschwächung durch Ausschnitte und deren notwendige Verstärkung werden wie für kugelige Mäntel (*Gleichungen 7.54 und 7.62*) behandelt. Für Klöpper- und Korbbogenböden gilt dies nach AD-Merkblatt B3 dann, wenn die Ausschnitte im Bereich $0{,}6 \cdot d_a$ um den Scheitel liegen.

Die Wanddicke der Krempe mit und ohne Ausschnitte kann mit dem Berechnungsbeiwert β wie folgt berechnet werden[25]:

$$s_V = \frac{p_e \cdot d_a \cdot \beta}{4 \cdot K/S \cdot v_N} \tag{7.70}$$

In AD-Merkblatt B3 sind die Berechnungsbeiwerte β in Diagrammen abhängig von $s_V/d_{a,0}$ und $d_{i,1}/d_{a,0}$ vorgegeben. **Tabelle 7.6** enthält Gleichungen zur Berechnung der Beiwerte β, die aus dem Flächenvergleich hergeleitet sind [40]. Dabei wurden folgende mittragende Längen neben der Krempe berücksichtigt:

---

[24] AD-B2: 1995-01
[25] [40], AD-B3: 1990-10

Tabelle 7.6:   Beiwerte zur Wanddickenberechnung der Krempe gewölbter Böden (nach [40])

	ohne Ausschnitt	mit Ausschnitt
	im Krempenbereich	
Klöpperboden	$\beta = 1{,}9 + \dfrac{0{,}0325}{\left(\dfrac{s_V}{d_a}\right)^{0{,}7}}$	$\beta = 1{,}9 + \dfrac{0{,}933 \cdot \dfrac{d_{i,1}}{d_{a,0}}}{\left(\dfrac{s_V}{d_{a,0}}\right)^{0{,}5}}$
Korbbogenboden	$\beta = 1{,}55 + \dfrac{0{,}0255}{\left(\dfrac{s_V}{d_a}\right)^{0{,}625}}$	$\beta = 1{,}55 + \dfrac{0{,}866 \cdot \dfrac{d_{i,1}}{d_{a,0}}}{\left(\dfrac{s_V}{d_{a,0}}\right)^{0{,}5}}$

- im zylindrischen Teil: $\qquad a_{\text{Zylinder}} = 0,8 \cdot \sqrt{\left(d_i + s_V\right) \cdot s_V}$ (7.71)

- in der Kugelkalotte: $\qquad a_{\text{Kugel}} = 0,8 \cdot \sqrt{2 \cdot \left(R + s_V\right) \cdot s_V}$ (7.72)

mit: R = Kalottenradius (siehe **Bild 4.28**)

In **Bild 7.10** sind diese Berechnungsbeiwerte abhängig von den geometrischen Verhältnissen aufgetragen.

Obwohl Halbkugelböden keine Krempe aufweisen, wird für diese in

AD-Merkblatt B3[26] im Bereich von $x = 0,5 \cdot \sqrt{R \cdot s_V} = 0,5 \cdot \sqrt{\dfrac{d_i}{2} \cdot s_V}$ (7.73)

um die Anschlussschweißnaht ein Berechnungsbeiwert von $\beta = 1,1$ gefordert.

Für äußeren Überdruck sind in AD-Merkblatt B3[27] erhöhte Sicherheitsbeiwerte vorgeschrieben. Außerdem ist sicherzustellen, dass der zulässige Überdruck gegen elastisches Einbeulen nicht überschritten wird:

$$p_{\text{e,zul}} = 3,66 \cdot \frac{E}{S} \cdot \left(\frac{s_V}{R}\right)^2$$ (7.74)

---

[26] berücksichtigte Ausgabe: AD-B3: 1990-10
[27] berücksichtigte Ausgabe: AD-B3: 1990-10

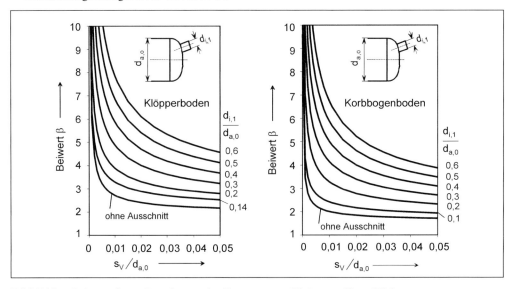

Bild 7.10:   Beiwert β zur Berechnung der Krempenwanddicke gewölbter Böden

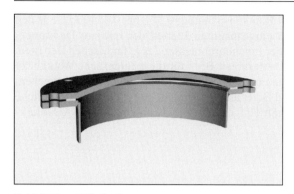

Bild 7.11: Tellerboden

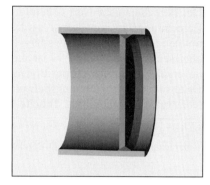

Bild 7.12: Ebene Platte als Verschlusselement eines Druckbehälters

mit dem Sicherheitsbeiwert: $S = 3 + \dfrac{0,002}{s_V / R}$ (7.75)

Die Wanddickenberechnung von Tellerböden (**Bild 7.11**) soll hier nicht gesondert behandelt werden. Dazu wird z.B. auf AD-Merkblatt B4[28] verwiesen.

7.5 Ebene Böden

Ebene Böden dienen in Druckbehältern z.B. zum Verschließen (**Bild 7.12**), als Einbauten (z.B. Böden in Bodenkolonnen oder Reaktoren, **Bilder 2.15, 4.29 und 4.30**) oder zur Fixierung von Einbauten (z.B. Rohren in Rohrbündelwärmeaustauschern, **Bilder 7.13 und 2.11**). Sie werden durch Überdruck auf einer ihrer Oberflächen, gegebenenfalls Einzelkräfte und/oder Randmomente auf Biegung beansprucht [*35*]. Aus dem Festigkeitsansatz

$$\sigma_b = \frac{M}{W} \le \frac{K}{S} \qquad (7.76)$$

ergibt sich die notwendige Mindestdicke s_V gleichmäßig belasteter Kreisplatten allgemein zu[29]:

$$s_V = C \cdot d \cdot \sqrt{\frac{p_e}{K/S}} \qquad (7.77)$$

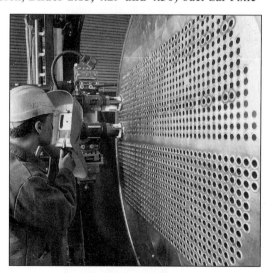

Bild 7.13: Rohreinschweißung in den Boden eines Hochdruckwärmeaustauschers (Werkbild Deggendorfer Werft und Eisenbau GmbH, Deggendorf)

[28] berücksichtige Ausgabe: AD-B4: 1991-05
[29] [35], [40]

Der Berechnungsbeiwert C beträgt je nach Randeinspannung 0,321 bis 0,454 [35]. Für den Berechnungsdurchmesser d wird z.B. bei eingespannten Platten der mittlere Dichtungsdurchmesser, bei eingeschweißten Platten der Innendurchmesser des zylindrischen Behälters eingesetzt[30]. *Gleichung 7.77* ist auch in AD-Merkblatt B5[31] für die erforderliche Wanddicke unverankerter runder ebener Böden und Platten ohne zusätzliches Randmoment vorgegeben. Dazu sind dort Berechnungsbeiwerte C und Berechnungsdurchmesser d für unterschiedliche Konstruktionen tabelliert. **Tabelle 7.7** enthält einige Beispiele daraus. In diesem AD-Merk-

---

[30] [35], AD-B5: 1999-05

[31] berücksichtigte Ausgabe: AD-B5: 1999-05

Tabelle 7.7: Beispiele für Berechnungsbeiwerte C ebener Böden nach AD-Merkblatt B5: 1999-05 (keine zusätzlichen Randmomente)

Ausführungsform	Voraussetzungen	Berechnungsbeiwert C
gekrempter ebener Boden 	Mindestmaße für Krempenradius und Bordhöhe	0,3
beidseitig eingeschweißte Platte 	$s \le 3 \cdot s_1$ $s > 3 \cdot s_1$	0,35 0,4
ebene Platte an Flanschverbindung mit durchgehender Dichtung 		0,35
einseitig eingeschweißte Platte 	$s \le 3 \cdot s_1$ $s > 3 \cdot s_1$	0,45 0,5

Bild 7.14: Rohrbündelwärmeaustauscher (Rohrplatten
durch Rohre und Mantel
gegenseitig verankert)

Bild 7.15: Rohrbündelwärmeaustauscher mit rückkehrenden
Rohren

blatt sind auch weitere Fälle berücksichtigt, z.B. rechteckige und elliptische Platten, zusätzliche Randmomente, verankerte und versteifte Platten sowie Platten in Wärmeaustauschern. Beispielhaft seien folgende Fälle genannt:

- erforderliche Mindestwanddicke s_V für runde ebene Platten in Wärmetauschern, die durch die Rohre und den Mantel gegenseitig verankert sind (**Bild 7.14**):

$$s_V = 0,4 \cdot d_2 \cdot \sqrt{\frac{p_e}{K/S}} \qquad (7.78)$$

mit dem jeweils größeren Überdruck p_e in den oder um die Rohre und dem größten im unberohrten Teil eingeschriebenen Berechnungsdurchmesser d_2.

- erforderliche Mindestwanddicke s_V für runde, ebene, vollberohrte Platten mit rückkehrenden Rohren (**Bild 7.15**, siehe auch *Gleichung 7.77*):

$$s_V = C \cdot d \cdot \sqrt{\frac{p_e}{K/S}} \qquad (7.79)$$

mit Beiwert C und dem Durchmesser d nach **Tabelle 7.7**.

Sind solche Platten nur teilweise oder ungleichmäßig berohrt, so gelten andere Berechnungsbeiwerte.

7.6 Besonderheiten bei Druckbehältern aus Kunststoffen

Für Druckbehälter kommen auch textilglasfaserverstärkte Kunststoffe (GFK) zum Einsatz (siehe *Abschnitt 3.3.2* und **Bild 2.7**). Formeln zu ihrer Berechnung sind z.B. in einem speziellen AD-Merkblatt N1[32] zusammengestellt. Besonders zu erwähnen ist, dass

- Festigkeitswerte in unterschiedlichen Richtungen unterschiedlich sein können und deshalb bei den Wanddickenberechnungen Beanspruchungen zwischen Längs- und Umfangsrichtung unterschieden werden,

- zwischen Zugfestigkeit K_Z, Biegefestigkeit K_B und Druckfestigkeit K_D, Biege-E-Modul in Umfangsrichtung (E_{UB}) und Längsrichtung (E_{LB}) sowie Zug-E-Modul in Umfangsrichtung (E_{UZ}) und Längsrichtung (E_{LZ}) unterschieden wird,

- neben dem Sicherheitsbeiwert von $S = 2{,}0$ ein zusätzlicher Werkstoffabminderungsfaktor A berücksichtigt wird. Dieser Faktor setzt sich aus vier Einzelfaktoren zusammen, die Einflüsse von Zeitstandsverhalten, Beschickung und Witterung, Betriebstemperatur und Inhomogenitäten im Material berücksichtigen. Als Standardwert ergibt sich insgesamt $A \approx 4{,}0$. Unter bestimmten Bedingungen können die Einzelfaktoren herabgesetzt oder müssen erhöht werden. Das Produkt aus Sicherheitsbeiwert S und Werkstoffabminderungsfaktor A muss jedoch immer $S \cdot A \geq 4$ sein.

Einige Vorschriften für Wanddickenberechnung und Stabilitätsnachweis nach AD-Merkblatt N1 sind im folgenden kurz zusammengefasst:

- Wanddicke zylindrischer Mäntel bei innerem Überdruck:

  – für Beanspruchung in Umfangsrichtung:

$$s = \frac{d_a \cdot p_e}{2 \cdot \dfrac{K_Z}{A \cdot S}} \tag{7.80}$$

  – für Beanspruchung in Längsrichtung:

$$s = \frac{d_a \cdot p_e}{4 \cdot \dfrac{K_Z}{A \cdot S}} \tag{7.81}$$

- Stabilitätsnachweis zylindrischer unversteifter Mäntel bei äußerem Überdruck:

  – für Beanspruchung in Umfangsrichtung:

$$p_{e,zul} = \frac{2 \cdot s \cdot K_D}{d_a \cdot A \cdot S} \tag{7.82}$$

  – für Beanspruchung in Längsrichtung (ungestörter Bereich):

$$p_{e,zul} = \frac{4 \cdot s \cdot K_D}{d_a \cdot A \cdot S} \tag{7.83}$$

---

[32] berücksichtigte Ausgabe: AD-N1: 1987-07

– zulässiger Beuldruck für $l \le 6 \cdot d_a$:

$$p_{e,zul} = \frac{2,35}{A \cdot S} \cdot E_s \cdot \frac{d_a}{l} \cdot \left(\frac{s}{d_a} \right)^{\frac{5}{2}} \tag{7.84}$$

mit: $E_s = \dfrac{E_{UB}^{3/4} \cdot E_{LB}^{1/4}}{1 - 0,1 \cdot \dfrac{E_{LB}}{E_{UB}}} \tag{7.85}$

– zulässiger Beuldruck für $l > 6 \cdot d_a$:

$$p_{e,zul} = \frac{2,2}{A \cdot S} \cdot E_{UB} \cdot \left(\frac{s}{d_a} \right)^3 \tag{7.86}$$

- Kegelförmige Mäntel (**Bild 7.8**, Ausführung mit Krempe) bei innerem Überdruck für $\dfrac{s}{d_a} \ge 0,005$ am weiten Ende und $\dfrac{r}{d_a} \ge 0,1$:

– für Beanspruchung in Umfangsrichtung:

$$s_K = \frac{d_K \cdot p_e}{2 \cdot \dfrac{K_Z}{A \cdot S}} \cdot \frac{1}{\cos \varphi} \tag{7.87}$$

– für Beanspruchung in Längsrichtung:

$$s_K = \frac{d_a \cdot p_e}{4 \cdot \dfrac{K_Z}{A \cdot S}} \cdot \frac{1}{\cos \varphi} \tag{7.88}$$

– Krempe für Beanspruchung in Umfangsrichtung:

$$s_{Kr} = \frac{d_K \cdot p_e \cdot C_1}{2 \cdot \dfrac{K_B}{A \cdot S}} \tag{7.89}$$

Tabelle 7.8: Beispiele für den Formwert C_1 für die Krempen- und Mantelberechnung von Kegeln aus GFK nach AD-Merkblatt N1: 1987-07

φ	r/d_a		
	0,1	**0,3**	**0,5**
10°	1,2	1,2	1,2
30°	2,9	2,3	1,7
60°	5,4	3,9	2,4

zu den geometrischen Bezeichnungen siehe
Abbildung 7.8

– Krempe für Beanspruchung in Längsrichtung:

$$s_{Kr} = \frac{d_K \cdot p_e \cdot C_1}{4 \cdot \dfrac{K_B}{A \cdot S}} \tag{7.90}$$

mit d_K nach *Gleichung 7.68* $\left(x_2 = \sqrt{d_a \cdot s_K} \right)$ und dem Formwert C_1 nach **Tabelle 7.8**.

• Kugelförmige Mäntel: $s = \dfrac{d_a \cdot p_e}{4 \cdot \dfrac{K_Z}{A \cdot S}}$ (7.91)

• Gewölbte Böden (vorzugsweise Korbbogen- oder Halbkugelböden):

– Krempe: $s_{Kr} = \dfrac{d_a \cdot p_e \cdot C_2}{4 \cdot \dfrac{K_B}{A \cdot S}}$ (7.92)

– Kalotte oder Halbkugel: $s = \dfrac{d_a \cdot p_e \cdot C_2}{4 \cdot \dfrac{K_Z}{A \cdot S}}$ (7.93)

mit dem Formwert C_2 nach **Tabelle 7.9**.

• Ausschnittränder

– von Zylindern und Kegeln: $s = \dfrac{d_a \cdot p_e}{2 \cdot v_A \cdot \dfrac{K_Z}{A \cdot S}}$ (7.94)

Tabelle 7.9: Beispiele für den Formwert C_2 für die Berechnung gewölbter Böden aus GFK nach AD-Merkblatt N1: 1987-07

Bodenform	Kalotte	Krempe
Halbkugelboden	1,2	-
Klöpperboden	2,4	5,8 ($s_{Kr}/d_a = 0{,}005$) 5,4 ($s_{Kr}/d_a = 0{,}01$) 4,75 ($s_{Kr}/d_a = 0{,}03$) 4,2 ($s_{Kr}/d_a = 0{,}05$) 4,0 ($s_{Kr}/d_a \geq 0{,}06$)
Korbbogenboden	1,8	3,5

s_{Kr} = Krempenwanddicke;
d_a = Außendurchmesser des zylindrischen Behälters

(d_a von Kegeln am Ausschnittsmittelpunkt)

- von Kugeln und Kugelkalotten: $$s = \frac{d_a \cdot p_e}{4 \cdot v_A \cdot \dfrac{K_Z}{A \cdot S}} \qquad (7.95)$$

mit dem Verschwächungsbeiwert v_A nach **Tabelle 7.10**.

Tabelle 7.10: Beispiele für den Verschwächungsbeiwert v_A für die Berechnung von Ausschnitten in GFK-Behältern ohne Verstärkung oder mit scheibenförmiger Verstärkung nach AD-Merkblatt N1: 1987-07

$\dfrac{d_{a,1}}{\sqrt{d_{a,0} \cdot s_0}}$		
1	3	5
0,44	0,27	0,19

Zu den geometrischen Bezeichnungen siehe Bild 7.4 bzw. detailliert in AD-N1

8 Lagerung und Dehnungsausgleich von Rohrleitungen

8.1 Rohrlagerung

Bezüglich der Lagerung von Rohrleitungen lassen sich grundsätzlich zwei Fälle unterscheiden:

- die Rohre liegen auf ihrer gesamten Länge auf (z.B. eingeerdete Rohrleitungen, **Bild 8.1**)
- die Rohre sind in Abständen aufgestützt (**Bild 8.2**)

Im ersten Fall ist darauf zu achten, dass die Rohre gleichmäßig eben und nicht z.B. auf den Verbindungsmuffen aufliegen, um eine zusätzliche Biegebeanspruchung der Rohrwände zu vermeiden. Im zweiten Fall müssen die maximalen Abstände zwischen den Rohrlagern so bestimmt werden, dass die Durchbiegung oder die Biegebeanspruchung jeweils einen bestimmten Wert nicht überschreitet.

Außerdem wird die Gestaltung der Rohrlagerung wesentlich davon beeinflusst, ob die einzelnen Rohrleitungselemente „längskraftschlüssig" miteinander verbunden sind oder nicht. Eine längskraftschlüssige Verbindung kann Kräfte in Längsrichtung der Rohrleitung aufnehmen. Nichtlängskraftschlüssige Verbindungen werden, wenn sie nicht zusätzlich gesichert sind, z.B. durch die Zugkräfte aus dem Innendruck auseinandergezogen.

Grundsätzlich werden an Gestaltung und Anordnung der Rohrlagerung folgende Anforderungen gestellt:

- Sämtliche Kräfte sind mit hinreichender Sicherheit aufzunehmen.
- Die resultierenden Beanspruchungen der Rohre (z.B. aus Durchbiegung oder Längskräften) sind in unschädlichen Grenzen zu halten.
- Die Rohrleitung ist in der vorgesehenen Lage zu halten.

Zur Erfüllung dieser Anforderungen ist die kombinierte Anwendung von zwei verschiedenen Lagerarten notwendig:

- Festlager (Festpunkte), in denen keine Rohrbewegung zugelassen wird
- Loslager (Gleit- oder Rollenlager), die eine Bewegung des Rohres in eine oder mehrere Raumrichtungen zulassen.

Außerdem ist darauf zu achten, dass die Rohrleitung hinreichend elastisch verlegt ist (siehe dazu die *Abschnitte 8.3 und 8.4* zum Dehnungsausgleich).

Die Lager werden je nach Art und Anwendungsfall durch eine oder mehrere der folgenden Kräfte belastet:

- Gewichtskraft der Rohrleitung einschließlich Füllung, ggf. Wärmedämmung etc.
- Zusätzliche Kräfte, z.B. aufgrund von Windlasten, Schneelasten, möglichen Erdbeben etc.

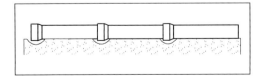

Bild 8.1: Erdverlegte Leitung aus Muffenrohren

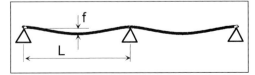

Bild 8.2: Durchbiegung zwischen Rohrhalterungen (übertrieben dargestellt)

- Kräfte, die aus Längenänderungen der Rohrleitung resultieren, z.B. verursacht durch Wärmedehnung, Längskraft aus Innendruck, Druckstöße etc.

Festlager müssen sämtliche auftretenden Kräfte aufnehmen. Bestimmte Einbauten wie z.B. Armaturen, die fixiert werden müssen, Anschlüsse an Apparate oder Maschinen können Zwangsfestpunkte ergeben. In solchen Rohrleitungen, die während des Betriebes ihre Temperatur ändern („warm- und kaltgehende" Rohrleitungen), trennen Festpunkte verschiedene Abschnitte voneinander, in denen die Dehnung jeweils ausgeglichen werden muss (siehe *Abschnitte 8.3 und 8.4* zum Dehnungsausgleich). Loslager führen die Rohrleitung bei Längenänderungen und nehmen nur in horizontal verlaufenden Leitungen Gewichtskräfte auf.

Eingeerdete Rohrleitungen liegen im allgemeinen auf ihrer gesamten Länge mit Ausnahme der Verbindungsmuffen auf. Die gesamte Auflagelänge ist zunächst eine Gleitlagerung. Festlager werden z.B. als Betonlager ausgebildet, die sich am Erdreich abstützen. Auch durch die Reibung am Erdreich kann insgesamt Festlagerfunktion erreicht werden. In nicht längskraftschlüssigen Leitungen muss dazu eine bestimmte Anzahl von Rohren längskraftschlüssig verbunden werden. In diesem Zusammenhang sei z.B. auf das Regelwerk der DVGW[1] verwiesen.

Liegt eine Rohrleitung nicht mit ihrer gesamten Länge auf, so biegt sie sich zwischen den einzelnen Rohrhalterungen durch (**Bild 8.2**). Für die Berechnung der maximalen Stützweite, d.h. des maximalen Abstandes zwischen den Rohrhalterungen, kommen zwei Kriterien infrage:

- maximal zulässige Durchbiegung f_{zul} des Rohres
- maximal zulässige Biegespannung $\sigma_{b,zul}$ in der Rohrwand

Die maximal zulässige Durchbiegung hängt vom Anwendungsfall und vom Durchmesser des Rohres ab. So nennt z.B. die TRR 100[2] zur Vermeidung von Kondensatansammlungen für Dampfleitungen folgende Werte:

- ≤ DN 50: $f_{zul} \leq 3mm$
- > DN 50: $f_{zul} \leq 5mm$

In dem US-amerikanischen Standard ASME B31.1 „Power Piping" ist $f_{zul} \leq 2,5mm$ festgelegt.

Die maximal zulässige Biegebeanspruchung im Rohr hängt vom Werkstoff und den weiteren Beanspruchungen der Rohrwand, insbesondere aus Überdruck, ab. In den meisten Fällen werden die Rohrwanddicken gegen inneren Überdruck nach der Schubspannungshypothese dimensioniert. Darin werden nur die größte und die kleinste in der Rohrwand auftretende Spannung berücksichtigt. Bei Innendruckbeanspruchung sind das die Umfangs- und Radialspannung (siehe *Abschnitt 6.1.3*). Die Längsspannung aus innerem Überdruck ist nur etwa halb so groß wie die Umfangsspannung. Relevant für die Festigkeitsbetrachtung nach der Schubspannungshypothese ist sie jedoch erst dann, wenn sie größer als die Umfangsspannung wird. Eine so gegen inneren Überdruck dimensionierte Rohrwand kann also zusätzliche Längsspannungen in Höhe von etwa 50% der Umfangsspannung aus Innendruck auf-

---

[1] Deutsche Vereinigung des Gas- und Wasserfaches
[2] Technische Regel der Druckbehälterverordnung - Rohrleitungen (siehe *Abschnitt 2.3 „Regelwerke und Richtlinien"*)

nehmen. Das kann z.B. die hier besprochene Biegespannung sein. Die TRR 100 lässt für Stahlrohre z.B. eine maximale Biegespannung von $\sigma_{b,zul} \leq 40 \text{N/mm}^2$ zu (ASME B 31.1: $\sigma_{b,zul} \leq 16 \text{N/mm}^2$).

Zur Berechnung von Durchbiegung und Biegespannung der Rohrleitung kommen drei mechanische Modelle in Betracht:

- Träger auf zwei Stützen
- Durchlaufträger
- Kragträger

Die meisten Anwendungsfälle lassen sich mit den Modellen des Durchlaufträgers und des Trägers auf zwei Stützen abdecken, wobei letzterer auf die Randbereiche des Durchlaufträgers angewendet wird.

Mit einer konstanten Streckenlast F' aus dem Rohrgewicht inklusive Füllung und Dämmung und einer zusätzlichen Einzellast F jeweils mittig zwischen zwei Stützen (siehe **Tabelle 8.1**) erhält man allgemein folgende Gleichungen für Durchbiegung f und Biegespannung $\sigma_{b,max}$:

$$f = k_{f,1} \cdot \frac{F' \cdot L^4}{E \cdot I} + k_{f,2} \cdot \frac{F \cdot L^3}{E \cdot I} \tag{8.1}$$

$$\sigma_{b,max} = k_{S,1} \cdot \frac{F' \cdot i \cdot L^2}{W} + k_{S,2} \cdot \frac{F \cdot i \cdot L}{W} \tag{8.2}$$

mit:

f	=	Durchbiegung (**Bild 8.2**)
$\sigma_{b,max}$	=	maximale Biegespannung
F'	=	Streckenlast [N/m]
F	=	Einzellast [N]
L	=	Stützweite (**Bild 8.2**)
E	=	Elastizitätsmodul des Rohrleitungswerkstoffes
I	=	Flächenträgheitsmoment (Flächenmoment 2. Grades) des Rohrleitungsquerschnittes
W	=	Biegewiderstandsmoment (axiales Widerstandsmoment) des Rohrleitungsquerschnittes
i	=	Spannungserhöhungsfaktor (siehe **Tabelle 8.3**)

$k_{f,1}$; $k_{f,2}$; $k_{S,1}$; $k_{S,2}$: Faktoren, die vom Belastungsfall abhängen (siehe **Tabelle 8.1**)

Falls die Rohrleitung nur mit der Streckenlast F' ohne zusätzliche Einzellast F belastet ist, wird in den *Gleichungen 8.1 und 8.2* jeweils der zweite Summand Null. Ein Spannungserhöhungsfaktor i ist nur zu berücksichtigen, wenn ein oder mehrere Formstücke in dem betrachteten Rohrabschnitt eingebaut sind. Ist dies nicht der Fall, so ist $i = 1$.

Tabelle 8.1: Berechnungsfaktoren für Durchbiegung f und Biegespannung $\sigma_{b,max}$

Belastung	Berechnung der Durchbiegung f		Berechnung der Biegespannung $\sigma_{b,max}$	
	$k_{f,1}$	$k_{f,2}$	$k_{S,1}$	$k_{S,2}$
Träger auf 2 Stützen	$\dfrac{5}{384}$	$\dfrac{8}{384}$	$\dfrac{1}{8}$	$\dfrac{1}{4}$
Kragträger	$\dfrac{1}{8}$	$\dfrac{1}{3}$	$\dfrac{1}{2}$	1
Durchlaufträger, Einzellast in allen Feldern	$\dfrac{1}{384}$	$\dfrac{2}{384}$	$\dfrac{1}{12}$	$\dfrac{1}{8}$
Durchlaufträger, Einzellast nur im jeweiligen Feld $\;\;F \le 0,38 \cdot F' \cdot \sqrt{\dfrac{12 \cdot W \cdot \sigma_{zul}}{F' \cdot i}}$ $\;\;F > 0,38 \cdot F' \cdot \sqrt{\dfrac{12 \cdot W \cdot \sigma_{zul}}{F' \cdot i}}$	$\dfrac{1}{384}$	$\dfrac{6,1}{384}$	$\dfrac{1}{12}$ $\dfrac{1}{24}$	$\dfrac{21}{265}$ $\dfrac{543}{3180}$

Zur Berechnung der maximalen Stützweite ist *Gleichung 8.1 oder Gleichung 8.2* nach L aufzulösen. Bei *Gleichung 8.1* ist das nicht geschlossen möglich. Daher kann die Stützweite L in Abhängigkeit von der zulässigen Durchbiegung f_{zul} nur iterativ bestimmt werden, wenn neben der Streckenlast F' auch eine Einzellast F wirkt. Falls keine zusätzliche Einzellast F vorliegt, kann die Gleichung allerdings sehr leicht nach der Stützweite aufgelöst und diese somit explizit berechnet werden. Für die Stützweite L in Abhängigkeit von der zulässigen Biegespannung σ_{zul} ergibt sich aus *Gleichung 8.2* allgemein:

$$L = -\frac{1}{2} \cdot \frac{k_{S,2}}{k_{S,1}} \cdot \frac{F}{F'} + \sqrt{\frac{1}{4} \cdot \left(\frac{k_{S,2}}{k_{S,1}}\right)^2 \cdot \left(\frac{F}{F'}\right)^2 + \frac{W \cdot \sigma_{zul}}{F' \cdot i \cdot k_{S,1}}} \tag{8.3}$$

Für Leitungen, die mit Gefälle verlegt werden, ist die maximal zulässige Durchbiegung klein genug zu halten, dass dadurch kein „Gegengefälle", d.h. keine Steigung im Rohrleitungsverlauf erzeugt werden kann. Aus der Biegelinie kann die durch Biegung verursachte Steigung berechnet werden.

8.2 Beanspruchungen durch Wärmedehnung

8.2.1 Wärmedehnung

Temperaturänderungen in den Rohrwänden erzeugen Längenänderungen von Rohrleitungen. Werden diese nicht in der Rohrführung oder durch den Einbau von Kompensatoren berücksichtigt, so kann es zu Schäden an den Rohren und den Rohrlagerungen kommen.

Die Dehnung bzw. Schrumpfung eines Rohres ΔL in Längsrichtung unter dem Einfluss der Temperaturänderung $\Delta \vartheta$ wird mit Hilfe des linearen Wärmeausdehnungskoeffizienten β_L des Rohrwerkstoffes berechnet:

$$\Delta L = L_S \cdot \beta_L \cdot \Delta \vartheta \tag{8.4}$$

mit:

L_S = „schiebende" Rohrlänge = Rohrlänge vor Beginn der Wärmedehnung

Der lineare Wärmeausdehnungsdehnungskoeffizient β_L ist temperaturabhängig, er nimmt mit steigender Temperatur zu. Bei großen Temperaturunterschieden, wie sie in Rohrleitungen häufig auftreten, ist deshalb mit entsprechenden mittleren linearen Ausdehnungskoeffizienten β_L zu rechnen. Da die Rohrmontage meist bei Raumtemperatur erfolgt, werden mittlere Ausdehnungskoeffizienten üblicherweise zwischen 20°C und verschiedenen höheren Temperaturen angegeben. *Tabelle 8.2* enthält eine Zusammenstellung von Wärmeausdehnungskoeffizienten für einige Rohrwerkstoffe (siehe dazu auch *Kapitel 3, Werkstoffe*).

8.2.2 Druck-Beanspruchung im geraden Rohr

In einem geraden Rohr entstehen durch Wärmedehnung zwischen zwei Festlagern Druckspannungen in Längsrichtung des Rohres. Im Bereich der elastischen Dehnung können diese berechnet werden aus:

Tabelle 8.2:   Beispiele für mittlere Wärmeausdehnungskoeffizienten (siehe auch *Kapitel 3 „Werk-stoffe"*)

	Temperatur						
	20 °C	100 °C	200 °C	300 °C	400 °C	500 °C	600 °C
mittlerer linearer Wärmeausdehnungskoeffizient $\overline{\beta}_L$ zwischen 20°C und der jeweiligen Temperatur **in 10^{-6}K^{-1}**							
Unlegierter Stahl	11,9	12,3	12,8	13,3	13,8	14,3	14,8
hochlegierter austenitischer Stahl	16,8	17,3	17,8	18,2	18,7	19,0	19,3
Kupfer	16,8	17,0	17,2	17,4	17,7	17,9	
PVC	80						
PE-HD	200						
PP	150						
PB	130						
ABS	90						

$$\sigma_d = E \cdot \overline{\beta}_L \cdot \Delta\vartheta \tag{8.5}$$

mit E = Elastizitätsmodul des Rohrwerkstoffes.

Aus der Festigkeitsbedingung $\sigma_d \leq \sigma_{zul}$ folgt, dass kein Schaden aus Überschreitung der Druckfestigkeit des Rohres zu erwarten ist, solange folgende Bedingung erfüllt ist:

$$\Delta\vartheta \leq \frac{\sigma_{zul}}{E \cdot \overline{\beta}_L} \tag{8.6}$$

Als zulässige Spannung ist üblicherweise die Streckgrenze mit einem geeigneten Sicherheitsbeiwert einzusetzen.

Rohre sind jedoch aufgrund ihrer schlanken Form außerdem knickgefährdet. Je nach Abstand der Rohreinspannungen kann z.B. die elastische Knickspannung σ_K deutlich kleiner als die Streckgrenze des Rohrmaterials und damit die entscheidende Grenze für die Druckspannung aus Wärmedehnung werden. Auch elastisches Ausknicken kann zu Schäden an der Rohrlagerung oder an den Rohrhalterungen führen. Soll dies vermieden werden, so ist folgende Bedingung einzuhalten:

$$\sigma_d = \overline{\beta}_L \cdot \Delta\vartheta \cdot E \leq \frac{\sigma_K}{S_K} \tag{8.7}$$

mit der Knickspannung σ_K, ab der mit elastischer Knickung zu rechnen ist:

$$\sigma_K = \frac{\pi^2 \cdot E}{\lambda^2} \tag{8.8}$$

mit:

S_K = Knicksicherheit (Sicherheit gegen elastisches Knicken)

$$\lambda \quad = \quad \frac{L}{i} = \frac{L}{\sqrt{\dfrac{I}{A}}} \quad = \text{Schlankheitsgrad}$$

L = freie Knicklänge

i = Trägheitsradius

$$A \quad = \quad \frac{\pi}{4} \cdot \left(d_a^2 - d_i^2 \right) = \text{Querschnittsfläche der Rohrwand}$$

$$I \quad = \quad \frac{\pi}{64} \cdot \left(d_a^4 - d_i^4 \right) = \text{Flächenträgheitsmoment (Flächenmoment 2. Grades)} \\ \text{des Rohrquerschnitts}$$

In **Bild 8.3** ist die elastische Knickspannung in Abhängigkeit vom Schlankheitsgrad λ des Rohres (Euler-Hyperbel) aufgetragen. Daneben ist sie beispielhaft für bestimmte Stahlrohre in Abhängigkeit der freien Knicklänge L dargestellt. Das Verhältnis von freier Knicklänge L zum Abstand der Rohrhalterungen kann je nach Art der Einspannung kleiner als 1 sein, bei beidseitig fester Einspannung z.B. bis zu 0,5.

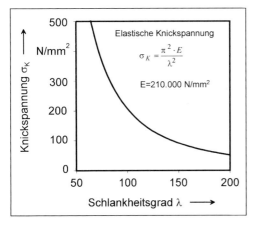 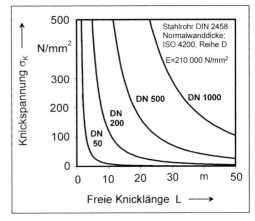

Bild 8.3: Elastische Knickspannung abhängig vom Schlankheitsgrad (links) und beispielhaft für Stahlrohre abhängig von der freien Knicklänge (rechts)

8.2.3 Biegebeanspruchung in fest eingespannten Biegeschenkeln

Die beschriebenen Druckbeanspruchungen in Rohrleitungen durch Wärmedehnung können durch Richtungsänderungen der Rohrleitung zwischen zwei Festlagern stark verringert werden („natürlicher" Dehnungsausgleich). Allerdings entstehen dann in bestimmten Rohrschenkeln zusätzliche Biegebeanspruchungen und eventuell auch Torsionsbeanspruchungen. Im Folgenden wird beispielhaft auf die Biegebeanspruchungen in einfachen ebenen Systemen eingegangen.

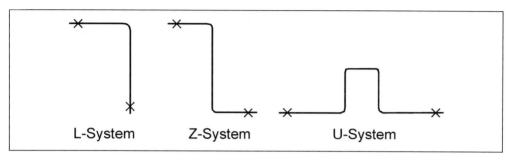

Bild 8.4:   Ebene Dehnungsausgleichersysteme

Die einfachste Form eines natürlichen Dehnungsausgleichers ist das beidseitig fest eingespannte L-System (**Bild 8.4**). Unter der Voraussetzung, dass die beiden Schenkel des L-Systems gelenkig miteinander verbunden sind (**Bild 8.5**), entsteht an der Einspannstelle des kürzeren Schenkels die größte Biegespannung im System. Die Länge des längeren Schenkels ist die „schiebende Länge" L_S, die des kürzeren Schenkels die „Ausladelänge" L_A. Die durch die Wärmedehnung des längeren Schenkels verursachte Auslenkung des kürzeren Biegeschenkels (ΔL) erzeugt am Auslenkungspunkt die Kraft F:

$$F = 3 \cdot E \cdot I \cdot \frac{\Delta L}{L_A^3} \qquad (8.9)$$

(„Kragträger", siehe auch *Abschnitt 8.1 „Rohrlagerung"*)

Dadurch entsteht an der Einspannstelle das Biegemoment M_b:

$$M_b = F \cdot L_A = 3 \cdot E \cdot I \cdot \frac{\Delta L}{L_A^2} \qquad (8.10)$$

und die maximale Biegespannung $\sigma_{b,max}$:

$$\sigma_{b,max} = \frac{M_b}{W} = \frac{M_b}{\dfrac{2 \cdot I}{d_a}} = \frac{3}{2} \cdot E \cdot \frac{\Delta L \cdot d_a}{L_A^2} \qquad (8.11)$$

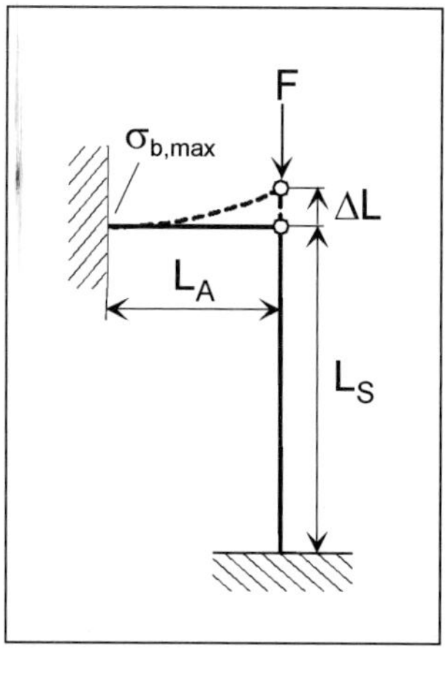

Bild 8.5:   Gelenkig verbundenes L-System mit Dehnung ΔL des schiebenden Schenkels (L_s) (vereinfacht dargestellt)

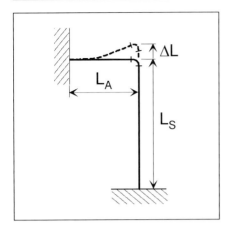

Bild 8.6: L-System, über Bogen verbunden, mit Dehnung ΔL des schiebenden Schenkels (L_s) (vereinfacht dargestellt)

Die Kräfte, Momente und Spannungen in ähnlich geformten Systemen (siehe **Bild 8.4**) können entsprechend berechnet werden.

8.2.4 Biegebeanspruchung in Formstücken

Biegeschenkel und „schiebender" Rohrschenkel des L-Systems sind tatsächlich nicht gelenkig, sondern über ein geeignet geformtes Rohrstück (z.B. Bogen, Winkel oder T-Stück) miteinander verbunden (**Bild 8.6**). Ein solches Formstück setzt der Dehnung ΔL einen zusätzlichen Widerstand entgegen, wodurch die Kraft F größer wird als im gelenkigen L-System (**Bild 8.5**).

Betrachtet man zunächst den Extremfall des beidseitig fest eingespannten Rohres, so erzeugt die durch die Wärmedehnung des schiebenden Rohrschenkels verursachte Auslenkung ΔL im Auslenkungspunkt die folgende Kraft F:

$$F = 12 \cdot E \cdot I \cdot \frac{\Delta L}{L_A^3} \tag{8.12}$$

und das Biegemoment M_b:

$$M_b = F \cdot \frac{L_A}{2} = 6 \cdot E \cdot I \cdot \frac{\Delta L}{L_A^2} \tag{8.13}$$

(siehe auch *Abschnitt 8.1 „Rohrlagerung"*)

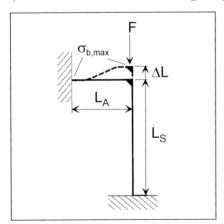

Bild 8.7: Fest verbundenes L-System mit Dehnung ΔL des schiebenden Schenkels (L_s) (vereinfacht dargestellt)

Bestünde das Verbindungsstück aus einem biegesteifen Winkel (**Bild 8.7**), so ergäbe sich daraus die maximale Biegespannung $\sigma_{b,max}$:

$$\sigma_{b,max} = \frac{M_b}{W} = \frac{M_b}{\frac{2 \cdot I}{d_a}} = 3 \cdot E \cdot \frac{\Delta L \cdot d_a}{L_A^2} \tag{8.14}$$

Reale Formstücke sind flexibler als biegesteife Winkel. Dadurch wird die Kraft F im Auslenkungspunkt kleiner als nach *Gleichung 8.12* berechnet. Andererseits treten im Formstück selbst aufgrund seiner besonderen geometrischen Form im allgemeinen höhere Spannungen auf als im geraden Rohr. Diese beiden Effekte können über Flexibilitätsfaktoren k_B und Spannungserhöhungsfaktoren i berücksichtigt werden[3]. Damit ergibt sich für die maximale Biegespannung $\sigma_{b,max}$ im Verbindungsstück zwischen Biegeschenkel und schiebendem Schenkel (**Bild 8.6**):

$$\sigma_{b,max} = \frac{\dfrac{i}{k_B} \cdot M_b}{W} = \frac{\dfrac{i}{k_B} \cdot M_b}{\dfrac{2 \cdot I}{d_a}} = 3 \cdot \frac{i}{k_B} \cdot E \cdot \frac{\Delta L \cdot d_a}{L_A^2} \qquad (8.15)$$

Flexibilitätsfaktor k_B und Spannungserhöhungsfaktor i sind jeweils Verhältniszahlen mit folgenden Bedeutungen:

[3] z.B. nach der US-amerikanischen Norm ASME B31.1 („Power Piping") [*41*] oder der FDBR-Richtlinie „Berechnung von Kraftwerksrohrleitungen" [*42*]

Tabelle 8.3: Beispiele für Flexibilitätsfaktoren und Spannungserhöhungsfaktoren nach ASME B 31.1 und TRR 100

Formstück	Form-faktor h	Flexibilitäts-faktor k_B	Spannungs-erhöhungsfaktor i
Bogen	$\dfrac{4 \cdot r \cdot s}{d_m^2}$	$\dfrac{1{,}65}{h}$	$\dfrac{0{,}9}{h^{2/3}}$
T-Stück (eingeschweißt)	$\dfrac{8{,}8 \cdot s}{d_m}$	1	$\dfrac{0{,}9}{h^{2/3}}$
Wellrohr, Wellrohrb ogen		5	$2{,}5$

$$k_\mathrm{B} = \frac{\text{Biegesteifigkeit des geraden Rohres}}{\text{Biegesteifigkeit des Bauteils}} \geq 1$$

$$i = \frac{\text{entstehende Spannung im Bauteil}}{\text{entstehende Spannung im geraden Rohr}} \geq 1$$

Sie dürfen nur eingesetzt werden, wenn ihr Wert jeweils ≥ 1 ist. In **Tabelle 8.3** sind einige Beispiele tabelliert. Z.B. ASME 31.1 [*41*], die TRR 100 und die FDBR-Richtlinie „Berechnung von Kraftwerksrohrleitungen" [*42*] enthalten umfangreichere und detailliertere Angaben. Dort sind auch Einschränkungen für einige Werte enthalten, die in **Tabelle 8.3** nicht übernommen wurden.

8.3 Ausgleich der Wärmedehnung durch Biegeschenkel

Um die Beanspruchungen von Rohrleitungen aus Wärmedehnung im Rahmen zulässiger Grenzen zu halten, sind die Dehnungen auf geeignete Weise auszugleichen. Dazu stehen zwei grundsätzliche Prinzipien zur Verfügung:

- Dehnungsausgleich durch Biege- und Torsionsschenkel („natürlicher" Dehnungsausgleich)
- Dehnungsausgleich durch Kompensatoren („künstlicher" Dehnungsausgleich)

Für die notwendigen „rohrstatischen" Berechnungen, die sehr komplex sein können, werden heute Computerprogramme eingesetzt[4]. Im Folgenden wird der Dehnungsausgleich durch Biegeschenkel in einfachen ebenen Systemen behandelt. Für den Dehnungsausgleich durch Kompensatoren folgt ein eigener Abschnitt.

8.3.1 Anordnung von Biegeschenkeln

Zum Dehnungsausgleich durch Biegeschenkel werden jeweils zwischen zwei Festpunkten eine oder mehrere Richtungsänderungen in die Rohrleitung eingebaut. Dadurch entstehen Biegeschenkel, die in der Regel senkrecht zueinander angeordnet sind. Die Längenänderung eines Schenkels erzeugt dann Biegung in einem oder zwei angrenzenden Schenkeln. Sind sämtliche Biegeschenkel hinreichend lang, so dass die entstehende Biegespannung nicht zu groß wird, nimmt das System die Längenänderung flexibel auf.

Grundsätzlich lassen sich L-, Z- und U-Systeme unterscheiden (**Bild 8.4**). Wesentlich für die Berechnung ist zunächst herauszufinden, an welcher Stelle die größte Biegespannung im System auftritt. Dazu ist zu klären:

- welcher Schenkel stärker ausgebogen und damit der Biegeschenkel wird;
- wie groß die schiebende Länge ist, die Biegung im Biegeschenkel erzeugt;

---

[4] siehe hierzu z.B. [*1*]

- ob die Dehnung der schiebenden Länge nur in einem angrenzenden Schenkel oder in mehreren Biegespannung erzeugt;

- ob die größte Biegespannung an einer festen Einspannung (Festlager), in einem Formstück oder sowohl als auch auftritt

8.3.2 Berechnung der notwendigen Länge von Biegeschenkeln

Aus den *Gleichungen 8.11, 8.14 und 8.15* im vorigen Abschnitt ist ersichtlich, dass die Biegespannung aus Wärmedehnung mit zunehmender Ausladelänge des Biegeschenkels abnimmt. Das Kriterium für die Mindest-Ausladelänge L_A eines Biegeschenkels (siehe z.B. **Bild 8.6**) ist die zulässige Spannung σ_{zul} in diesem Schenkel. Sie hängt vom Werkstoff, dem notwendigen Sicherheitsbeiwert und der Höhe der weiteren Beanspruchungen ab, die auf die Rohrleitung wirken (siehe hierzu *Abschnitt 9.3 „Gesamtbeanspruchung von Rohrleitungen"*).

8.3.2.1 Fest eingespannte Biegeschenkel

Damit die Spannung an der festen Einspannung eines gelenkig angeschlossenen Biegeschenkels (**Bild 8.5**) nach *Gleichung 8.11* den zulässigen Wert nicht überschreitet, muss folgende Bedingung erfüllt sein:

$$\sigma_{b,max} = \frac{3}{2} \cdot E \cdot \frac{\Delta L \cdot d_a}{L_A^2} \leq \sigma_{zul} \qquad (8.16)$$

Daraus ergibt sich die notwendige Ausladelänge L_A für fest eingespannte Biegeschenkel:

$$L_A \geq \sqrt{\frac{3}{2} \cdot \frac{E}{\sigma_{zul}} \cdot \Delta L \cdot d_a} \qquad (8.17)$$

mit der Längenänderung ΔL durch Wärmedehnung der schiebenden Länge L_s nach *Gleichung 8.4* und $\beta_L = \bar{\beta}_L$.

8.3.2.2 Nicht fest eingespannte Biegeschenkel

Wie oben beschrieben können außer an festen Einspannstellen große Spannungen auch in den Formstücken entstehen, über welche die schiebenden Schenkel mit den Biegeschenkeln verbunden sind (**Bild 8.6**). Beispielsweise in U-Bogen-Dehnungsausgleichern (**Bild 8.4**) treten die wesentlichen Biegespannungen nur in den Bögen und nicht an den Festlagern auf. Damit diese Spannungen nach *Gleichung 8.15* den zulässigen Wert nicht überschreiten, muss folgende Bedingung erfüllt sein:

$$\sigma_{b,max} = 3 \cdot \frac{i}{k_B} \cdot E \cdot \frac{\Delta L \cdot d_a}{L_A^2} \leq \sigma_{zul} \qquad (8.18)$$

Daraus ergibt sich die notwendige Ausladelänge L_A für Biegeschenkel, in denen die größten Spannungen im Formstück auftreten, nach folgender Gleichung:

$$L_A \geq \sqrt{3 \cdot \frac{i}{k_B} \cdot \frac{E}{\sigma_{zul}} \cdot \Delta L \cdot d_a} \qquad (8.19)$$

mit der Längenänderung ΔL wie in *Gleichung 8.17*.

Dies gilt z.B. für U-Systeme (**Bild 8.4**), weil dort die wesentlichen Biegespannungen nur in den Umlenkungen (Formstücken) auftreten. An den Festpunkten wirken sie nicht.

In manchen Biegeschenkel-Systemen treten Biegespannungen in den Rohrleitungen sowohl an festen Einspannungen als auch in Formstücken auf (z.B. L-System und evtl. Z-System, siehe **Bild 8.4**). In diesem Fall ist wesentlich für die Berechnung der Biegeschenkellänge, an welcher Stelle diese Spannungen am größten sind. Dies hängt von der Flexibilität und der Spannungserhöhung im Formstück ab. Aus *Gleichungen 8.11 und 8.15* ist leicht ersichtlich, dass die Spannung im Formstück dann größer wird als die Spannung in der Festeinspannung, wenn:

$$3 \cdot \frac{i}{k_B} > \frac{3}{2} \text{ bzw. } \frac{i}{k_B} > \frac{1}{2} \qquad (8.20)$$

Im Fall $\dfrac{i}{k_B} > \dfrac{1}{2}$ muss also die notwendige Biegeschenkellänge L_A mit *Gleichung*

8.19 berechnet werden, im Fall $\dfrac{i}{k_B} < \dfrac{1}{2}$ mit *Gleichung 8.17*. Dies gilt wie beschrieben nur, wenn sowohl am Festpunkt als auch in Formstücken Biegespannungen durch Rohrdehnung auftreten.

8.3.2.3 Vorspannung

Wird ein Biegeschenkel bei der Montage entgegen der Richtung, in die ihn später die Wärmedehnung des schiebenden Schenkels biegt, z.B. um die Länge ΔL_V vorgedehnt und damit „vorgespannt", so hebt ein Teil der Wärmedehnung zunächst diese Vorspannung („Vordehnung") auf (**Bild 8.8**). Damit wird der Biegeschenkel bei voller Wärmedehnung der schiebenden Länge L_s wesentlich weniger ausgebogen als ohne Vorspannung. Die notwendige Biegeschenkellänge wird damit kleiner.

Nach den *Gleichungen 8.17 und 8.19* ist:

$$L_A \sim \sqrt{\Delta L} \qquad (8.21)$$

Definiert man eine relative Vordehnung V als:

$$V = \frac{\Delta L_V}{\Delta L} \qquad (8.22)$$

so ergibt sich:

$$\frac{L_{A,V}}{L_A} = \frac{\sqrt{\Delta L - \Delta L_V}}{\sqrt{\Delta L}}$$

$$= \frac{\sqrt{\Delta L - \Delta L \cdot V}}{\sqrt{\Delta L}} = \sqrt{1 - V} \qquad (8.23)$$

und

$$L_{A,V} = L_A \cdot \sqrt{1 - V} \qquad (8.24)$$

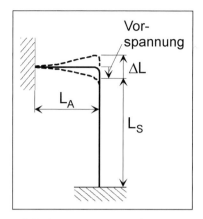

Bild 8.8: Vorspannung eines L-Systems

mit:

L_A = notwendige Ausladelänge des Biegeschenkels ohne Vorspannung

$L_{A,V}$ = notwendige Ausladelänge des Biegeschenkels mit Vorspannung

Bei einer üblichen Vorspannung von 50% (Vordehnung $V = 0{,}5$) ergibt sich daraus:

$$L_{A,V} = L_A \cdot \sqrt{1 - 0{,}5} = 0{,}71 \cdot L_A \qquad (8.25)$$

Es ist zu beachten, dass *Gleichung 8.24* die notwendige Länge des Biegeschenkels während des Betriebes unter Wärmedehnung berechnet, nicht die notwendige Länge des Biegeschenkels unter Vorspannung. Sie ist daher nur für $V \leq 0{,}5$ sinnvoll anwendbar. Ist $V > 0{,}5$ so ist die Vorspannung im Biegeschenkel größer als die Spannung während des Betriebs. In diesem Fall müsste die notwendige Länge des Biegeschenkels nach *Gleichung 8.17 bzw. 8.19* mit ΔL_V anstatt ΔL berechnet werden.

8.3.3 Elastizität beliebig geformter Systeme

Ein Rohrsystem gilt dann als elastisch, wenn bei maximaler Wärmedehnung an keinem Punkt die zulässige Spannung überschritten wird. Im Laufe des 20ten Jahrhunderts wurden hierzu analytische Methoden entwickelt und verfeinert[5]. Für komplexere als die oben beschriebenen einfachen ebenen Biegeschenkelsysteme wird der Aufwand hierfür schnell sehr

---

[5] Eine kurze Übersicht hierzu gibt z.B. Fischer, D.: „Berechnungsprogramme für Rohrleitungen", in [8]

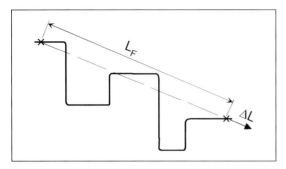

Bild 8.9: Beispiel eines „beliebig geformten" Systems

hoch. So werden heute für Berechnungen dieser Art Computerprogramme auf Basis der Finite Elemente Methode (FEM) eingesetzt[6].

Für überschlägige Betrachtungen kann die Elastizität beliebig geformter Systeme zwischen zwei Festpunkten ohne Zwischenlager auch pauschal abgeschätzt werden. Dem liegen zunächst folgende Überlegungen zugrunde (siehe **Bild 8.9**):

- Ein beliebig geformtes Rohrsystem ohne führende Zwischenlager dehnt sich in Richtung der direkten Verbindung der beiden Endpunkte aus.

- Die schiebende Länge L_s ist gleich der direkten Verbindung L_F zwischen den beiden Endpunkten (Festlagern).

Je größer die Gesamtlänge L der Rohrleitung zwischen den beiden Festpunkten mit vorgegebenem Abstand ist, desto größer ist seine Elastizität. Das Verhältnis von Gesamtlänge L des Systems zum direkten Abstand der Festpunkte L_F kann daher zur Abschätzung der Elastizität dienen. Man geht von folgendem Ansatz aus:

$$L = L_s + L_A = L_F + L_A \tag{8.26}$$

mit:

L_A = Ausladelänge der Biegeschenkel

Eingesetzt in *Gleichung 8.17* (gelenkiges L-System) mit ΔL nach *Gleichung 8.4* ergibt sich:

$$\frac{L}{L_F} \geq 1 + \sqrt{\frac{3}{2} \cdot \frac{E}{\sigma_{zul}}} \cdot \sqrt{\overline{\beta}_L \cdot \Delta\vartheta} \cdot \sqrt{\frac{d_a}{L_F}} \tag{8.27}$$

Ist diese Bedingung erfüllt, so kann das System als elastisch betrachtet werden, sofern es sich um ein gelenkig verbundenes L-System (**Bild 8.5**) handelt. Zur Beurteilung der Elastizität beliebig geformter Systeme, die bezüglich der Elastizität ungünstiger als ein L-System sein können und in denen außerdem Spannungserhöhungen in Formstücken stattfinden, kann z.B. ein zusätzlicher Sicherheitsfaktor S berücksichtigt werden:

$$\frac{L}{L_F} \geq 1 + S \cdot \sqrt{\frac{3}{2} \cdot \frac{E}{\sigma_{zul}}} \cdot \sqrt{\overline{\beta}_L \cdot \Delta\vartheta} \cdot \sqrt{\frac{d_a}{L_F}} \tag{8.28}$$

mit z.B. $S=2$ [43].

---

[6] ebenda und [1]

In ASME B31.1 (Abschnitt 119.7) ist folgendes Elastizitäts-kriterium für Eisenwerkstoffe angegeben[7]:

$$\frac{D \cdot Y}{(L-U)^2} \leq 208,3 \qquad (8.29)$$

mit:

D = Rohr-Nenngröße (Nennweite) nach US-amerikani-scher Norm (siehe **Tabelle 8.4**) in mm

Y = resultierende Wärmedehnung, die kompensiert wer-den muss, in mm

L = Gesamtlänge des Rohrsystems in m

U = direkter Abstand der Festlager in m

Setzt man:

$D = d_N$ = Nennweite nach US-amerikanischer Norm

$Y = L_F \cdot \overline{\beta}_L \cdot \Delta\vartheta$

$U = L_F,$

so ergibt sich daraus folgende dimensionsgerechte Glei-chung:

$$\frac{L}{L_F} \geq 1 + 69,3 \cdot \sqrt{\beta_L \cdot \Delta\vartheta} \cdot \sqrt{\frac{d_N}{L_F}} \qquad (8.30)$$

Es sei nochmals darauf hingewiesen, dass die hier in *Ab-schnitt 8.3.3* beschriebenen Kriterien nur für überschlägige Abschätzungen der Elastizität geeignet sind.

8.4 Ausgleich der Wärmedehnung mit Wellrohrkompen-satoren

Der Dehnungsausgleich in Rohrleitungen kann auch durch besondere dafür bestimmte flexible Komponenten erfolgen. Solche Einbauten werden meist Kompensatoren[8] genannt.
Die größte Bedeutung haben Wellrohrkompensatoren, für bestimmte Anwendungen sind je-doch z.B. auch Gummikompensatoren besonders geeignet (siehe *Abschnitt 4.1.5*)

8.4.1 Anordnung von Kompensatoren

Bild 8.10 gibt eine Übersicht über die Anordnung von Axial- und Gelenkkompensatoren in Rohrleitungen und die Charakteristika dieser Kompensationsarten [*33*]. Axialkompensatoren

Tabelle 8.4: Übliche Nenn-weiten (Nominal Pipe Sizes „NPS") nach US-Amerika-nischem Standard (1 Inch = 25,4mm); Werte aus [7]

Inches (Zoll)	mm
0,375	9,525
0,5	12,7
0,75	19,05
1	25,4
1,25	31,75
1,5	38,1
2	50,8
2,5	63,5
3	76,2
4	101,6
6	152,4
8	203,2
10	254
12	304,8
14	355,6
16	406,4
18	457,2
20	508
22	558,8
24	609,6
26	660,4
28	711,2
30	762
32	812,8
34	863,6
36	914,4

[7] In ASME B31.1 wird darauf hingewiesen, dass diese Beziehung nicht immer konservative Werte liefert.
[8] auch der Begriff „Dehnungsausgleicher" ist anzutreffen

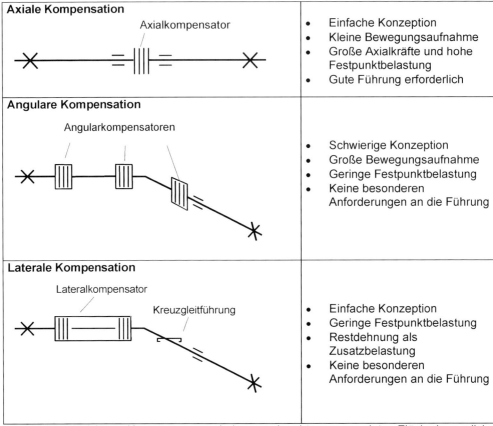

Axiale Kompensation

Axialkompensator

- Einfache Konzeption
- Kleine Bewegungsaufnahme
- Große Axialkräfte und hohe Festpunktbelastung
- Gute Führung erforderlich

Angulare Kompensation

Angularkompensatoren

- Schwierige Konzeption
- Große Bewegungsaufnahme
- Geringe Festpunktbelastung
- Keine besonderen Anforderungen an die Führung

Laterale Kompensation

Lateralkompensator

Kreuzgleitführung

- Einfache Konzeption
- Geringe Festpunktbelastung
- Restdehnung als Zusatzbelastung
- Keine besonderen Anforderungen an die Führung

Umrandet gezeichnete Kompensatoren sind nur senkrecht zur umrandeten Fläche beweglich

Bild 8.10: Prinzipien und Charakteristika der verschiedenen Kompensationsarten mit Wellrohrkompensatoren

eignen sich zur Aufnahme von Dehnungen in geraden Rohrleitungsstrecken. Die Strecken müssen durch Festpunkte begrenzt und die Rohrleitungen dazwischen in geeigneten Gleit- oder Rollenlagern (siehe *Abschnitt 4.1.4*, *Rohrhalterungen*) geführt werden. Der Kompensator kann jeweils symmetrisch, d.h. mittig in dem kompensierten Rohrleitungsabschnitt, oder unsymmetrisch angeordnet werden. Angularkompensatoren sind Rohrgelenkstücke, die Winkelbewegungen ausführen können (**Bilder 4.24** und **4.25**). Lateralkompensatoren sind Gelenksysteme, die keine Winkelbewegungen (Angularbewegungen), sondern nur seitliche Parallelbewegungen (Lateralbewegungen) zulassen. Die Kräfte aus dem Rohrinnendruck werden an Angular- und Lateralkompensatoren durch Gelenkanker aufgenommen, die Teil der Kompensatoren sind.

Eine vollständige Gelenkkompensation ist nur mit drei Gelenken möglich (siehe „Angularkompensation" in **Bild 8.10**). Mit zwei Gelenken (zwei Angularkompensatoren oder ein Lateralkompensator) bleibt jeweils eine Restdehnung, die den angrenzenden Rohrschenkel ausbiegt (siehe „Lateralkompensation" in **Bild 8.10** und Berechnung im nächsten Abschnitt).

Die notwendige Bewegungsaufnahme der Kompensatoren kann durch Vorspannung wesentlich verringert werden. Dazu wird das Kompensationssystem bei der Montage entgegen der Richtung vorgedehnt, in die es später durch die Wärmedehnung bewegt wird (siehe auch Vorspannung von Biegeschenkeln in *Abschnitt 8.3.2.3*).

8.4.2 Rohrführung und -lagerung

Aus **Bild 8.10** geht hervor, dass beim Einsatz von Axialkompensatoren besondere Anforderungen an Festlager und Führungen der Rohrleitung gestellt werden. Axialkompensatoren können leicht seitlich ausknicken. Außerdem steht auch die Rohrleitung wegen der hohen Axialkräfte unter Druckspannung, was zu deren Ausknicken führen könnte. Dies ist bei der Anordnung der Führungslager zu berücksichtigen. Besonders direkt neben Axialkompensatoren sind kleine Lagerabstände notwendig (**Bild 8.11**).

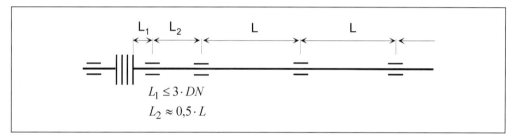

Bild 8.11:   Anordnung von Führungslagern bei axialer Kompensation

Bei Lateralkompensatoren ist zu beachten, dass sie eine Bogenbewegung ausführen, welche die jeweils angrenzenden Rohrschenkel ausbiegt (**Bild 8.12**). Wird zur Vermeidung dieser Biegung kein zusätzlicher Angularkompensator eingebaut, so ist dies bei der Länge des angrenzenden Schenkels zu berücksichtigen (siehe *Abschnitt 8.3.2 „Berechnung der notwendigen Länge von Biegeschenkeln"*). Die Höhe h des Bogens, den das Kompensatorsystem während seiner Auslenkung beschreibt, ergibt sich zu:

$$h = L_\mathrm{K} - \sqrt{L_\mathrm{K}^2 - \Delta L^2} \qquad (8.31)$$

mit:

L_K = Abstand der Gelenkpunkte des Lateralkompensators

ΔL = Auslenkung des Kompensators

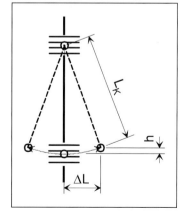

Bild 8.12:   Lateralbewegung

8.4.3 Kompensatorauswahl

Im *Abschnitt 4.1.5* sind die Charakteristika und Einsatzgrenzen verschiedener Kompensatormaterialien aufgezeigt. **Bild 8.10** oben zeigt außerdem die Charakteristika und möglichen Bewegungsrichtungen von Metallbalgkompensatoren. Entsprechend sind die geeigneten Materialien und Bauarten für die jeweiligen Anwendungsfälle auszuwählen.

Zur Bestimmung der Größe eines bestimmten Kompensators werden üblicherweise Herstellerangaben herangezogen, in denen für die verschiedenen Rohrnennweiten DN die nominale Bewegungsaufnahme ΔL_N abhängig vom Nenndruck PN tabelliert ist [*33*]. In der Regel sind jedoch Korrekturrechnungen notwendig, um folgende Bedingungen zu berücksichtigen:

*   Der Betriebsdruck p_B ist nicht immer gleich einer PN-Stufe.

*   Kompensatoren werden meist mit wesentlich höheren Temperaturen als 20°C beaufschlagt, während der PN auf 20°C bezogen ist.

*   Die vom Hersteller angegebene nominale Bewegungsaufnahme ΔL_N eines Kompensators gilt im allgemeinen für 1000 Lastwechsel, bei höheren Lastwechselzahlen darf die nominale Bewegungsaufnahme nicht voll ausgenützt werden.

Zur Berücksichtigung dieser Einflüsse wird die erforderliche nominale Bewegungsaufnahme ΔL_{erf} eines Kompensators aus der tatsächlich notwendigen Bewegungsaufnahme ΔL (= tatsächlich vorhandene Dehnung) mit einem Korrekturfaktor k berechnet:

$$\Delta L_{erf} = \frac{\Delta L}{k} \tag{8.32}$$

Der Korrekturfaktor k ist das Produkt der Einflussfaktoren von [*33*]:

*   Temperatur (k_ϑ; **Tabelle 8.5**)

*   Druck ($k_{p,RT}$; **Tabelle 8.6**) und

*   Lastwechselzahl k_n (**Tabelle 8.7**):

$$k = k_\vartheta \cdot k_{p,RT} \cdot k_n$$

Tabelle 8.5: Temperaturabhängige Einflussfaktoren auf die Kompensatorauswahl (aus [*33*])

	Arbeitstemperatur ϑ_A in °C								
	100	200	300	400	500	600	700	800	900
Einflußfaktor k_ϑ auf die Bewegungsgröße	1	0,9	0,85	0,8	0,75	0,7	0,6	0,5	0,3
Abminderungsfaktor $k_{p,\vartheta}$ für den Druck	0,85	0,77	0,68	0,63	0,6	0,57	0,24	0,1	0,02
Balg-Werkstoff	1.4541					Incoloy 800 H			

Tabelle 8.6: Druckeinfluss auf die Bewegungsaufnahme von Wellrohrkompensatoren (aus [*33*])

Druckverhältnis p_{RT}/PN	1	0,8	0,6	0,4	0,2	0
Einflußfaktor $k_{p,RT}$	1	1,03	1,06	1,1	1,13	1,15

Der Druck-Einflussfaktor $k_{p,RT}$ hängt ab von dem Verhältnis $\dfrac{p_{RT}}{PN}$ des Betriebsdruckes bei Raumtemperatur p_{RT} zur Nenndruckstufe PN (**Tabelle 8.6**). Ein Betriebsdruck p_B, der bei höherer Temperatur auftritt, muss daher zunächst in einen äquivalenten Druck bei Raumtemperatur p_{RT} umgerechnet werden. Dazu dient der Druck-Abminderungsfaktor $k_{p,\vartheta}$ (**Tabelle 8.5**):

$$p_{RT} = \frac{p_B}{k_{p,\vartheta}} \tag{8.33}$$

Tabelle 8.7: Einfluss der Lastspielzahl auf die Bewegungsaufnahme von Wellrohrkompensatoren (aus [33])

Lastspiele n	Einflußfaktor k_n
500	1,15
1.000	1,0
2.000	0,85
4.000	0,7
7.000	0,6
10.000	0,55
20.000	0,45
50.000	0,35
100.000	0,3
200.000	0,25
500.000	0,2
1.000.000	0,15
2.000.000	0,1
5.000.000	0,07
10.000.000	0,05

8.5 Festpunktbelastung bei Wärmedehnung

Auf die Festpunkte, die Kompensationssysteme begrenzen, wirken folgende zusätzliche Kräfte aus Wärmedehnung in Längsrichtung der Rohrleitung:

- Verstellkraft von Biegeschenkeln oder Kompensatoren
- Reibkraft in den Gleitlagern
- Druckreaktionskraft nicht entlasteter Kompensatoren

Die Verstellkraft eines Biegeschenkels kann unter Annahme gelenkiger Verbindung (siehe **Bild 8.5**) nach *Gleichung 8.9* berechnet werden. Die Verstellkraft eines Kompensators hängt von der Federkonstante c_F des Kompensatorbalges ab und wird wie die Federkraft F_F elastischer Federn berechnet, wobei die aufzunehmende Rohrdehnung ΔL dem Federweg entspricht:

$$F_F = c_F \cdot \Delta L \tag{8.34}$$

Wird die Rohrleitung zwischen den Festpunkten in Gleitlagern geführt, so entsteht die Reibkraft F_R:

$$F_R = \mu \cdot F_G \tag{8.35}$$

mit:

μ = Reibungskoeffizient

F_G = Gewichtskraft des Rohres

Die Druckreaktionskraft F_p von Kompensatorbälgen resultiert daraus, dass der innere Überdruck in der Rohrleitung versucht, den Balg auseinander zu drücken bzw. äußerer Überdruck versucht, ihn zusammenzudrücken:

$$F_p = p_e \cdot A_p \tag{8.36}$$

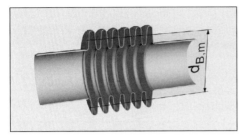

Bild 8.13: Mittlerer Balgdurchmesser für die Berechnung der Druckreaktionskraft

Die Fläche A_p, auf die er wirkt, wird üblicherweise „wirksamer Balgquerschnitt" genannt[9] und vom Hersteller angegeben. Überschlägig kann sie auch wie folgt berechnet werden:

$$A_p \approx \frac{\pi}{4} \cdot d_{B,m}^2 \qquad (8.37)$$

mit dem mittlerer Balgdurchmesser als Mittelwert zwischen äußerem und innerem Balgdurchmesser:

$$d_{B,m} = \frac{d_{B,a} + d_{B,i}}{2} \qquad (8.38)$$

(Bild 8.13)

Die Gesamtkraft F_{FP}, die in Längsrichtung eines Wellrohr-kompensierten Rohrleitungsabschnittes auf die Festpunkte wirkt, errechnet sich damit zu:

$$F_{FP} = F_F + F_R + F_p \qquad (8.39)$$

Im Falle der Kompensation durch Biegeschenkel tritt keine Druckreaktionskraft F_p auf.

---

[9] z.B. [1] und [43]

9 Festigkeitsberechnung von Rohrleitungen

Druckrohrleitungen unterliegen wie Druckbehälter Beanspruchungen aus innerem oder äußerem Überdruck sowie zusätzlichen Beanspruchungen aus äußeren Kräften und Eigenspannungen. Wie bei Druckbehältern werden üblicherweise auch die Wanddicken von Rohrleitungen zunächst gegen den maximal zu erwartenden Überdruck dimensioniert und anschließend gegebenenfalls gegen zusätzliche Beanspruchungen nachgerechnet.

Rohrleitungen bestehen zum größten Teil aus geraden Rohren, deren Beanspruchungen durch Überdruck denen von zylindrischen Druckbehältern entsprechen. Auch die Beanspruchungen von Abzweigen, konischen Reduzierungen und Erweiterungen (kegelförmige Wände) verhalten sich so wie die entsprechender Druckbehältermäntel. Besonderheiten stellen z.B. Bögen dar, die im Folgenden speziell behandelt werden. Auf die Wanddickenberechnung von Armaturen, die sehr unterschiedlich geformt sind, soll hier nicht eingegangen werden.

Spezielle zusätzliche Beanspruchungen von Rohrleitungen, die bei Druckbehältern nicht auftreten, resultieren insbesondere aus Auflagerung und Wärmedehnung. Diese wurden bereits im *Kapitel 8 „Lagerung und Dehnungsausgleich von Rohrleitungen"* behandelt. Auf die Gesamtbeanspruchung aus Überduck und zusätzlichen Beanspruchungen wird am Ende des vorliegenden Kapitels eingegangen.

Tabelle 9.1: Berechnung der Wanddicke von Stahlrohren nach DIN 2413-1: 1993-10 mit Beispielen für Festigkeitswerte und zugehörige Sicherheitsbeiwerte

Geltungsbereich		Vergleichs-wandstärke s_V *)	Festigkeits-kennwert K	Sicherheits-beiwert S **)
I	vorwiegend ruhend, $\leq 120°C$ $\dfrac{d_a}{d_i} \leq 2$	$s_V = \dfrac{d_a \cdot p_e}{2 \cdot \sigma_{zul} \cdot \upsilon_N}$	$\check{R}_{p0,2/20°C}$	1,5 ($A \geq 25\%$) ***) 1,6 ($A = 20\%$) 1,7 ($A = 15\%$)
II	vorwiegend ruhend, $>120°C$ $\dfrac{d_a}{d_i} \leq 1,67$	$s_V = \dfrac{d_a}{\dfrac{2 \cdot \sigma_{zul}}{p_e} \cdot \upsilon_N + 1}$	$\check{R}_{p0,2/\vartheta}$	1,5
	$1,67 < \dfrac{d_a}{d_i} \leq 2$	$s_V = \dfrac{d_a}{\dfrac{3 \cdot \sigma_{zul}}{p_e} \cdot \upsilon_N - 1}$	$\check{R}_{m/200000/\vartheta}$	1,0
III	schwellend, $\leq 120°C$ $\dfrac{d_a}{d_i} \leq 2$	$s_V = \dfrac{d_a}{\dfrac{2 \cdot \sigma_{zul}}{\hat{p}_e - \check{p}_e} - 1}$	$\check{\sigma}_{Sch/n}$ $\check{\sigma}_{Sch/D}$	$S_L \geq 2$ 1,5

*) υ_N = Schweißnahtfaktor (Wertigkeit der Schweißnaht für Längsnaht und Schraubenliniennaht)

**) mit Abnahmeprüfzeugnis nach DIN 50049 (heute DIN EN 10204: 1995-08); teilweise sind Rohre ohne Abnahmeprüfzeugnis zugelassen, dann gelten jedoch erhöhte Sicherheitsbeiwerte.

***) A = Bruchdehnung (z.B. A = 25% für St 37; A = 21% für St 52)

9.1 Wanddickenberechnung von geraden Rohren

Wie oben bereits erwähnt entsprechen die Beanspruchungen aus Überdruck in geraden Rohrleitungen denen in zylindrischen Druckbehältern. Diese wurden in *Kapitel 6 „Beanspruchungen von Druckbehälterwänden"* behandelt. Die Wanddickenberechnung von Rohren erfolgt auch grundsätzlich nach den in *Kapitel 7 „Wanddickenberechnung von Druckbehältern"* dargelegten Regeln. Das Folgende beschränkt sich auf Zusammenfassungen und Besonderheiten für Rohre.

9.1.1 Rohre aus Stahl

Neben den in **Tabelle 7.2** zusammengestellten Richtlinien zur Wanddickenberechnung von Druckbehältern und Dampfkesseln, die auch für zugehörige Druckrohre gelten, sei hier zusätzlich auf DIN 2413-1[1] „Berechnung der Wanddicke von Stahlrohren gegen Innendruck" hingewiesen. Sie unterscheidet nach Betriebstemperatur und Belastungsart drei Geltungsbereiche. In **Tabelle 9.1** sind die Gleichungen für die Berechnung der notwendigen Mindestwanddicke s_V mit den möglichen Festigkeitskennwerten K und zugehörigen Sicherheitsbeiwerten S zusammengestellt. Es ist vorgesehen, DIN 2413-1 durch DIN EN 13480-3 „Metallische industrielle Rohrleitungen; Konstruktion und Berechnung" zu ersetzen, die derzeit im Entwurf vom Juli 1999 vorliegt. DIN 13480 wird die grundlegenden Sicherheitsanforderungen des Anhangs I der europäischen Druckgeräte-Richtlinie[2] ausfüllen (siehe hierzu auch *Abschnitt 2.3*).

Tabelle 9.2 enthält beispielhaft statische Festigkeitskennwerte für einige Rohrstähle. Aufgrund des Kriechverhaltens von Stahl bei hohen Temperaturen ist dort bei der Temperatur ϑ neben der Warmdehngrenze (z.B. $R_{p0,2/\vartheta}$) die Zeitstandsfestigkeit $R_{m/t/\vartheta}$ nach t Stunden als Festigkeitskennwert relevant. In bestimmten Fällen kann anstatt der 0,2%-Dehngrenze auch die 1%-Dehngrenze verwendet werden. Für die Zeitstandsfestigkeit kommen in Betracht (jeweils Mindestwerte):

- 200.000 Stunden ($R_{m/200.000/\vartheta}$) mit Sicherheitsbeiwert $S=1,0$

- 100.000 Stunden ($R_{m/100.000/\vartheta}$) mit Sicherheitsbeiwert $S=1,5$

- kürzere Bezugszeiten bei entsprechender Überwachung

In den Temperaturbereichen, in denen sowohl Warmstreckgrenzen als auch Zeitstandsfestigkeiten relevant sind, ist aus beiden jeweils die zulässige Spannung $\sigma_{zul} = K/S$ zu berechnen und der niedrigere Wert für die Wanddickenberechnung nach DIN 2413, Geltungsbereich II zu verwenden.

Bei schwellender Innendruckbeanspruchung werden in DIN 2413-1 drei Fälle jeweils für Temperaturen bis 120°C unterschieden:

1. Die zu erwartende Lastspielzahl ist kleiner als eine vorgegebene Grenzlastspielzahl.

2. Die zu erwartende Lastspielzahl ist größer als die Grenzlastspielzahl und die Lastspiele weisen die gleiche Schwingbreite auf.

---

[1] berücksichtigte Ausgabe: DIN 2413-1: 10-1993

[2] „Richtlinie des Europäischen Parlaments und des Rates zur Angleichung der Rechtsvorschriften der Mitgliedstaaten über Druckgeräte" (97/23/EG vom 29.05.1997)

Tabelle 9.2: Beispiele für Festigkeitskennwerte zur Wanddickenberechnung von Stahlrohren für Wanddicken $s \leq 16\,\text{mm}$

Stahlsorte	Rm N/mm²		Dehngrenzen R_{eH} bzw. $R_{p0,2}$ und Zeitstandsfestigkeiten $R_{m/t/9}$ in N/mm²												
			20 °C	50 °C	100 °C	150 °C	200 °C	250 °C	300 °C	350 °C	400 °C	450 °C	500 °C	550 °C	600 °C
Rohre aus unlegierten Baustählen (DIN 1626, 1628, 1629, 1630: alle 1984-10) *)															
USt 37.0 / St 37.0 / St 37.4	≥ 350	$R_{eH};\ R_{p0.2/9}$	235	235			185	165	140						
St 52.0 / St 52.4	≥ 500	$R_{eH};\ R_{p0.2/9}$	355	355			245	225	195						
Rohre aus warmfesten Stählen (DIN 17175 und 17177: beide 1979-05) **)															
St 35.8 (1.0305) / St 37.8 (1.0315)	≥ 360	$R_{eH};\ R_{p0.2/9}$	235				185	165	140	120	110	105			
		$R_{m/200.000/9}$									115	57			
15Mo3 (1.5415)	≥ 450	$R_{eH};\ R_{p0.2/9}$	270				225	205	180	170	160	155	150		
		$R_{m/200.000/9}$										228	75		
10 CrMo 9 10 (1.7380)	≥ 450	$R_{eH};\ R_{p0.2/9}$	280				245	240	230	215	205	195	185		
		$R_{m/200.000/9}$										201	120	58	28
Rohre aus austenitischen nichtrostenden Stählen (DIN 17457, 17458: beide 1985-07) ***)															
X 5 CrNi 18 9 (1.4301)	≥ 500	$R_{p0.2/9}$	195	177	157	142	127	118	110	104	98	95	92	90	
X 5 CrNiMo 17 12 2 (1.4401)	≥ 510	$R_{p0.2/9}$	205	196	177	162	147	137	127	120	115	112	110	108	
X 10 CrNiTi 18 9 (1.4541)	≥ 500	$R_{p0.2/9}$	200	190	176	167	157	147	136	130	125	121	119	118	

*) Die Bezeichnungen der Stähle beziehen sich auf die frühere DIN 17100. Heute gilt DIN EN 10027-1. Zum Vergleich der Bezeichnungen siehe Kapitel „Werkstoffe". DIN 1626 und DIN 1629 sind teilweise durch DIN EN 10208-1: 1998-02 ersetzt. Die Werte von $R_{p0,2/9}$ sind nicht nachgewiesen, daher sind (z.B. um 20%) erhöhte Sicherheitsbeiwerte zu verwenden.

**) Die Bezeichnungen der Stähle beziehen sich auf die frühere DIN 17155. Heute gilt DIN EN 10028-2: 1993-04. Zum Vergleich der Bezeichnungen siehe Kapitel „Werkstoffe".

***) Die Bezeichnungen der Stähle beziehen sich auf die frühere DIN 17441. Heute gilt DIN EN 10028-7: 2000-06. Zum Vergleich der Bezeichnungen siehe Kapitel „Werkstoffe".

3. Die zu erwartende Lastspielzahl ist größer als die Grenzlastspielzahl und die Lastspiele weisen unterschiedliche Schwingbreiten auf.

Im Fall 1 reicht es aus, gegen vorwiegend ruhende Beanspruchung, d.h. nach Geltungsbereich I zu rechnen. In den Fällen 2 und 3 muss nach den Geltungsbereichen I und III gerechnet werden, die größere berechnete Wanddicke ist zu verwenden. Bei höheren Betriebstemperaturen muss auf andere Richtlinien zurückgegriffen werden, z.B. die TRD [39].

Tabelle 9.3: Beispiele für Grenzlastspielzahlen nach DIN 2413-1: 1993-10 für nahtlose und HF-geschweißte Stahlrohre

σ_{zul} in N/mm^2	$\overset{\vee}{R}_m$ in N/mm^2		
	350...450	500	600
160	100.000	> 100.000	
200	30.000	50.000	> 100.000
250		17.000	40.000
300			16.000

Bei der Ermittlung der Lastspielzahl sind nur Druckänderungen großer Schwingbreite zu berücksichtigen, vor dem Vergleich mit der Grenzlastspielzahl jedoch mit einer Lastspielsicherheit von $S_L = 10$ für Schweißnahtfaktor $v_N = 1$ bzw. $S_L = 20$ für $v_N = 0,9$ zu multiplizieren. Die Grenzlastspielzahlen sind abhängig von der Zugfestigkeit des Stahles R_m und der „der Berechnung zugrundeliegenden zulässigen Beanspruchung σ_{zul}" tabelliert. **Tabelle 9.3** enthält einige Beispiele.

Dynamische Festigkeitswerte für rein schwellende Beanspruchung sind in DIN 2413-1 in Form von Wöhler-Diagrammen für Rohre hoher Güte gegeben. Verschiedene Stahlsorten werden dort nach ihrer Zugfestigkeit unterschieden. Einflüsse von Oberfläche, Form und Schweißverfahren sind bereits berücksichtigt. **Bild 9.1** zeigt beispielhaft eines dieser Diagramme für nahtlose und HF-geschweißte Stahlrohre. Bei der Rechnung gegen Zeitschwellfestigkeit ist die Lastspielsicherheit S_L, d.h. das Verhältnis der Lastspielzahl N nach dem Wöhlerdiagramm zu der zu erwartenden Lastspielzahl n zu berücksichtigen:

$$S_L = \frac{N}{n} \tag{9.1}$$

Für Lastspiele gleicher Schwingbreite ist einzusetzen:

- $S_L = 5$ bei bekanntem Betriebslastkollektiv
- $S_L \geq 10$, wenn kein Betriebslastkollektiv, sondern nur „die zu erwartenden Druckänderungen beim An- und Abfahren" bekannt sind.

Die zulässige Spannung σ_{zul} im Zeitfestigkeitsbereich wird somit aus dem Wöhlerdiagramm für die Lastspielzahl $N = n \cdot S_L$ abgelesen. Ab einer Lastspielzahl von $N \approx 2 \cdot 10^6$ beginnt der Dauerfestigkeitsbereich. Hier wird die zulässige Spannung σ_{zul} mit der Dauerschwellfestigkeit $\sigma_{Sch,D}$ aus dem Wöhlerdiagramm und dem Sicherheitsbeiwert $S = 1,5$ berechnet:

$$\sigma_{zul} = \frac{\sigma_{Sch,D}}{S} \tag{9.2}$$

Liegen Lastspiele unterschiedlicher Schwingbreite vor, so kann die Schädigung der Rohrleitung während der Betriebszeit nach der „Schädigungs-Akkumulations-Hypothese" (siehe auch *Abschnitt 7.2.2* für Druckbehälter) abgeschätzt werden. Voraussetzung dafür ist die ge-

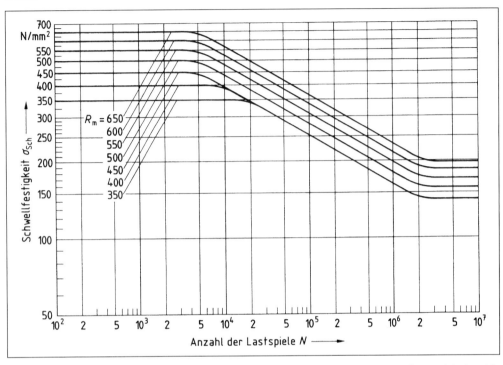

Bild 9.1: Schwellfestigkeit nahtloser Stahlrohre ($d_a > 114{,}3$mm) und HF-geschweißter Stahlrohre (alle Durchmesser, $v_N = 1$) nach DIN 2413-1: 1993-10

naue Kenntnis der Lastspielzahlen n_i für die unterschiedlichen Druckschwingbreiten $p_{max,i} - p_{min,i}$. Für jede Druckschwingbreite ist zunächst die Spannungsschwingbreite $\sigma_{Sch,i}$ zu berechnen. Dies geschieht nach der Schubspannungshypothese mit der maximalen Umfangs- und Radialspannung (siehe auch *Gleichung 6.15*):

$$\hat{\sigma}_{V,Schi,i} = \hat{\sigma}_u - \check{\sigma}_r \approx \frac{p_{max,i} - p_{min,i}}{2} \cdot \left(\frac{d_a}{s_V} + 1 \right) \tag{9.3}$$

Für jede einzelne so berechnete Spannungsschwingbreite ist die zugehörige Lastspielzahl N_i aus dem Wöhlerdiagramm zu ermitteln. Die Schädigung D der Rohrleitung lässt sich dann berechnen aus:

$$D = \sum_{i=1}^{m} \frac{n_i}{N_i} \tag{9.4}$$

Hier ist eine Lastspielsicherheit $S_L \geq 2$ wie folgt zu berücksichtigen:

$$D \leq \frac{1}{S_L} \tag{9.5}$$

Wie bei Druckbehältern sind zur Ermittlung der Bestellwanddicke s von Stahlrohren zwei Zuschläge c_1 und c_2 zur notwendigen Mindestwanddicke s_V zu addieren (siehe auch *Gleichung 7.3*):

$$s = s_V + c_1 + c_2 \qquad (9.6)$$

mit:

c_1 = Zuschlag zum Ausgleich der zulässigen Wanddickenunterschreitung (Fertigungstoleranz)

c_2 = Zuschlag für Korrosion und Abnutzung (üblich für ferritische Stähle: c_2 = 1mm; für austenitische Stähle: $c_2 = 0$)

Der Zuschlag c_1 richtet sich nach den technischen Lieferbedingungen für Stahlrohre (siehe *Abschnitt 4.1.1.1*). Ist c_1' in % der Bestellwanddicke gegeben ($c_1' = (c_1/s) \cdot 100\%$), so lassen sich der Absolutwert c_1 und die Bestellwanddicke s wie folgt berechnen:

$$c_1 = \left(s_V + c_2\right) \cdot \frac{c_1'}{100 - c_1'} \qquad (9.7)$$

$$s = \left(s_V + c_2\right) \cdot \frac{100}{100 - c_1'} \qquad (9.8)$$

mit c_1' in % der Bestellwanddicke ($c_1 = s \cdot c_1'$).

Tabelle 9.4 enthält einige Beispiele.

Tabelle 9.4: Beispiele für zulässige Wanddickenunterschreitungen von Stahlrohren

Nahtlose Rohre (DIN 1629, 1630: beide 1984-10, DIN 17175: 1979-05)			Geschweißte Stahlrohre (DIN 1626, DIN 1628: 1984-10, DIN 17177: 1979-05 kaltgefertigt)	
d_a in mm	s in mm	c_1' in %	s in mm	c_1
≤ 130	$\leq 2 \cdot s_n$	10	≤ 3	0,25 mm
	$2 \cdot s_n < s \leq 4 \cdot s_n$	10	$3 < s \leq 10$	0,35 mm
	$> 4 \cdot s_n$	9	> 10	0,5 mm bzw. n. Vereinb.
$130 < d_a \leq 320$	$\leq 0,05 \cdot d_a$	12,5		
	$0,05 \cdot d_a < s \leq 0,11 \cdot d_a$	12,5		
	$> 0,11 \cdot d_a$	10		
$320 < d_a \leq 660$	$\leq 0,05 \cdot d_a$	15 12,5 *)		
	$0,05 \cdot d_a < s \leq 0,09 \cdot d_a$	12,5		
	$> 0,09 \cdot d_a$	10		

(s_n = Normalwanddicke nach DIN 2448)
*) nur DIN 17155

Für die Wasserdruckprobe von Stahlrohrleitungen gibt DIN 2413-1 folgenden zulässigen Prüfdruck p' vor:

$$p' = B_p \cdot Y' \cdot \check{R}_{eH} \cdot \frac{2 \cdot (s - c_1) \cdot \upsilon_N}{d_a}$$
(9.9)

mit: Entlastungsfaktor: $B_p = 0{,}96$ für $\dfrac{s}{d_a} \leq 0{,}1$

$B_p = 1{,}02 - 0{,}6 \cdot \dfrac{s}{d_a}$ für $\dfrac{s}{d_a} > 0{,}1$

Nutzungsgrad[3]: $Y' \leq 0{,}95$ (= Kehrwert des Sicherheitsbeiwertes)

        υ_N = Schweißnahtfaktor

9.1.2 Rohre aus anderen metallischen Werkstoffen als Stahl

Die Wanddickenberechnung von Rohren aus anderen metallischen Werkstoffen als Stahl, z.B. aus Gusseisen oder Nichteisen-Metallen, erfolgt im wesentlichen nach den gleichen Regeln wie die von Stahlrohren. Bei statischer bzw. überwiegend statischer Beanspruchung wird allgemein die „Kesselformel" nach *Gleichung 7.5* angewendet. Zu beachten ist jeweils, ob bzw. unter welchen Voraussetzungen der jeweilige Werkstoff für die vorgesehene Anwendung zugelassen ist und welche Festigkeitskennwerte zu verwenden sind. Dies ist in unterschiedlichen Richtlinien festgelegt[4], z.B. in den AD-Merkblättern der Reihe W.

Für duktile Guss-Muffenrohre mit Mindest-Gusswanddicke s_{min} (siehe **Tabelle 4.8**) wird beispielsweise in DIN EN 545[5] der zulässige Betriebsdruck für Wasserrohre folgendermaßen angegeben[6]:

$$p_{e,zul} = \frac{2 \cdot s_{min} \cdot R_m}{d_m \cdot S}$$
(9.10)

mit: $R_m = 420 \dfrac{N}{mm^2}$

---

[3] Der Nutzungsgrad $Y \leq 0{,}95$ entspricht einem Sicherheitsbeiwert $S \geq 1{,}05$. Die Sicherheit darf hier so klein gewählt werden, weil bei der Druckprobe das Rohr kurzzeitig fast bis zur Streckgrenze beansprucht werden soll.

[4] siehe hierzu z.B. *Kapitel 3 „Werkstoffe"*

[5] berücksichtigte Ausgabe: DIN EN 545: 1995-01

[6] Die Mindestwanddicke wird in DIN EN 545: 1995-01 mit e bezeichnet. Hier wurde wegen der Durchgängigkeit mit den anderen Kapiteln s_{min} gewählt.

$S = 2,5$ z.B. für Dauerbetrieb ohne Druckstoß

$S = 3$ z.B. für Dauerbetrieb mit Druckstoß

$s_{min} = s - c_1$

zulässige Wanddickenunterschreitung:

$c_1 = 1,3mm$ für $s = 6mm$

$c_1 = 1,3mm + 0,001 \cdot DN$ mit DN in mm für $s > 6mm$

s = Bestellwanddicke

9.1.3 Rohre aus Kunststoff

Im *Abschnitt 7.6* sind Berechnungsgleichungen für Druckbehälter aus GFK nach AD-Merkblatt N1 zusammengestellt, die auch für Druckrohre aus GFK anzuwenden sind.

Für Rohrleitungen kommen außerdem häufig thermoplastische Kunststoffe zur Anwendung (siehe *Abschnitte 3.3.1 und 4.1.1.4*). Deren Wanddickenberechnung erfolgt üblicherweise nach der Kesselformel (*Gleichung 7.5*) [2]. Es ist allerdings zu beachten, dass Thermoplaste auch bei Raumtemperatur zum Kriechen neigen und ihre Festigkeit damit unter Dauerbelastung zeitabhängig ist. Für die Wanddickenberechnung muss die Zeitstandsfestigkeit verwendet werden. Der Festigkeitsberechnung ist somit eine bestimmte Belastungs- bzw. Nutzungsdauer zu Grunde zu legen.

In den neueren Normen zu Qualitätsanforderungen von Kunststoffrohren sind Gleichungen zur Berechnung der Zeitstandsfestigkeit σ in N/mm² abhängig von der Zeit t in Stunden und der Temperatur T in Kelvin angegeben, z.B:

- PVC-C 250 (DIN 8080: 2000-08):

$$\lg t = -109,95 - \frac{21897,4 \cdot \lg \sigma}{T} + \frac{43702,87}{T} + 50,74202 \cdot \lg \sigma \tag{9.11}$$

- PB (DIN 16968: 1996-12):

$$\text{flacher Ast:} \quad \lg t = -430,866 - \frac{125010 \cdot \lg \sigma}{T} + \frac{173892,7}{T} + 290,0569 \cdot \lg \sigma \tag{9.12}$$

$$\text{steiler Ast:} \quad \lg t = -129,895 + \frac{37262,7 \cdot \lg \sigma}{T} + \frac{52556,48}{T} + 88,56735 \cdot \lg \sigma \tag{9.13}$$

- PE 100 (DIN 8075: 1999-08):

$$\text{flacher Ast:} \quad \lg t = -38,9375 + \frac{24482,467}{T} - 38,9789 \cdot \lg \sigma \tag{9.14}$$

$$\text{steiler Ast:} \quad \lg t = -20,3159 + \frac{9342,693}{T} - 4,5076 \cdot \lg \sigma \tag{9.15}$$

- PE-X (DIN 16892: 2000-07):

$$\lg t = -105,8618 - \frac{18506,15 \cdot \lg \sigma}{T} + \frac{57895,49}{T} + 24,7997 \cdot \lg \sigma \qquad (9.16)$$

Für PP-H (100) existieren folgende Gleichungen[7]:

$$\text{flacher Ast:} \quad \lg t = -46,364 - \frac{9601,1 \cdot \lg \sigma}{T} + \frac{20381,5}{T} + 15,24 \cdot \lg \sigma \qquad (9.17)$$

$$\text{steiler Ast:} \quad \lg t = -18,387 + \frac{8918,5}{T} + 4,1 \cdot \lg \sigma \qquad (9.18)$$

Bild 9.2 zeigt einige Beispiele, die so berechnet wurden. Daran wird auch die Aufteilung in einen „flachen" und einen „steilen" Ast deutlich. Ältere Normen enthalten nur die Zeitstandsdiagramme selbst, aber keine Berechnungsgleichungen.

Als „Minimum Required Strength" (MRS) nach DIN EN ISO 12162[8] wird ein gerundeter Wert für die Mindestzeitstands-Innendruckfestigkeit nach 50 Jahren bei 20°C mit Wasser als Medium bezeichnet. Die MRS-Werte selbst sind in den neueren Normen für Kunststoffrohre festgelegt (**Tabelle 9.5**). Die zulässige Vergleichspannung zur Berechnung der Rohrwandstärken in den Maßnormen wird mit dem Sicherheitsbeiwert S aus diesem MRS-Wert berechnet ($\sigma_{V,zul} = MRS/S$). DIN EN ISO 12162 schreibt Mindestwerte für den Sicherheitsbeiwert S vor (**Tabelle 9.6**).

---

[7] aus [2], nicht aus DIN
[8] berücksichtigte Ausgabe: DIN EN ISO 12162: 1996-04

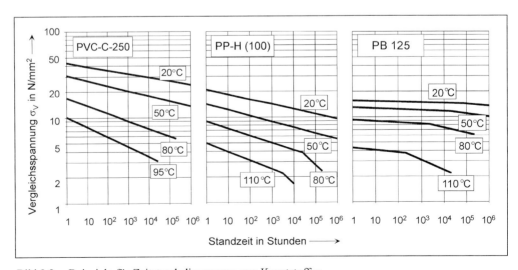

Bild 9.2: Beispiele für Zeitstandsdiagramme von Kunststoffen

Eine mögliche Beeinflussung der Festigkeit beim Einsatz der Kunststoffrohre mit Chemikalien anstatt mit Wasser kann z.B. mit „Chemikalien-Resistenz-Faktoren" f_{CR} berücksichtigt werden[9]. Sie sind definiert als das Verhältnis der Festigkeitskennwerte des Kunststoffes bei Einsatz mit der Chemikalie K_{Ch} und mit Wasser K_W:

$$f_{CR} = \frac{K_{Ch}}{K_W} \qquad (9.19)$$

Die zulässige Vergleichspannung beim Einsatz des Rohres mit einer Chemikalie ergibt sich damit zu:

$$\sigma_{V,zul} = f_{CR} \cdot \frac{K_W}{S} \qquad (9.20)$$

Werte für f_{CR} enthält beispielsweise [44].

Tabelle 9.5: Beispiele von Mindestfestigkeitswerten („Minimum Required Strength" MRS) für thermoplastische Kunststoffrohre nach DIN EN ISO 12162: 1996-04

Kunststoff	DIN	MRS in N/mm²
PVC-C-250	8080	25,0
PE 63	8074 8075	6,3
PE 80		8,0
PE 100		10,0
PP-B 80	8077 8078	8,0
PP-R 80		8,0
PP-H 100		10,0
PB 125	16969	12,5

9.2 Wanddickenberechnung von Formstücken

Wie zu Beginn dieses Kapitels bereits angesprochen decken sich die Wanddickenberechnungen einiger Rohrleitungselemente mit den Berechnungen entsprechender Druckbehälterelemente, die bereits im *Kapitel 7 „Wanddickenberechnung von Druckbehältern"* behandelt wurden. Dies gilt insbesondere für:

• Abzweige (Ausschnitte, *Abschnitt 7.2.4*)

• Reduzierungen und Erweiterungen (*Kegelförmige Mäntel, Abschnitt 7.3*)

• Abschlüsse (*gewölbte Böden, Abschnitt 7.4 und ebene Böden, Abschnitt 7.5*); Rohrabschlüsse in Form gewölbter Böden werden „Kappen" genannt (siehe *Abschnitt 4.1.3.4*)

Bögen sind dagegen spezielle Rohrleitungselemente, die in Druckbehältern nicht vorkommen. Sie werden im folgenden speziell behandelt.

In den einschlägigen Normen[10] werden Rohrleitungselemente „mit vollem Ausnutzungsgrad" und „vermindertem Ausnutzungsgrad" unterschieden. „Voller Ausnutzungsgrad" bedeutet, dass die Wanddicken des Elementes (auch „Formstück") überall auf denselben Überdruck dimensioniert sind wie das gerade Rohr mit den passenden Anschlussdimensionen. Das bedeutet

Tabelle 9.6: Beispiele von Mindest-Sicherheitsbeiwerten S für thermoplastische Kunststoffrohre nach DIN EN ISO 12162: 1996-04

Kunststoff	S
PE 63	1,25
PE 80	
PE 100	
PE-X	
PP-B 80	
PP-R 80	
PB 125	
PVC-HI	1,4
PVDF Copolymer	
PP –H 100	1,6
PVC-U-250	
PVC-C-250	
ABS	
PVDF Homopolymer	

---

[9] z.B. [2], [44]
[10] siehe *Abschnitt 4.1.3.1*

meist, dass an bestimmten Stellen dickere Wände notwendig sind als für das gerade Rohr. Elemente mit „vermindertem Ausnutzungsgrad" weisen dagegen überall dieselbe Wanddicke auf wie das gerade Anschlussrohr, d.h. hier werden die oben genannten Verschwächungen ignoriert. Damit können sie nur mir einem gegenüber dem geraden Rohr verminderten Überdruck beaufschlagt werden. Für die Wanddickenberechnung der Elemente werden „Berechnungs"- oder „Verschwächungs"-Beiwerte definiert, die ein Maß für die notwendige Verstärkung der Wände an den kritischen Stellen darstellen (siehe oben angegebene Abschnitte im *Kapitel 7*).

Auch bei Rohrbögen unterscheidet man solche mit „vollem Ausnutzungsgrad" und „vermindertem Ausnutzungsgrad". Aus dem Flächenvergleich entsprechend **Bild 9.3** ergeben sich unterschiedliche notwendige Mindestwanddicken an Außen- und Innenfaser des Bogens. Danach ist an der Innenfaser eine stärkere Wand erforderlich als an der Außenfaser und als im geraden Rohr.

Für die mittlere Vergleichspannung nach der Schubspannungshypothese ergibt sich nach **Bild 9.3**:

- in der Innenfaser des Bogens:
  - bei vorgegebenem Innendurchmesser:

$$\overline{\sigma}_V = \frac{p_e \cdot d_i}{2 \cdot s_{V,i} \cdot \upsilon_N} \cdot \frac{2 \cdot r - 0,5 \cdot d_i}{2 \cdot r - d_i - s_{V,i}} + \frac{p_e}{2} \qquad (9.21)$$

  - bei vorgegebenem Außendurchmesser:

$$\overline{\sigma}_V = \frac{p_e \cdot \left(d_a - s_{V,i} - s_{V,a}\right)}{2 \cdot s_{V,i} \cdot \upsilon_N} \cdot \frac{2 \cdot R - 0,5 \cdot d_a + 1,5 \cdot s_{V,i} - 0,5 \cdot s_{V,a}}{2 \cdot R - d_a + s_{V,i}} + \frac{p_e}{2} \qquad (9.22)$$

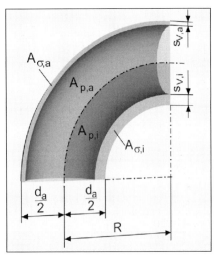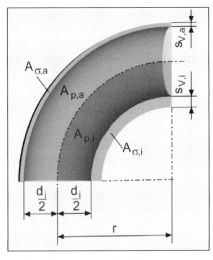

Bild 9.3: Flächenvergleich an Rohrbögen bei vorgegebenem Außendurchmesser (links) und vorgegebenem Innendurchmesser (rechts)

- in der Außenfaser des Bogens:
  - bei vorgegebenem Innendurchmesser:

$$\overline{\sigma}_V = \frac{p_e \cdot d_i}{2 \cdot s_{V,a} \cdot \upsilon_N} \cdot \frac{2 \cdot r + 0,5 \cdot d_i}{2 \cdot r + d_i + s_{V,a}} + \frac{p_e}{2} \tag{9.23}$$

  - bei vorgegebenem Außendurchmesser:

$$\overline{\sigma}_V = \frac{p_e \cdot \left(d_a - s_{V,i} - s_{V,a}\right)}{2 \cdot s_{V,a} \cdot \upsilon_N} \cdot \frac{2 \cdot R + 0,5 \cdot d_a + 0,5 \cdot s_{V,i} - 1,5 \cdot s_{V,a}}{2 \cdot R + d_a - s_{V,a}} + \frac{p_e}{2} \tag{9.24}$$

Die notwendigen Mindestwanddicken an Bogeninnenfaser ($s_{V,i}$) und Bogenaußenfaser ($s_{V,a}$) werden mit den Beiwerten B_i und B_a aus der notwendigen Mindestwanddicke des geraden Rohres s_V berechnet:

$$s_{V,i} = s_V \cdot B_i \tag{9.25}$$

$$s_{V,a} = s_V \cdot B_a \tag{9.26}$$

Soll die Wanddicke an Innen- und Außenfaser gleich sein ($s_{V,i} = s_{V,a}$), so wird der Beiwert B verwendet:

$$s_{V,i} = s_{V,a} = s_V \cdot B \tag{9.27}$$

Tabelle 9.7 enthält eine Zusammenstellung von Berechnungsformeln für die Beiwerte B_i, B_a und B nach DIN 2413-2[11] bzw. TRD 301 Anlage 2[12]. Der Krümmungsradius R kann wie folgt in den Krümmungsradius r umgerechnet werden (siehe **Bild 9.3**).

$$\tag{9.28}$$

$$\frac{r}{s_V} = \sqrt{\frac{1}{2} \cdot \left[\left(\frac{d_a}{2 \cdot s_V}\right)^2 + \left(\frac{R}{s_V}\right)^2\right] + \sqrt{\frac{1}{4} \cdot \left[\left(\frac{d_a}{2 \cdot s_V}\right)^2 + \left(\frac{R}{s_V}\right)^2\right]^2 - \frac{d_a}{2 \cdot s_V} \cdot \left(\frac{d_a}{2 \cdot s_V} - 1\right) \cdot \left(\frac{R}{s_V}\right)^2}}$$

Wie in *Abschnitt 9.1.1* beschrieben enthält DIN 2413-1 Wöhlerdiagramme für Schwellfestigkeiten von Stahlrohren bei dynamischer Beanspruchung. Diese können nach DIN 2413-2 auch für Rohrbögen verwendet werden, müssen jedoch bei Unrundheiten von U ≥2% auf einen geringeren Wert K_U um den folgenden Abminderungsfaktor f_U vermindert werden:

$$K_U = f_U \cdot K \tag{9.29}$$

mit: $f_U = 1,1 - 0,05 \cdot U$ (U [%], f_u [−])

---

[11] berücksichtigte Ausgabe: DIN 2413-2:1993-10
[12] [39], berücksichtigte Ausgabe: TRD 301 Anlage 2: 1992-04

Tabelle 9.7: Beispiele für Beiwerte zur Wanddickenberechnung von Rohrbögen nach DIN 2413-2: 1993-10 und TRD 301, Anlage 2: 1992-04

Genaue Rechnung	Vereinfachte Rechnung für $s_V / d_i \leq 0{,}02$ (nur DIN 2413)
$B_i = \dfrac{d_a}{2 \cdot s_V} + \dfrac{r}{s_V} - \left(\dfrac{d_a}{2 \cdot s_V} + \dfrac{r}{s_V} - 1 \right) \cdot \sqrt{\dfrac{\left(\dfrac{r}{s_V}\right)^2 - \left(\dfrac{d_a}{2 \cdot s_V}\right)^2}{\left(\dfrac{r}{s_V}\right)^2 - \dfrac{d_a}{2 \cdot s_V} \cdot \left(\dfrac{d_a}{2 \cdot s_V} - 1\right)}}$	$B_i = \dfrac{2 \cdot \dfrac{R}{d_a} - 0{,}5}{2 \cdot \dfrac{R}{d_a} - 1}$
$B_a = \dfrac{d_a}{2 \cdot s_V} - \dfrac{r}{s_V} - \left(\dfrac{d_a}{2 \cdot s_V} - \dfrac{r}{s_V} - 1 \right) \cdot \sqrt{\dfrac{\left(\dfrac{r}{s_V}\right)^2 - \left(\dfrac{d_a}{2 \cdot s_V}\right)^2}{\left(\dfrac{r}{s_V}\right)^2 - \dfrac{d_a}{2 \cdot s_V} \cdot \left(\dfrac{d_a}{2 \cdot s_V} - 1\right)}}$	$B_a = \dfrac{2 \cdot \dfrac{R}{d_a} + 0{,}5}{2 \cdot \dfrac{R}{d_a} + 1}$
$B = \dfrac{d_a}{2 \cdot s_V} - \dfrac{R}{s_V} + \sqrt{\left(\dfrac{d_a}{2 \cdot s_V} - \dfrac{R}{s_V} \right)^2 + 2 \cdot \dfrac{R}{s_V} - \dfrac{d_a}{2 \cdot s_V}}$	

Die Unrundheit U ist dabei wie folgt definiert:

$$U = \frac{2 \cdot \left(\hat{d}_a - \check{d}_a \right)}{\hat{d}_a + \check{d}_a} \cdot 100 \; [\%] \tag{9.30}$$

9.3 Gesamtbeanspruchung von Rohrleitungen

Wie in den vorhergehenden Kapiteln beschrieben sind Druckrohrleitungen außer durch Überdruck durch weitere Belastungen wie z.B. Wärmespannungen, Durchbiegung zwischen Auflagern und aufgrund von Wärmedehnung etc. beansprucht. An jeder Stelle einer Rohrleitung entsteht so ein spezifischer Spannungszustand in der Rohrwand. Dabei ist z.B. zu berücksichtigen, dass Spannungsspitzen durch plastische Verformung des Werkstoffes abgebaut werden können und dass bei der üblichen Dimensionierung der Rohrwand nach der Schubspannungshypothese (siehe *Abschnitt 6.1.3*) eine Reserve gegen zusätzliche Längsspannungen vorliegt. Solche zusätzlichen Längsspannungen resultieren z.B. aus der Durchbiegung von Rohrleitungen zwischen den Auflagern oder aus der Kompensation von Wärmedehnungen (siehe *Kapitel 8 „Lagerung und Dehnungsausgleich von Rohrleitungen"*).

Verschiedene Regelwerke gehen anwendungsspezifisch auf die Nachrechnung von Rohrleitungen unter Berücksichtigung der Gesamtbeanspruchung ein. Im folgenden werden beispielhaft Berechnungsregeln vorgestellt für:

- elastisch verlegte Kraftwerksrohrleitungen nach FDBR-Richtlinie „Berechnung von Kraftwerksrohrleitungen" [42], die sich an den US-amerikanischen Standard ASME B 31.1 „Power Piping" anlehnt

- erdverlegte Rohrleitungen für gefährliche Flüssigkeiten nach VdTÜV-Merkblatt 1063 „Rohrfernleitungen" [45]

Hier sei auch auf die neue DIN 13480 „Metallische industrielle Rohrleitungen" hingewiesen, die derzeit im Entwurf von Juli 1999 vorliegt[13]. Sie enthält ähnliche Vorschriften wie die genannte FDBR-Richtlinie.

9.3.1 Gesamtbeanspruchung elastisch verlegter Rohrleitungen

Eine Rohrleitung gilt als elastisch verlegt, wenn „behindernde Längsdehnungen hauptsächlich durch biegende und tordierende Verformungen des Leitungssystems aufgenommen werden" [42]. Zur Bestimmung der resultierenden Biege- und Torsionsmomente wird das mechanische Verhalten des Rohrleitungssystems als Gesamtheit analysiert[14]. An jedem kritischen Punkt werden die Einzelmomente in jeder Raumrichtung (x,y,z) aufsummiert bzw. resultierende Wechselmomente berechnet und daraus

ein Gesamtmoment
$$M = \sqrt{M_x^2 + M_y^2 + M_z^2} \tag{9.31}$$

bzw. ein Gesamtwechselmoment
$$\tilde{M} = \sqrt{\tilde{M}_x^2 + \tilde{M}_y^2 + \tilde{M}_z^2} \tag{9.32}$$

berechnet. Dabei ist die erhöhte Flexibilität z.B. von Rohrbögen gegenüber dem geraden Rohr durch den Flexibilitätsfaktor k_B zu berücksichtigen (siehe *Abschnitt 8.2.4, Biegebeanspruchung in Formstücken*).

Grundsätzlich wird unterschieden, aus welcher Art Lasten die Beanspruchungen in der Rohrwand resultieren:

- Hauptprimärlasten (Moment M_A), die langzeitig wirken und deren Größe auch nach plastischer Verformung voll erhalten bleiben würde (innerer und äußerer Überdruck, Leitungs- und Füllungsgewicht, Innendruckkräfte von Axialkompensatoren und Schneelast)

- Zusatzprimärlasten (Moment M_B), die kurzzeitig wirken und deren Größe auch nach plastischer Verformung voll erhalten bleiben würde (dynamische Lasten aus Schaltvorgängen, Windlasten, Erdbebenlasten)

- Sekundärlasten (Momente M_C und M_D), z.B.
  - Verformungen durch Wärmedehnungen und Innendruck
  - Vorspannung

---

[13] siehe dazu auch *Abschnitt 9.1.1*
[14] [45], [43]

- Bewegung infolge Wind, Erdbeben, Setzung und Bergschäden
- Reibung
- Temperaturgradienten (Wärmespannungen)

Das resultierende Wechselmoment M_C der Sekundärlasten wird aus der größten Momentendifferenz durch Sekundärlasten ermittelt, wobei hier nur Verformungen durch Wärmedehnungen und Innendruck, Bewegung infolge Wind und Erdbeben sowie Reibungskräfte berücksichtigt werden. Das Moment M_D wird aus den einmalig wirkenden Sekundärlasten durch Gebäudesetzung und Bergschäden ermittelt.

Als Lastfälle, bei denen jeweils unterschiedliche Kombinationen der genannten Lasten auftreten können und die deshalb jeweils getrennt zu betrachten sind, werden unterschieden: Montagezustände, Montageendzustand, Druckprüfung, Reinigen (Beizen und Spülen), Ausblasen, Betriebsfälle, Relaxation und Vorspannung.

Folgende Festigkeitsbedingungen müssen eingehalten werden (i = Spannungserhöhungsfaktor, siehe z.B *Tabelle 8.3*; $0,75 \cdot i \geq 1$):

- Primärspannung aus Hauptprimärlasten:

$$\sigma_1 = \frac{p_e \cdot d_a}{4 \cdot s} + \frac{0,75 \cdot i \cdot M_A}{W} \leq S_m \tag{9.33}$$

- Primärspannung aus Haupt- und Zusatzprimärlasten:

$$\sigma_2 = \frac{p_e \cdot d_a}{4 \cdot s} + \frac{0,75 \cdot i \cdot M_A}{W} + \frac{0,75 \cdot i \cdot M_B}{W} \leq k \cdot S_m \tag{9.34}$$

mit:

$k=1,00$, wenn Wirkungszeit der Zusatzprimärlast > 10% der Gesamtbetriebszeit

$k=1,15$, wenn Wirkungszeit der Zusatzprimärlast ≤ 10% der Gesamtbetriebszeit

$k=1,20$, wenn Wirkungszeit der Zusatzprimärlast ≤ 1% der Gesamtbetriebszeit

- Spannungsschwingbreite aus wechselnden Sekundärlasten:

$$\sigma_3 = \frac{i \cdot M_C}{W} \leq S_a \tag{9.35}$$

und, falls diese Bedingung nicht eingehalten ist:

$$\sigma_4 = \sigma_1 + \sigma_3 \leq S_m + S_a \tag{9.36}$$

- Zusatzbedingung für Zeitstandsbereich:

$$\sigma_5 = \frac{p_e \cdot d_a}{4 \cdot s} + \frac{0,75 \cdot i \cdot M_A}{W} + \frac{0,75 \cdot i \cdot M_C}{W} \leq S_m \tag{9.37}$$

- Spannung aus einmaliger Sekundärlast:

$$\sigma_6 = \frac{i \cdot M_D}{W} \le 0,75 \cdot \breve{R}_{m/20}$$

(9.38)

Die zulässigen Spannungen sind wie folgt definiert:
- Bemessungsspannung[15]:

$$S_m = \min\left(\frac{\breve{R}_{m/20}}{2,4}, \frac{\breve{R}_{e/\vartheta}}{1,5}, \breve{R}_{m/200000/\vartheta} \right)$$

(9.39)

- Bemessungsspannung beim Prüfdruck:

$$S_m' = \frac{\breve{R}_{e/\vartheta'}}{1,5}$$

(9.40)

mit: ϑ' = Temperatur bei der Druckprüfung

- Sekundärspannungsschwingbreite:

$$S_a = f \cdot \left(1,25 \cdot S_c + 0,25 \cdot S_h \right) \cdot \frac{E_\vartheta}{E_{20}}$$

(9.41)

mit: $S_c = \min\left(\frac{\breve{R}_{m/20}}{4}, \frac{\breve{R}_{e/20}}{1,5} \right)$, $S_h = \min(S_c, S_m)$ und f nach **Tabelle 9.8**

9.3.2 Gesamtbeanspruchung eingeerdeter Rohrleitungen

Eingeerdete Rohrleitungen unterliegen folgenden besonderen Bedingungen (**Bild 9.4**):

- Durch Erdlast, Verkehrslast und Eigengewicht, die in vertikaler Richtung auf die Rohrleitung wirken, kann diese unrund, d.h. „ovalgedrückt" werden. Dadurch entstehen zusätzliche Biegespannungen in der Rohrwand.
- Neben der vertikalen Belastung wirkt auch seitlicher Erddruck auf die Rohrleitung. Wird sie ovalgedrückt (s.o.), so erhöht sich der seitliche Erddruck.

Tabelle 9.8: Faktor f zur Berechnung der Sekundärspannungsschwingbreite S_a nach FDBR-Richtlinie „Berechnung von Kraftwerksrohrleitungen" [42]

Lastwechselzahl N_V	Faktor f
≤ 7.000	1
14.000	0,9
22.000	0,8
45.000	0,7
100.000	0,6
> 100.000	0,5

---

[15] mit Ausnahmen

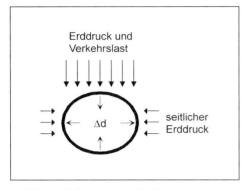

Erddruck und
Verkehrslast

seitlicher
Erddruck

Δd

Bild 9.4:   Belastung und Verformung eingeerdeter Rohrleitungen

- Innerer Überdruck in der Rohrleitung wirkt dem „Ovaldrücken" entgegen und entlastet die Rohrwand teilweise von den zusätzlichen Biegespannungen.

Damit sind die Höhe der Spannungen in der Rohrwand und auch deren Verteilung über den Rohrumfang abhängig von:

- der Höhe der Erdüberdeckung und zusätzlichen Verkehrslasten
- der Bodenart, -beschaffenheit und -verdichtung
- der Elastizität des Rohrwerkstoffes
- der Rohrlagerung
- der Innendruckbeaufschlagung der Rohrleitung

Nach VDTÜV 1063 [45] sind vier verschiedene Lastfälle nachzurechnen:

- Innendruck
- Erdlast und Verkehrslast
- Erdlast, Verkehrslast und Innendruck
- Rohrbeulung

Für die reine Rechnung gegen Innendruck wird auf DIN 2413 verwiesen (siehe *Abschnitt 9.1.1*), wobei ein Mindest-Sicherheitsbeiwert von *S=1,6* gefordert wird.

Immer wenn Erdlast und Verkehrslast auftreten, berechnet sich die Gesamtspannung in der Rohrwand nach:

$$\sigma_{ges} = \sigma_n \pm \sigma_b = \frac{F_n}{A_\sigma} \pm \frac{M}{W} \tag{9.42}$$

mit der Normalkraft F_n und der spannungsbeaufschlagten Fläche A_σ

Die Biegespannung σ_b wird an den Stellen positiv, an denen der Krümmungsradius vergrößert wird und negativ, wo er verkleinert wird.

Der Lastfall **„Erdlast und Verkehrslast"** trifft für eingeerdete Rohrleitungen ohne inneren Überdruck zu. Die maximalen Druck- und Zugspannungen in der Rohrwand ergeben sich dann zu:

$$\sigma_{max,d} = -\frac{r_m}{s} \cdot q - 3 \cdot \frac{1-\lambda}{2+\lambda} \cdot \left(\frac{r_m}{s}\right)^2 \cdot q \tag{9.43}$$

$$\sigma_{max,z} = -\frac{1+2\cdot\lambda}{2+\lambda}\cdot\frac{r_m}{s}\cdot q + 3\cdot\frac{1-\lambda}{2+\lambda}\cdot\left(\frac{r_m}{s}\right)^2\cdot q \tag{9.44}$$

mit:

r_m = mittlerer Rohrradius = $\dfrac{d_a + d_i}{4}$

λ = Konzentrationsfaktor (s.u.)

q = vertikale Gesamtauflast (s.u.)

Für diesen Lastfall ist folgende Festigkeitsbedingung vorgegeben:

$$\left|\sigma_{max}\right| \le \sigma_{zul} = \frac{R_e}{1,1} \tag{9.45}$$

Die Verformung des Rohres („Ovaldrücken") lässt sich als horizontale Durchmesseränderung Δd_h (+) oder vertikale Durchmesseränderung Δd_v (-) berechnen nach:

$$\frac{\Delta d_{h/v}}{d_a} = \pm 2\cdot\left(1-v^2\right)\cdot\frac{1-\lambda}{2+\lambda}\cdot\left(\frac{r_m}{s}\right)^3\cdot\frac{q}{E_R} \tag{9.46}$$

mit dem E-Modul des Rohrleitungswerkstoffes E_R.

Für den Lastfall **„Erdlast, Verkehrslast und Innendruck"** ergibt sich die maximale Spannung in der Rohrwand zu:

$$\sigma_{max,z} = \sigma_n + \sigma_b = \frac{p_i\cdot r_i}{s} - \frac{1+2\cdot\lambda}{2+\lambda}\cdot\frac{r_m}{s}\cdot q + \frac{3}{1+\alpha}\cdot\frac{1-\lambda}{2+\lambda}\cdot\left(\frac{r_m}{s}\right)^2\cdot q \tag{9.47}$$

mit dem inneren Überdruck p_i, dem Innenradius $r_i = d_i/2$ und einem besonderen Faktor α (s.u.).

Für diesen Lastfall ist folgende Festigkeitsbedingung vorgegeben:

$$\sigma_n\cdot 1,5 + \sigma_b\cdot 1,1 \le R_e \tag{9.48}$$

wobei:

$$\sigma_n = \frac{p_i\cdot r_i}{s} - \frac{1+2\cdot\lambda}{2+\lambda}\cdot\frac{r_m}{s}\cdot q \tag{9.49}$$

$$\sigma_b = \frac{3}{1+\alpha}\cdot\frac{1-\lambda}{2+\lambda}\cdot\left(\frac{r_m}{s}\right)^2\cdot q \tag{9.50}$$

Für den Lastfall **„Rohrbeulen"** wird der kritische Beuldruck berechnet nach (siehe auch *Gleichungen 7.42*):

$$p_k = \frac{E}{4 \cdot \left(1 - v^2\right)} \cdot \left(\frac{s}{r_m}\right)^3 \qquad (9.51)$$

mit der Stabilitätsbedingung: $S_k = \frac{p_k}{|p_l|} \geq 2,5$ $\qquad (9.52)$

und dem Druck $p_l = p_i - \frac{3}{2} \cdot \frac{1 + \lambda}{2 + \lambda} \cdot q$ $\qquad (9.53)$

Der Druck p_1 berücksichtigt neben dem Innendruck p_i den Mittelwert der äußeren Druckbelastung. Beulgefahr besteht selbstverständlich nur, wenn p_1 negativ wird. Dies ist normalerweise dann der Fall, wenn kein innerer Überdruck oder sogar innerer Unterdruck vorliegt. Auch Druckleitungen sind gelegentlich drucklos, z.B. vor Inbetriebnahme oder bei Wartung.

Die vertikale Gesamtauflast q errechnet sich aus dem Erddruck p_e und der Verkehrslast p_V:

$$q = p_e + p_V \qquad (9.54)$$

Der Erddruck p_e entspricht im einfachsten Fall dem Druck der Erdsäule über dem Rohrscheitel:

$$p_e = \rho_B \cdot g \cdot h \qquad (9.55)$$

mit der Dichte des Bodens ρ_B

In bestimmten Fällen wird dieser Erddruck durch die Erdreibung an den Grabenwänden abgemindert (siehe VDTÜV 1063). Bezüglich der Verkehrslast wird ebenfalls auf VDTÜV 1063 sowie DIN 1072 und DIN 4033 verwiesen.

Der Konzentrationsfaktor λ beschreibt das Verhältnis von seitlichem Erddruck zu vertikalem Erddruck auf die Rohrleitung. Nach VDTÜV 1063 ist für unverdichtete Rohrgrabenverfüllung $\lambda = 0,5$ und für verdichtete Rohrgrabenverfüllung $\lambda = 0,7$ einzusetzen. Der Faktor α in *Gleichung 9.47* berücksichtigt verschiedene bodenmechanische Effekte und berechnet sich nach[16]:

$$\alpha = \frac{0,712}{f_\lambda} \cdot \frac{p_l}{p_k} \qquad (9.56)$$

---

[16] Durch den Faktor 0,712 wird der Einfluß der Rückverformung des Rohres auf die Solbettung berücksichtigt

mit dem Druck p_1 nach *Gleichung 9.53*, der hier mit innerem Überdruck p_i der wirksame innere Überdruck ist, dem kritischen Beuldruck p_k (*Gleichung 9.51*) und

$$f_\lambda = \frac{1 - \lambda_a}{1 - \lambda} \cdot \frac{2 + \lambda}{2 + \lambda_a} \tag{9.57}$$

$$\text{mit } \lambda_a = \tan^2\left(45° - \frac{\rho}{2}\right) \tag{9.58}$$

wobei ρ hier für den Reibungswinkel des Bodens steht (z.B. $\rho = 33°$ für Kies und $\rho = 22°$ für Lehm).

Für die weitere Vertiefung dieser Thematik sei auf VDTÜV 1063 [*45*] verwiesen.

10 Strömungstechnische Auslegung von Rohrleitungen

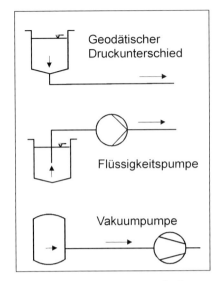

Bild 10.1: Erzeugung von Strömungen in Druckleitungen (Beispiele)

Auf die Unterscheidung zwischen Druckleitungen und drucklosen Leitungen wurde bereits zu Beginn des *Kapitels 2 „Grundlegendes"* eingegangen. Im folgenden wird die strömungstechnische Auslegung von Druckleitungen behandelt. Bezüglich des Spezialgebietes der Strömung in drucklosen Leitungen sei z.B. auf die Literatur der Abwassertechnik verwiesen.

Das Innere von Druckleitungen steht gegenüber der Umgebung unter Über- oder Unterdruck. Die Strömung wird durch ein Druckgefälle in Strömungsrichtung erzeugt. Dazu wird jeweils am Anfang einer Leitung oder eines Leitungsabschnittes Überdruck bzw. an dessen Ende Unterdruck angelegt. Überdruck kann durch Einwirkung einer Flüssigkeitssäule über der Leitung (z.B. Hochbehälter in der Wasserversorgung) oder über Strömungsaggregate (Pumpen, Verdichter) erzeugt werden. Unterdruck wird meist durch Strömungsaggregate (Vakuumpumpen) am Leitungsende ggf. in Verbindung mit Unterdruckbehältern erzeugt (**Bild 10.1**).

Die strömungstechnische Auslegung von Druckrohrleitungen verfolgt folgende Zwecke:

- Auswahl optimaler Rohrdurchmesser (Rohrleitungsdimensionierung)
- Berechnung des Druckverlustes z.B. zur Auswahl geeigneter Strömungsaggregate

Als Kriterium für die Rohrleitungsdimensionierung dient je nach Anwendungsfall entweder die Strömungsgeschwindigkeit oder der Druckverlust.

10.1 Strömungsgeschwindigkeit

Die Strömungsgeschwindigkeit ist im allgemeinen nicht gleichmäßig über den Rohrquerschnitt verteilt. In einer geraden Rohrleitung bildet sich nach einer gewissen Einlaufstrecke jeweils ein Geschwindigkeitsprofil aus, dessen Form vom Turbulenzgrad der Strömung abhängt. Grundsätzlich lassen sich laminare Strömung mit einem paraboloiden Profil und turbulente Strömung mit einem gegenüber dem laminaren „abgeplatteten" Profil unterscheiden (**Bild 10.2**). Mit zunehmender Turbulenz wird die „Abplattung" stärker, da Quervermischungen in der Strömung zunehmen und damit die Strömungsgeschwindigkeit über dem Rohrquerschnitt vereinheitlicht wird. Unmittelbar an der Rohrwand ist die Geschwindigkeit immer gleich null, in der Rohrmitte ist sie stets am größten (w_{max}).

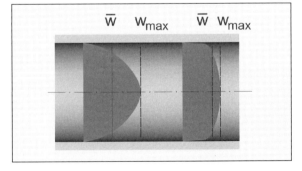

Bild 10.2: Strömungsprofile in Rohrleitungen: Paraboloid bei laminarer Strömung (links) und abgeplattetes Profil bei turbulenter Strömung (rechts)

Das Maß für den Turbulenzgrad der Strömung ist die dimensionslose Reynolds-Zahl (*Re*):

$$\text{Re} = \frac{\overline{w} \cdot d_i}{v} \tag{10.1}$$

mit:

$\overline{w}$ = mittlere Strömungsgeschwindigkeit

$v = \dfrac{\eta}{\rho}$ = kinematische Viskosität des Fluids (siehe **Tabelle 10.1**)

η = dynamische Viskosität des Fluids

ρ = Dichte des Fluids (siehe **Tabelle 10.1**)

d_i = Rohrinnendurchmesser

Als unterer Umschlagpunkt von laminarer zu turbulenter Strömung wird eine Reynolds-Zahl von *Re=2.320* angegeben. Je nach Randbedingungen kann der Umschlag jedoch auch höher liegen. Bei *Re ≥ 4.000* wird allgemein von turbulenter Strömung ausgegangen.

Die mittlere Strömungsgeschwindigkeit $\overline{w}$ wird für die strömungstechnischen Berechnungen in Rohrleitungen verwendet. Sie lässt sich nach dem Kontinuitätsgesetz aus dem Volumenstrom $\dot{V}$ berechnen:

$$\overline{w} = \frac{\dot{V}}{A_i} \tag{10.2}$$

mit: A_i = freier (innerer) Querschnitt der Rohrleitung

Das Verhältnis der mittleren Strömungsgeschwindigkeit $\overline{w}$ in einer Rohrleitung zur maximalen Strömungsgeschwindigkeit in der Mitte der Rohrleitung (**Bild 10.2**) beträgt:

$$\frac{\overline{w}}{w_{max}} = 0,5 \text{ bei laminarer Strömung}$$

$$\frac{\overline{w}}{w_{max}} \approx 0,7\ldots0,9 \text{ bei turbulenter Strömung}$$

Im turbulenten Bereich nimmt das Verhältnis mit wachsendem Turbulenzgrad zu.

Als Anhaltswert kann z.B. $\dfrac{\overline{w}}{w_{max}} \approx 0,833$ angenommen werden, das etwa für $\text{Re} = 1,5 \cdot 10^5$ gilt [46].

Volumenstrom und Strömungsgeschwindigkeit sind eindeutig über den Innendurchmesser miteinander verbunden. Bei vorgegebenem Volumenstrom bedeutet die Auswahl eines Rohr-

Tabelle 10.1: Anhaltswerte für Dichte und Viskosität einiger Flüssigkeiten und Gase

Flüssigkeiten (Werte aus /57/, /61/, /58/)	Dichte ρ	kinematische Viskosität $\nu = \eta/\rho$
	kg/m³	10⁻⁶ m²/s
	1 bar	1 bar
Benzin (Fahrzeug) 20°C	680...729	0,5...0,9
Erdöl 20°C	730...940	
Essigsäure 20°C	1049	
Ethanol 20°C	789	1,5
Heizöl 20°C	950...1080	≈13
Isopropanol 20°C	785	
Milch 20°C	1030	
Natronlauge (40%) 20°C	1430	
Salpetersäure (50%) 20°C	1502	
Salzsäure (40%) 20°C	1195	
Schwefelsäure (100%) 20°C	1834	16
Wasser 0°C	1000	1,75
Wasser 20°C	998	1,00
Wasser 40°C	992	0,66
Wasser 60°C	983	0,48
Wasser 80°C	972	0,38
Wasser 100°C	958	0,30

Gase (Werte aus /58/, /60/)	Dichte ρ	dynamische Viskosität η
	kg/m³	10⁻⁶ Pa · s
	0°C 1013mbar	25°C* 1bar
Argon	1,784	22,6
Luft -25°C		15,9
Luft 0°C	1,293	17,1
Luft 25°C		18,3
Luft 50°C		19,3
Luft 100°C		21,6
Luft 200°C		25,7
Kohlendioxid	1,98	14,8
Methan	0,718	10,9
Schwefeldioxid	2,93	11,6

* wo nicht anders angegeben

durchmessers gleichzeitig die Festlegung der Strömungsgeschwindigkeit. Wirtschaftlich betrachtet ist der optimale Rohrdurchmesser derjenige, der „insgesamt" ein Minimum an Kosten erzeugt, wobei sich die Gesamtkosten aus den Kapitalkosten für die Investition zum Bau der Rohrleitung und den Betriebskosten während ihrer Nutzung zusammensetzen. Es leuchtet ein, dass für einen bestimmten Volumenstrom mit steigendem Rohrdurchmesser die Investitionskosten steigen und die Betriebskosten sinken, da der Strömungswiderstand und damit die Leistungsaufnahme der Pumpe kleiner werden. Qualitativ sind diese Abhängigkeiten in **Bild 10.3** dargestellt. Zur Vertiefung sei auf die Literatur zur Wirtschaftlichkeitberechnung verwiesen, z. B. [*47*].

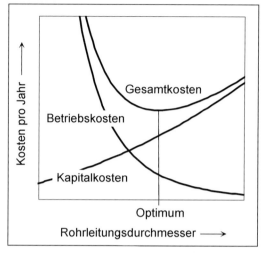

Bild 10.3:   Abhängigkeit der Kosten vom Durchmesser einer Rohrleitung (qualitativ)

Häufig beeinflussen jedoch zusätzlich auch technische Randbedingungen die Auswahl der Strömungsgeschwindigkeit. So können der zulässigen Strömungsgeschwindigkeit z.B. durch folgende unerwünschte Effekte Grenzen gesetzt sein:

• Entstehung von Schwingungen oder Strömungsgeräuschen in der Rohrleitung

• Unterschreitung des Dampfdruckes von Flüssigkeiten (Kavitation)

• Überschreitung der Schallgeschwindigkeit in Gasen und Dämpfen (Verdichtungsstöße)

• Erosion in Umlenkungen etc.

Tabelle 10.2:   Beispiele üblicher Strömungsgeschwindigkeiten in Rohrleitungen für industrielle Anwendungen (Werte aus [*43*], [*58*])

Medien	Charakteristik	Mittlere Strömungsgeschwindigkeit in m/s					
		Rohrinnendurchmesser d_i in mm					
		10	**20**	**50**	**100**	**200**	**≥ 500**
Flüssigkeiten	$\nu \approx 10^{-6}\ \dfrac{m^2}{s}$	0,8	1	2	3	4	5
	$\nu \approx 10^{-4}\ \dfrac{m^2}{s}$	0,3	0,5	0,8	1	1,5	2
Gase	$p \approx 1bar$	2,5	4	7	10	15	20
	$p \gg 1bar$	7	10	20	27	35	50

Tabelle 10.2 gibt einige Anhaltswerte für übliche Strömungsgeschwindigkeiten in Rohrleitungen[1].

10.2 Druck und Energie

Der Druck p ist eine gleichförmig auf eine bestimmte Fläche A verteilte Kraft F, die senkrecht auf dieser Fläche steht:

$$p = \frac{F}{A} \tag{10.3}$$

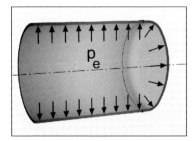

Bild 10.4: Wirkung des statischen Druckes gleichförmig in alle Richtungen

In der Strömungsmechanik wird zwischen „statischem" Druck und „dynamischem" Druck (Fließdruck) unterschieden. Der statische Druck wirkt gleichförmig in alle Richtungen, in einem Rohr also gleichermaßen auf Rohrwandungen wie auf Rohrabschlüsse (**Bild 10.4**). Dynamischer Druck entsteht, sobald das Medium im Rohr fließt. Für sein Verständnis ist die Betrachtung der Energiebilanz in einer durchströmten Rohrleitung hilfreich. Gemäß dem Energieerhaltungssatz muss dort in jedem Punkt die Summe aller vorhandenen Energien gleich sein. In der Bernoulli-Gleichung ist dies z.B für das Massenelement dm in einer reibungsfreien Strömung mit der kinetischen Energie E_{kin}, der potentiellen Energie E_{pot} und der Druckenergie E_p formuliert:

$$E_{kin} + E_{pot} + E_p = \frac{dm}{2} \cdot \overline{w}^2 + dm \cdot g \cdot h + p \cdot \frac{dm}{\rho} = const. \tag{10.4}$$

mit: g = Erdbeschleunigung

ρ = Dichte des Fluids

h = geodätische Höhe

Bezieht man diese Gleichung auf das Volumen $dV = \dfrac{dm}{\rho}$, so wird aus der Energiegleichung folgende „Druckgleichung":

$$p_{dyn} + p_{pot} + p_{stat} = \frac{\rho}{2} \cdot \overline{w}^2 + \rho \cdot g \cdot h + p = const. \tag{10.5}$$

Der statische Druck p_{stat} und der „potentielle" Druck

$$p_{pot} = \rho \cdot g \cdot h \tag{10.6}$$

sind statische Anteile. Der dynamische Druck

---

[1] siehe z.B. [43], [5], [58]

$$p_{dyn} = \frac{\rho}{2} \cdot \overline{w}^2 \qquad (10.7)$$

ist die kinetische Energie pro Volumeneinheit. Er ist abhängig von der Strömungsgeschwindigkeit und wirkt nur in Strömungsrichtung. Gemäß obiger Definition des Druckes ist er nur dann als Druck (= Kraft pro Fläche) messbar, wenn die Strömung in einer bestimmten Querschnittsfläche vollständig abgebremst wird, z.B. in einem Pitot-Rohr (**Bild 10.5**).

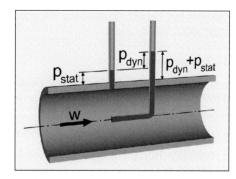

Bild 10.5: Pitot-Static-Rohr (schematisch)

Vergleicht man zwei Punkte (Index „1" und Index „2", siehe **Bild 10.6**) in einer reibungsfrei durchströmten Rohrleitung gemäß der *Bernoulli-Druckgleichung 10.5* miteinander, so ergibt sich:

$$\frac{\rho_1}{2} \cdot \overline{w}_1^2 + \rho_1 \cdot g \cdot h_1 + p_1 = \frac{\rho_2}{2} \cdot \overline{w}_2^2 + \rho_2 \cdot g \cdot h_2 + p_2 \qquad (10.8)$$

In einer flüssigkeitsführenden Rohrleitung ist die Dichte konstant ($\rho_1 = \rho_2$), nicht jedoch in einer Gasleitung (siehe auch *Abschnitt 10.3.2 „Druckverlust in Gasströmungen"*).

Aus *Gleichung 10.8* ergibt sich die statische Druckdifferenz zwischen zwei Punkten einer reibungsfrei durchströmten Rohrleitung zu:

$$\Delta p = p_1 - p_2 = \frac{1}{2} \cdot \left(\rho_2 \cdot \overline{w}_2^2 - \rho_1 \cdot \overline{w}_1^2 \right) + g \cdot \left(\rho_2 \cdot h_2 - \rho_1 \cdot h_1 \right) \qquad (10.9)$$

Für den Fall einer waagerechten flüssigkeitsführenden Leitung konstanten Querschnittes wären $\overline{w}_1 = \overline{w}_2$ und $h_1 = h_2$ und damit in dieser idealisierten reibungsfreien Strömung $\Delta p = 0$. Dies entspricht nicht der Realität. Im realen Fall wird entlang des durchströmten Rohres eine bestimmte Menge an Energie durch Reibung in Wärme umgewandelt. Im Rahmen der betrachteten Bilanz der „Druckenergien" wird diese Dissipationsenergie als „verloren" betrachtet und mit „Druckverlust" Δp_V bezeichnet. Ergänzt man *Gleichung 10.9* um diesen Druckverlust Δp_V, ergibt sich für den statischen Druckunterschied zwischen „1" und „2":

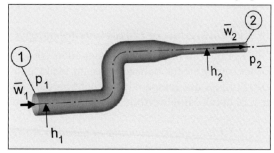

Bild 10.6: Beispiel für die Anwendung der Bernoulli-Gleichung

$$\Delta p = p_1 - p_2 = \frac{1}{2} \cdot \left(\rho_2 \cdot \overline{w}_2^2 - \rho_1 \cdot \overline{w}_1^2 \right) + g \cdot \left(\rho_2 \cdot h_2 - \rho_1 \cdot h_1 \right) + \Delta p_V \qquad (10.10)$$

Für die horizontal verlaufende Flüssigkeitsrohrleitung mit konstantem Innendurchmesser folgt dann: $\Delta p = \Delta p_V$.

10.3 Druckverlust

Im vorigen Abschnitt wurde der Druckverlust als Teil der Gesamtenergiebilanz in einer durchströmten Rohrleitung betrachtet. Interessant ist nun, wie er berechnet werden kann. Er resultiert aus:

- der Reibung des Fluids an den Rohrwandungen
- örtlichen Beschleunigungen der Strömung in Einzelwiderständen (z.B. Formstücken und Armaturen)
- Beschleunigungen bei veränderlicher Dichte (Trägheitswiderstand; nur in Gasströmungen und auch dort meist vernachlässigbar)

In jedem Fall wird er in Abhängigkeit vom dynamischen Druck des strömenden Fluids berechnet. Man geht davon aus, dass er diesem proportional ist:

$$\Delta p_V \sim p_{dyn} = \frac{\rho}{2} \cdot \overline{w}^2 \tag{10.11}$$

Die Form des Proportionalitätsfaktors hängt davon ab, ob der Druckverlust durch Reibung oder in Einzelwiderständen zustande kommt. Entsprechend sind folgende Fälle zu unterscheiden:

- Druckverlust in einer geraden Rohrleitung
- Druckverlust in Einzelwiderständen
- Druckverlust in einer geraden Rohrleitung mit zusätzlichen Einzelwiderständen

Die Dichte ρ des Fluids beeinflusst die Höhe des Druckverlustes direkt. Falls sie sich in der Strömung ändern kann, muss dies bei der Druckverlustberechnung berücksichtigt werden. Hierin unterscheiden sich Flüssigkeiten und Gase, die deshalb im folgenden getrennt behandelt werden.

10.3.1 Druckverlust in Flüssigkeitsströmungen

Die Kompressibilität von Flüssigkeiten ist so gering, dass ihrer Dichte auch bei großen Druckunterschieden nahezu konstant bleibt und sie hier als inkompressibel gelten können. Der Einfluss der Temperatur ist nicht immer vernachlässigbar. Bei größeren Änderungen ist er z.B. durch Mittelwertbildungen oder abschnittsweise Rechnung zu berücksichtigen.

10.3.1.1 Flüssigkeitsströmung in geraden Rorleitungen

In geraden Rohrleitungen resultiert der Druckverlust aus der Rohrreibung des strömenden Fluids. Man geht davon aus, dass die Reibkraft F_R durch eine Schubspannung τ_0 erzeugt wird, die gleichmäßig über die benetzte Fläche der Rohrinnenwand verteilt ist. Betrachtet man ein Rohrstück der Länge dL mit dem Innendurchmesser d_i, so ergibt sich die Reibkraft F_R entsprechend **Bild 10.7** aus der Schubspannung τ_0 an der inneren Oberfläche der Rohrwand zu:

$$F_R = \tau_0 \cdot \pi \cdot d_i \cdot dL \qquad (10.12)$$

Über die gesamte Rohrlänge L, die die Flüssigkeit durchströmt, wird die Reibarbeit W_R geleistet:

$$W_R = F_R \cdot L = \tau_0 \cdot \pi \cdot d_i \cdot dL \cdot L \quad (10.13)$$

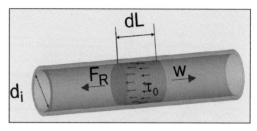

Bild 10.7: Reibung der Flüssigkeitsströmung an der Innenoberfläche der Rohrwand

Bezieht man die Reibarbeit auf das Flüssigkeitsvolumen dV, das in der Rohrlänge dL eingeschlossen ist, so folgt daraus der Druckverlust durch Reibung Δp_R:

$$\Delta p_R = \frac{W_R}{dV} = \frac{\tau_0 \cdot \pi \cdot d_i \cdot dL \cdot L}{\frac{\pi}{4} \cdot d_i^2 \cdot dL} = 4 \cdot \tau_0 \cdot \frac{L}{d_i} \qquad (10.14)$$

Die Schubspannung τ_0 wird nun mit der Rohrreibungszahl λ willkürlich in folgendes Verhältnis zum dynamischen Druck (siehe *Gleichung 10.7*) gesetzt [46]:

$$\tau_0 = \frac{1}{4} \cdot \lambda \cdot p_{dyn} = \frac{1}{4} \cdot \lambda \cdot \frac{\rho}{2} \cdot \overline{w}^2 \qquad (10.15)$$

Eingesetzt in *Gleichung 10.14* ergibt sich dann der Druckverlust durch Rohrreibung Δp_λ mit $\Delta p_R = \Delta p_\lambda$ zu:

$$\Delta p_\lambda = \lambda \cdot \frac{L}{d_i} \cdot \frac{\rho}{2} \cdot \overline{w}^2 \qquad (10.16)$$

Diese Gleichung wird üblicherweise „Darcy"-Gleichung oder „Darcy-Weisbach"-Gleichung genannt[2]. Neben der Länge L und dem Innendurchmesser d_i der Rohrleitung geht die Rohrreibungszahl λ in den Proportionalitätsfaktor zwischen Druckverlust in geraden Rohren und dynamischem Druck ein.

Die dimensionslose Rohrreibungszahl λ hängt in komplexer Weise vom Turbulenzgrad der Strömung, d.h. der Reynolds-Zahl[3] (*Re*), und der Rauhigkeit der Rohrwandungen („Rohrrauhigkeit") ab. Diese Abhängigkeit ist in **Bild 10.8** dargestellt („Moody-Diagramm" [49]). Es lassen sich dort vier Bereiche unterscheiden:

- laminarer Strömungsbereich für $0 \leq Re \leq 2320$, in dem λ in einfacher Weise nur von *Re* abhängt

---

[2] z.B. [48], [49]
[3] siehe oben *Abschnitt 10.1* („Strömungsgeschwindigkeit")

178

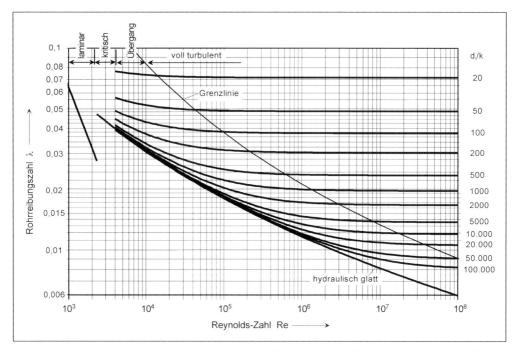

Bild 10.8: Rohrreibungszahl λ in Abhängigkeit von Reynolds-Zahl Re und relativer Rohrrauhigkeit d_i/k („Moody-Diagramm")

- instabiler (kritischer) Bereich für $2320 \leq Re \leq 4000$, in dem laminare oder turbulente Strömung vorliegen kann
- Übergangsbereich, in dem λ sowohl von der Reynoldszahl als auch von der Rohrrauhigkeit abhängt
- Bereich voller Turbulenz, in dem λ nur noch von der Rohrrauhigkeit abhängt (waagerechte Linien)

Im laminaren Strömungsbereich ist die Rohrreibungszahl von der Rohrrauhigkeit unabhängig und ihre Abhängigkeit von der Reynoldszahl eindeutig (siehe **Bild 10.8**). Diese Abhängigkeit ist im Hagen-Poiseuillschen Gesetz formuliert (siehe **Tabelle 10.4**). Rohrleitungen werden jedoch selten in diesem Bereich ausgelegt.

Im turbulenten Strömungsbereich spielt die Rohrrauhigkeit dagegen eine große Rolle. Sie wird durch das Verhältnis d_i/k von Rohrinnendurchmesser zu „absoluter Rohrrauhigkeit" der Rohrwandung quantifiziert. Die „absolute Rauhigkeit" oder „Sandkornrauhigkeit" k geht auf Versuche verschiedener Wissenschaftler zurück [50] und ist ansonsten in der Technik unüblich. Sie ist nicht mit den üblichen Methoden der Rauhigkeitsmessung zu bestimmen, sondern nur über ihre Wirkung auf den Druckverlust. Es liegen Werte für die verschiedenen Rohrleitungswerkstoffe vor[4], die für die Bestimmung der Rohrreibungszahl herangezogen werden. **Tabelle 10.3** zeigt eine Auswahl davon.

---

[4] z.B. [49], [51]

Tabelle 10.3: Beispiele für Sandkornrauhigkeiten k üblicher Rohrleitungswerkstoffe (Werte aus [43], [58])

Werkstoff	Zustand	„Sandkorn"-Rauhigkeit k in mm
Kupfer, Messing etc. (gezogen, gepreßt)	neu	0,0015
Kunststoffe	neu	0,0015...0,007
Stahl	neu	0,02...0,1
	angerostet	0,1...0,2
Gußeisen	neu	0,2...0,6
	gebraucht	0,5...1,5

Zahlreiche Wissenschaftler haben Formeln für die Berechnung der Rohrreibungszahl angegeben. In **Tabelle 10.4** sind einige Beispiele zusammengestellt. Alle Formeln dieser Tabelle liefern gut, aber selbstverständlich nicht vollständig übereinstimmende Ergebnisse. Die Kurven in **Bild 10.8** sind nach folgenden Formeln berechnet:

• Hagen und Poisseuille für laminare Strömung

• Prandtl und von Kármán für hydraulisch glatte Rohre

• Colebrook und White für raue Rohre

Die Kurven nach Colebrook und White gehen im vollturbulenten Bereich in die Kurven für raue Rohre nach Prandtl und von Kármán über. Die Formel für hydraulisch glatte Rohre nach Prandtl und von Kármán ergibt auch für Reynoldszahlen $Re<10^6$ recht genaue Rohrreibungszahlen, weshalb sie hier für den gesamten turbulenten Bereich verwendet wurde. Diese Formel und die von Colebrook und White haben den Nachteil, dass sie implizit sind und somit iterativ gelöst werden müssen. Für schnelle Überschlagsrechnungen können sich deshalb andere explizite Formeln aus **Tabelle 10.4** anbieten. Es wurden auch explizite Gleichungen entwickelt, die sowohl den laminaren als auch den gesamten turbulenten Bereich einschließen [52]. Der Vorteil der praktischen Handhabung, den diese Gleichungen bieten, geht allerdings auf Kosten der Genauigkeit in bestimmten Bereichen der Reynolds-Zahl.

Moody, der die in **Bild 10.8** verwendete Darstellung vorgeschlagen hat, gibt an, dass dort die Genauigkeit der Rohrreibungszahl λ für hydraulisch glatte Rohre ±5%, und für raue Rohre im vollturbulenten Bereich ca. ±10% erreicht, dass die Genauigkeit im Übergangsbereich jedoch schlechter sein kann [49]. Von hydraulisch glatten Rohren kann ausgegangen werden, wenn die absolute Rauhigkeit der Rohrwandungen $k \leq 0,007$mm ist[5]. Dies trifft allgemein auf gezogene Rohre aus Messing oder Kupfer, auf Glas- und Kunststoffrohre und ähnliche zu (siehe **Tabelle 10.3**). Rohre aus Materialien mit größeren absoluten Rauhigkeiten können bei großen Durchmessern auch geringe relative Rauhigkeiten aufweisen und sich so annähernd hydraulisch glatt verhalten. Der voll turbulente Bereich, in dem die Linien für raue Rohre im Moody-Diagramm horizontal verlaufen und somit die Rohrreibungszahl λ

---

[5] z.B. [53]

Tabelle 10.4: Beispiele für Formeln zur Berechnung der Rohrreibungszahl λ

Urheber	Einschränkungen	Formel
Laminare Strömung		
Hagen und Poiseuille	Re < 2300	$\lambda = \dfrac{64}{\text{Re}}$
Turbulente Strömung, hydraulisch glatte Rohrwand		
Blasius	3.000<Re<100.000	$\lambda = \dfrac{0{,}3164}{\sqrt[4]{\text{Re}}}$
Hermann	20.000<Re<2.000.000	$\lambda = 0{,}0054 + \dfrac{0{,}3964}{\text{Re}^{0,3}}$
Prandtl und v. Kármán	Re>1.000.000	$\dfrac{1}{\sqrt{\lambda}} = -0{,}8 + 2 \cdot \lg\left(\text{Re} \cdot \sqrt{\lambda}\right) = 2 \cdot \lg\left(\text{Re} \cdot \dfrac{\sqrt{\lambda}}{2{,}51}\right)$
Nikuradse	100.000<Re<5.000.000	$\lambda = 0{,}0032 + 0{,}221 \cdot \text{Re}^{-0{,}237}$
Filonenko und Althul /53/	Re>4.000	$\lambda = \dfrac{1}{\left(1{,}8 \cdot \lg \text{Re} - 1{,}64\right)^2}$
Turbulente Strömung, Übergangbereich, raue Rohrwand		
Colebrook und White		$\dfrac{1}{\sqrt{\lambda}} = -2 \cdot \lg\left[\dfrac{2{,}51}{\text{Re} \cdot \sqrt{\lambda}} + \dfrac{k}{3{,}71 \cdot d_i}\right]$
Althul /53/		$\lambda = 0{,}11 \cdot \left(\dfrac{k}{d_i} + \dfrac{68}{\text{Re}}\right)^{0,25}$
Lobaev /53/	0,0001<λ<0,01	$\lambda = \dfrac{1{,}42}{\left(\lg \dfrac{\text{Re} \cdot d_i}{k}\right)^2}$
Eck /46/		$\lambda = \lambda_{glatt} + 0{,}11 \cdot \lambda_{glatt}^2 \cdot \text{Re} \cdot \dfrac{k}{d_i}$
Voll turbulente Strömung, raue Rohrwand		
Prandtl und v. Kármán		$\dfrac{1}{\sqrt{\lambda}} = 2 \cdot \lg\left(\dfrac{d_i}{k}\right) + 1{,}14 = 2 \cdot \log\left(3{,}72 \cdot \dfrac{d_i}{k}\right)$
Moody		$\lambda = 0{,}0055 + 0{,}15 \cdot \left(\dfrac{k}{d_i}\right)^{\frac{1}{3}}$

von der Reynolds-Zahl unabhängig ist, ist dann erreicht, wenn die laminare Unterschicht so dünn wird, dass sie nicht mehr über die Oberflächenrauhigkeit der Rohrwand hinausragt. Die Grenzlinie zwischen dem Übergangsbereich und dem voll turbulenten Bereich in **Bild 10.8** wurde nach der Gleichung

$$\lambda = \left(\frac{200}{Re} \cdot \frac{d_i}{k} \right)^2 \tag{10.17}$$

berechnet [49].

10.3.1.2 Flüssigkeitsströmung durch Einzelwiderstände

Einzelwiderstände sind Einbauten in Rohrleitungen, die zusätzlichen Druckverlust z.B. durch folgende Beeinflussungen der Strömung verursachen:

- Umlenkung der Strömung

- Auftrennung in Teilströme oder Vereinigung aus Teilströmungen

- Veränderung des Strömungsquerschnitts

Dies geschieht immer dann, wenn der Strömungsquerschnitt nicht gerade und nicht mit unveränderlichem Querschnitt verläuft, insbesondere in Formstücken und Armaturen.

Der Proportionalitätsfaktor zwischen dem Druckverlust in einem Einzelwiderstand und dem dynamischen Druck $p_{dyn} = \frac{\rho}{2} \cdot \overline{w}^2$ (siehe *Gleichung 10.7*) wird als „Widerstandszahl" ζ oder auch als „ζ-Wert" bezeichnet. Der Druckverlust Δp_ζ in Formstücken ergibt sich damit zu:

$$\Delta p_\zeta = \zeta \cdot \frac{\rho}{2} \cdot \overline{w}^2 \tag{10.18}$$

Es ist zu bemerken, dass jeder Einzelwiderstand selbst auch eine gewisse Rohrlänge einschließt und somit neben dem Druckverlust durch Strömungsbeeinflussung auch einen Druckverlust durch Rohrreibung verursacht, der meist jedoch verhältnismäßig klein ist. Bezüglich der Details der Strömungsbeeinflussung sei auf die umfangreiche Literatur der Strömungsmechanik verwiesen.

Die **Tabellen 10.5 bis 10.8** geben Anhaltswerte für Widerstandszahlen gebräuchlicher Formstücke und Armaturen bei Vollöffnung. Der Fall vollgeöffneter Armaturen ist deshalb besonders interessant, weil nur dann der maximale Volumenstrom erreicht wird, für den die Rohrleitung dimensioniert wird. Widerstandszahlen von Armaturen variieren jedoch stark mit der Bauart, so dass die angegebenen Zahlen nur grobe Anhaltswerte sein können. Im Einzelfall ist auf die Angaben der Armaturenhersteller zurückzugreifen.

Tabelle 10.5: Anhaltswerte für Widerstandszahlen ζ von Rohrbögen und -winkeln (berechnet aus [59])

	r/d$_i$	Innendurchmesser d$_i$ in mm				
		25	50	100	200	500
90°- Bögen	1	0,59	0,49	0,41	0,35	0,29
	1,5	0,41	0,34	0,29	0,24	0,20
	2	0,35	0,29	0,25	0,21	0,17
	3	0,35	0,29	0,25	0,21	0,17
	4	0,41	0,34	0,29	0,24	0,20
	6	0,50	0,41	0,35	0,30	0,24
90°- Winkel		0,88	0,73	0,62	0,52	0,43
45°- Bögen	1	0,43	0,36	0,30	0,25	0,21
	1,5	0,29	0,24	0,20	0,17	0,14
	2	0,24	0,20	0,17	0,14	0,12
	3	0,23	0,19	0,16	0,14	0,11
	4	0,26	0,22	0,18	0,16	0,13
	6	0,30	0,25	0,21	0,18	0,15
45°- Winkel		0,47	0,39	0,33	0,28	0,23

Tabelle 10.6: Anhaltswerte für Widerstandszahlen ζ von Armaturen (berechnet aus [59])

	Innendurchmesser d$_i$ in mm				
	25	50	100	200	500
Schieber	0,23	0,20	0,16	0,14	0,11
Durchgangsventil	10,0	8,3	7,0	5,9	4,9
Schrägsitzventil	1,6	1,3	1,1	1,0	0,8
Eckventil	4,4	3,7	3,1	2,6	2,1
Kugelhahn	0,09	0,07	0,06	0,05	0,04
Klappe		1,3	1,1	0,9	0,8

Häufig wird von Ventilherstellern keine Widerstandszahl ζ angegeben, sondern ein „Ventilkennwert"[6] k_V (auch „k_V-Wert"), der experimentell leicht zu bestimmen ist. Er ist definiert als der Volumenstrom in m^3/h einer Flüssigkeit mit der Dichte $\rho_0 = 1000$kg/m^3, bei dem der Druckverlust über die Armatur $\Delta p_0 = 1$bar beträgt. Wird eine Armatur mit einem Volumenstrom $\dot{V}$ eines Fluids der Dichte ρ durchströmt und dabei über die Armatur ein Druckverlust Δp gemessen, so kann daraus wie folgt der k_V-Wert der Armatur berechnet werden[7]:

$$k_V = \dot{V} \cdot \sqrt{\frac{\Delta p_0 \cdot \rho}{\Delta p \cdot \rho_0}} \qquad (10.19)$$

---

[6] siehe VDI/VDE 2173; im US-amerikanischen Inch-Pound-System ist der c_v-Wert in [Gallons per Minute (*GPM*)] bei 1 Pound per Square Inch (*PSI*) Druckverlust üblich; $k_V = 0,86 \cdot c_v$

[7] siehe Anmerkung 10.1 im Anhang

Tabelle 10.7: Anhaltswerte für Widerstandszahlen ζ von Rohrverzweigungen und -vereinigungen (Werte aus VDI-Wärmeatlas, 1991)

Verzweigungen

$\dfrac{\dot{V}a}{\dot{V}}$	ζ_d	ζ_a (90°)	ζ_a (45°)
0	0,05	1	0,9
0,25	-0,05	0,9	0,7
0,5	0,05	0,9	0,45
0,75	0,2	1,1	0,35
1	0,35	1,3	0,45

$\dot{V} \rightarrow \rightarrow \dot{V}_d;\varsigma_d$; $\dot{V}_a;\varsigma_a$

Vereinigungen

$\dfrac{\dot{V}a}{\dot{V}}$	ζ_d (90°)	ζ_a (90°)	ζ_d (45°)	ζ_a (45°)
0	0,1	-1	0,05	-0,9
0,25	0,25	-0,3	0,2	-0,2
0,5	0,35	0,3	0,15	0,15
0,75	0,5	0,7	-0,15	0,35
1	0,6	0,9	-0,5	0,35

$\dot{V}_d;\varsigma_d \rightarrow \rightarrow \dot{V}$; $\dot{V}_a;\varsigma_a$

oder vereinfacht als Zahlenwertgleichung (nicht dimensionsgerecht !):

$$k_V = \frac{\dot{V}}{31,6} \cdot \sqrt{\frac{\rho}{\Delta p}} \qquad (10.20)$$

mit: $\dot{V}$ in m³/h, Δp in bar und ρ in kg/m³

Tabelle 10.8: Anhaltswerte für Widerstandszahlen ζ von Reduktionen und Erweiterungen (Werte aus VDI-Wärmeatlas, 1991; bezogen auf Eintrittsgeschwindigkeit)

φ	Widerstandszahl		
Reduktionen			
<40°	≈ 0,04		
Erweiterungen			
	$d_{i,größer}/d_{i,kleiner}$		
	1,5	2	3
10°	0,06	0,12	0,16
20°	0,12	0,23	0,32
30°	0,23	0,37	0,52
40°	0,3	0,5	0,63

Aus den Gleichungen *10.18 und 10.19* kann eine Beziehung zur Umrechnung des k_V-Wertes in eine Widerstandszahl ζ abgeleitet werden[8]. Üblicherweise wird folgende nicht dimensionsgerechte Form verwendet:

$$\zeta = \frac{1}{625{,}4} \cdot \left(\frac{d_i^2}{k_V} \right)^2 \qquad (10.21)$$

mit: d_i in mm und k_V in m³/h

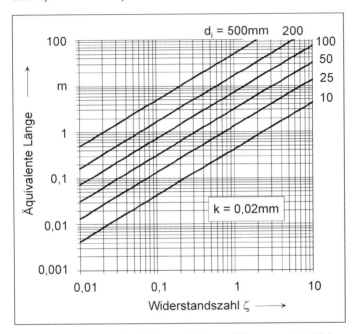

Bild 10.9: Abhängigkeit der äquivalenten Länge von der Widerstandszahl ζ

Der Ventilkennwert bei Vollöffnung wird üblicherweise mit k_{VS} bezeichnet. Neben diesem Wert ist insbesondere für die Regelungstechnik auch die Veränderung des Ventilkennwertes mit der Änderung des Ventilhubs bzw. des Klappenstellwinkels o.ä. interessant. Dies wird von den Armaturenherstellern z.B. in Form von Öffnungskennlinien angegeben. Dazu wird das Verhältnis von k_V-Wert zu k_{VS}-Wert (k_V/k_{VS}) über dem Verhältnis von Ventilhub zu Ventilhub bei Vollöffnung ($H/H_{100\%}$) oder Klappenstellwinkel φ zu Klappenstellwinkel bei Vollöffnung $\varphi_{100\%}$ aufgetragen.

In bestimmten Anwendungen ist es verbreitet, den Strömungswiderstand von Einzelwiderständen über „äquivalente Rohrlängen" zu berücksichtigen. Dazu wird dem Einzelwiderstand jeweils eine bestimmte Rohrlänge zugeordnet, die denselben Druckverlust in der Strömung hervorrufen würde wie der betreffende Einzelwiderstand. Aus der tatsächlichen Rohrlänge und der Summe der äquivalenten Längen der Einzelwiderstände wird dann eine fiktive Gesamtrohrlänge für den betrachteten Rohrleitungsabschnitt berechnet und der Druckverlust mit der *Darcy-Weisbach-Gleichung 10.16* ohne ζ-Werte bestimmt.

Aus einer bekannten Widerstandszahl ζ kann die zugehörige äquivalente Länge $L_{äq}$ durch Gleichsetzen der Druckverluste aus Rohrreibung (*Gleichung 10.16*) und Einzelwiderstand $\Delta p_\lambda = \Delta p_\zeta$ ermittelt werden. Daraus folgt:

---

[8] siehe Anmerkung 10.2 im Anhang

$$\lambda \cdot \frac{L_{\text{äq}}}{d_{\text{i}}} = \zeta \tag{10.22}$$

und aufgelöst nach $L_{\text{äq}}$:

$$L_{\text{äq}} = \frac{\zeta \cdot d_{\text{i}}}{\lambda} \tag{10.23}$$

Die äquivalente Länge $L_{\text{äq}}$ hängt also auch von der Rohrreibungszahl λ ab, in die wiederum, wie aus dem Moody-Diagramm (**Bild 10.8**) ersichtlich, sowohl die Reynoldszahl als auch die Rohrrauhigkeit eingehen. Das bedeutet, dass $L_{\text{äq}}$ z.B. abhängig vom Rohrleitungswerkstoff und vom Strömungszustand angegeben werden muss. Nach dem Moody-Diagramm nehmen die Rohrreibungszahlen λ im vollturbulenten Bereich jeweils ihren kleinsten Wert an, der unabhängig von der Reynoldszahl ist. Legt man der äquivalenten Länge $L_{\text{äq}}$ diese Rohrreibungszahlen λ zugrunde, so liegt man auf der sicheren Seite. In **Bild 10.9** ist der Zusammenhang zwischen äquivalenter Länge und Widerstandszahl ζ nach *Gleichung 10.23* beispielhaft für eine Rohrrauhigkeit von $k=0,02$mm dargestellt. Darin wurde die Rohrreibungszahl für vollturbulente Strömung nach der Formel von Prandtl und Kármán (siehe **Tabelle 10.4**) berücksichtigt. **Tabelle 10.9** enthält eine Auswahl von äquivalenten Längen für Ein-

Tabelle 10.9: Anhaltswerte für äquivalente Längen in *m* von Strömungswiderständen für Rohrrauhigkeit $k=0,02$mm

Strömungswiderstand		Innendurchmesser d_{i} in mm				
		25	50	100	200	500
90° Bögen	$r/d_{\text{i}}=1,5$	0,6	1,1	2,1	4,0	9,9
90° Winkel		1,2	2,3	4,5	8,7	21,2
Schieber		0,3	0,6	1,2	2,3	5,4
Durchgangsventil		13,4	26,1	51,0	98,6	241,9
Schrägsitzventil		2,2	4,1	8,0	16,7	39,5
Eckventil		5,9	11,7	22,6	43,4	103,7
Kugelhahn		0,1	0,2	0,4	0,8	2,0
Klappe		4,1	8,0	15,0	39,5	
Reduktion < 40°		0,05				
Verzweigung 90° Durchgang		0,07				
Verzweigung 90° Abzweig	$\dfrac{\dot{V}_a}{\dot{V}} = 0,5$	1,21				
Vereinigung 90° Durchgang		0,47				
Vereinigung 90° Einmündung		0,40				
Erweiterung 20°	$\dfrac{d_{i,groß}}{d_{i,klein}} = 2$	0,31				

zelwiderstände, die auf die gleiche Weise aus Widerstandzahlen ζ der **Tabellen 10.5 bis 10.8** berechnet wurden.

10.3.1.3 Gesamtdruckverlust in Flüssigkeitsströmungen

Die Druckverluste aus Rohrreibung und Einzelwiderständen in einem unverzweigten Rohrleitungsabschnitt stellen eine Reihe serieller Strömungswiderstände dar, die sich zum Gesamtdruckverlust summieren (siehe auch *Abschnitt 10.4, Strömung in Rohrnetzen*). Bei gleichbleibendem Innendurchmesser und somit gleichbleibender Strömungsgeschwindigkeit ergibt sich dieser Gesamtdruckverlust aus den *Gleichungen 10.16 und 10.18* zu:

$$\Delta p_{ges} = \Delta p_\lambda + \sum \Delta p_\zeta = \left(\lambda \cdot \frac{L}{d_i} + \sum \zeta \right) \cdot \frac{\rho}{2} \cdot \overline{w}^2 \qquad (10.24)$$

Werden die Einzelwiderstände anstatt über Widerstandzahlen ζ über äquivalente Längen $L_{äq}$ berücksichtigt (s.o.), so vereinfacht sich *Gleichung 10.24* zu:

$$\Delta p_{ges} = \lambda \cdot \frac{L + \sum L_{äq}}{d_i} \cdot \frac{\rho}{2} \cdot \overline{w}^2 \qquad (10.25)$$

10.3.2 Druckverlust in Gasströmungen

Gase sind kompressibel, d.h. ihre Dichte ρ_G ist abhängig vom herrschenden Absolutdruck p. Für ideale Gase ist diese Proportionalität linear ($\rho_G \sim p$, ideales Gasgesetz). Bei Berücksichtigung realen Gasverhaltens (z.B. bei hohen Drücken) ergeben sich Abweichungen von dieser Linearität nach oben oder unten, in jedem Fall ist jedoch auch hier die Dichte direkt vom Druck abhängig.

Gase erleiden wie Flüssigkeiten beim Durchströmen von Rohrleitungen und Einzelwiderständen (s.o.) einen Druckverlust Δp_V. Dadurch kommt folgende Kausalkette in Gang:

1. Der Absolutdruck p sinkt entlang der Strömung.

2. Das Gas wird entspannt.

3. Die Gasdichte ρ nimmt ab und damit nimmt der Gasvolumenstrom $\dot{V}$ zu.

4. Entsprechend der Kontinuitätsgleichung (*10.2*) steigt die Strömungsgeschwindigkeit $\overline{w}$ an.

5. Da der Druckverlust Δp_V von der Strömungsgeschwindigkeit $\overline{w}$ abhängt (*Darcy-Weisbach-Gleichung 10.16*), steigt er ebenfalls entlang der Strömung an.

6. Wegen des wachsenden Druckverlustes Δp_V sinkt der Absolutdruck p überproportional (**Bild 10.10**).

In **Bild 10.10** ist beispielhaft der Verlauf der Dichte, der Strömungsgeschwindigkeit und des Druckes von Druckluft in einer sehr langen Rohrleitung mit einem Innendurchmesser von d_i = 100mm aufgetragen. Die mit „kompressibel" bezeichneten Kurven wurden für isotherme

Strömung bei Raumtemperatur berechnet (siehe *Abschnitt 10.3.2.1*). Die mit „inkompressibel" bezeichneten Kurven zeigen zum Vergleich den theoretischen Fall der Strömung eines inkompressiblen Fluids mit der Dichte[9] ρ = 12kg/m^3.

Solange der Druckverlust in dem jeweils zu berechnenden Rohrleitungsabschnitt klein ist gegenüber dem Anfangsdruck p_1 (z.B. $\Delta p_V/p_1$ < 0,1)[10] werden die aufgezeigten Effekte in der Praxis häufig vernachlässigt und der Druckverlust für kompressible Gasströmungen überschlägig wie der für inkompressible Flüssigkeiten (*Gleichung 10.24*) berechnet.

Bild 10.10 verdeutlicht diese Vernachlässigung. Man rechnet entlang der dort im untersten Diagramm (Druckverlauf) gezeigten Tangente (Kurve „inkompressibel") anstatt entlang der gekrümmten Kurve („kompressibel"). Hier ist deutlich zu sehen, dass der Unterschied für kurze Rohrlängen gering ist.

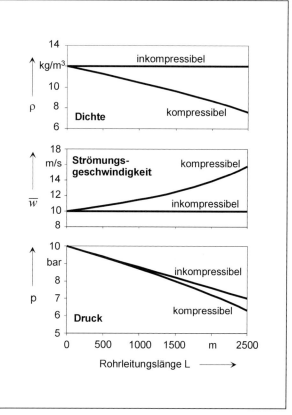

Bild 10.10: Verlauf von Dichte ρ, Strömungsgeschwindigkeit $\overline{w}$ und Druck p über der Rohrleitungslänge bei inkompressibler und kompressibler Strömung

Für genaue Berechnungen müssen jedoch die obigen Effekte der kompressiblen Strömung berücksichtigt werden, woraus eine Integralrechnung entlang der gekrümmten Kurve („kompressibel") über die zu betrachtende Rohrlänge folgt. Um eine anschauliche Formel für die Druckverlustberechnung von Gasströmungen zu erhalten, sind einige Vereinfachungen üblich, die im folgenden gezeigt werden[11].

10.3.2.1 Gasströmung im geraden Rohr

Wie oben gezeigt wird die Strömung kompressibler Fluide entlang der Rohrleitung beschleunigt. Aus der dabei verbrauchten Beschleunigungsenergie resultiert zusätzlicher

---

[9] ρ = 12kg/m^3 entspricht der Anfangsdichte ρ_1 der Druckluft in dem hier gewählten Beispiel

[10] Ein weiteres Kriterium für die Anwendbarkeit inkompressibler Rechnung ist die Mach-Zahl (Ma), d.h. das Verhältnis von Strömungsgeschwindigkeit zu Schallgeschwindigkeit. Z.B. für Ma<0,2 kann inkompressibel gerechnet werden [54]

[11] siehe z.B. [58]

Druckverlust. Werden die Strömungsgeschwindigkeiten nicht zu groß, ist dieser zusätzliche Druckverlust klein gegenüber dem aus Rohrreibung, für Luft mit 20°C z.B. 3,2% bei 50m/s und 14% bei 100m/s [46].

Des Weiteren geht man vereinfachend von idealem Gasverhalten aus, das für viele technische Anwendungsfälle annähernd zutrifft[12]. Damit gilt die ideale Gasgleichung:

$$p \cdot V = m \cdot R \cdot T \quad \text{bzw.} \quad p \cdot \dot{V} = \dot{m} \cdot R \cdot T \tag{10.26}$$

Hierbei ist zu berücksichtigen, dass Druck p und Temperatur T jeweils absolut einzusetzen sind (Absolutdruck = Überdruck in der Leitung + Umgebungsdruck; Absoluttemperatur in Kelvin).

Dichte ρ und Strömungsgeschwindigkeit $\overline{w}$ können damit an jedem beliebigen Punkt in einer Rohrleitung abhängig von dem bekannten Zustand in einem Bezugspunkt (Index „1") bestimmt werden, wenn man den Druck p und die Temperatur T kennt:

$$\rho = \rho_1 \cdot \frac{p}{p_1} \cdot \frac{T_1}{T} \tag{10.27}$$

$$\overline{w} = \overline{w}_1 \cdot \frac{p_1}{p} \cdot \frac{T}{T_1} \tag{10.28}$$

In einem Rohrstück mit der infinitesimal kurzen Länge dL (**Bild 10.11**) können die druckabhängigen Größen p, T und λ annähernd als konstant angenommen werden. Damit liegen inkompressible Verhältnisse vor und der Druckverlust in diesem kurzen geraden Rohrstück kann nach der *Darcy-Weisbach-Gleichung 10.16* berechnet werden. Setzt man darin Dichte und Strömungsgeschwindigkeit nach den obigen *Gleichungen 10.27 und 10.28* ein, so erhält man für den Druckunterschied im Rohrstück der Länge dL:

$$dp = -\lambda \cdot \frac{dL}{d_i} \cdot \frac{\rho_1}{2} \cdot \overline{w}_1^2 \cdot \frac{T}{T_1} \cdot \frac{p_1}{p} \tag{10.29}$$

oder

$$p \cdot dp = -\frac{\lambda}{d_i} \cdot \frac{\rho_1}{2} \cdot \overline{w}_1^2 \cdot \frac{T}{T_1} \cdot p_1 \cdot dL \tag{10.30}$$

mit der Temperatur T, dem Druck p und der Rohrreibungszahl λ im jeweiligen Rohrabschnitt dL.

---

[12] z.B. für Luft bei 20bar ist der Realgasfaktor Z zwischen 0°C und 200°C:

$$0,99 \leq Z = \frac{p \cdot V}{n \cdot R \cdot T} \leq 1,006 \text{ (berechnet aus Virialkoeffizienten nach [60])}$$

Das Minuszeichen auf der rechten Seite der Gleichung rührt daher, dass der Druck abnimmt und damit der Druckunterschied $p_2 - p_1$ negativ ist. Für technische Anwendungen ist der Druckverlust in einem Rohrleitungsabschnitt zwischen zwei Punkten „1" und „2" (**Bild 10.11**) interessant, der folgendermaßen definiert ist:

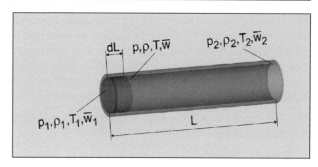

Bild 10.11:   Modell zum Druckverlust bei kompressibler Strömung

$$\Delta p_\lambda = p_1 - p_2 \qquad (10.31)$$

Mit den Vereinfachungen

- $\lambda \approx const.$

und

- $T \approx \overline{T} = \dfrac{T_1 + T_2}{2}$

ergibt die Integration von *Gleichung 10.30* mit der Rohrlänge L zwischen den Punkten „1" und „2":

$$\frac{p_1^2 - p_2^2}{2 \cdot p_1} = \lambda \cdot \frac{L}{d_i} \cdot \frac{\rho_1}{2} \cdot \overline{w}_1^2 \cdot \frac{\overline{T}}{T_1} \qquad (10.32)$$

worin die Bezugsgrößen p_1, T_1, ρ_1 und $\overline{w}_1$ am Beginn (Punkt „1") des betrachteten Rohrleitungsabschnittes bekannt sein müssen.

Mit *Gleichung 10.31* ergibt sich daraus für den kompressiblen Druckverlust einer Gasströmung im geraden Rohr $\Delta p_{\lambda,k}$ (siehe *Anmerkung 10.4*):

$$\Delta p_{\lambda,k} = p_1 \cdot \left(1 - \sqrt{1 - \frac{2}{p_1} \cdot \lambda \cdot \frac{L}{d_i} \cdot \frac{\rho_1}{2} \cdot \overline{w}_1^2 \cdot \frac{\overline{T}}{T_1}} \right) \qquad (10.33)$$

In dieser Gleichung enthalten ist die *Darcy-Weisbach-Gleichung 10.16*

$$\left(\Delta p_{\lambda,i} = \lambda \cdot \frac{L}{d_i} \cdot \frac{\rho_1}{2} \cdot \overline{w}_1^2 \right) \text{ für den Druckverlust bei inkompressibler Strömung}$$

(Flüssigkeitsströmung) mit der Dichte ρ_1 und der Strömungsgeschwindigkeit $\overline{w}_1$ am Punkt „1". Damit lässt sich *Gleichung 10.33* übersichtlicher schreiben als:

$$\Delta p_{\lambda,k} = p_1 \cdot \left(1 - \sqrt{1 - \frac{2}{p_1} \cdot \Delta p_{\lambda,i} \cdot \frac{\overline{T}}{T_1}} \right) \qquad (10.34)$$

Die Vereinfachungen bei der Herleitung dieser Gleichung ($\lambda \approx const.$ und $T \approx \overline{T}$, s.o.) wirken sich umso mehr auf die Genauigkeit des berechneten Druckverlustes aus, je länger die Länge L des betrachteten Rohrabschnitte bzw. je größer der Druckverlust im Verhältnis zum Anfangsdruck ist. Es ist daher zu empfehlen, längere Rohrleitungen in mehreren Teilabschnitten zu berechnen. Dabei ist jeweils der Enddruck $p_2 = p_1 - \Delta p_V$ des vorhergehenden Abschnittes der Anfangsdruck p_1 des nachfolgenden.

Das Temperaturverhältnis $\overline{T}/T_1$ wird nur dann $\neq 1$, wenn sich die Gastemperatur entlang der Rohrleitung ändert. Hierfür kommen folgende Effekte in Betracht:

- Wärmeaustausch mit der Umgebung
- Abkühlung des Gases durch adiabate bzw. polytrope Entspannung des Gases
- Erwärmung des Gases durch Rohrreibung

Permanenter Wärmeaustausch mit der Umgebung sorgt andererseits in bestimmten Fällen dafür, dass die Gastemperatur trotz Gasentspannung und Reibungseinfluss nahezu konstant bleibt. Dies ist insbesondere in Gasrohrleitungen ohne Wärmedämmung der Fall. Man spricht dann von „isothermer Strömung" und setzt $\overline{T}/T_1 = 1$.

In Rohrleitungen mit Wärmedämmung herrschen dagegen annähernd adiabate Verhältnisse, d.h. es findet nur sehr geringer Wärmeaustausch mit der Umgebung statt. Damit wirken sich Abkühlungs- und Erwärmungseffekte direkt auf die Fluidtemperatur entlang der Strömung aus. Dies betrifft z.B. Dampfrohrleitungen [43]. Die Abkühlung des Dampfes entlang der Rohrleitung durch Entspannung aufgrund des Druckverlustes z.B. bewirkt, dass $\overline{T}/T_1 < 1$ wird. Zu bedenken ist allerdings, dass andererseits die Dissipation durch Rohrreibung dieser Abkühlung entgegenwirkt. Auch dies wird jedoch üblicherweise vernachlässigt. **Bild 10.12** zeigt einen Vergleich der Druckverluste bei isothermer und nicht-isothermer Strömung.

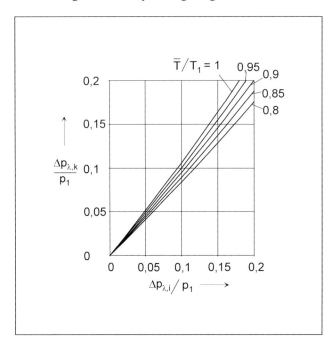

Bild 10.12: Einfluss der Temperaturänderung im Gas auf den Druckverlust bei kompressibler Strömung

10.3.2.2 Gasströmung durch Einzelwiderstände

Die Druckverluste von Gasströmungen durch Einzelwiderstände Δp_ζ werden berechnet wie die von Flüssigkeitsströmungen (s.o. *Gleichung 10.18*). Für die Genauigkeit des so berechneten Druckverlustes ist entscheidend, welche Strömungsgeschwindigkeit $\overline{w}_1$ eingesetzt wird. Diese nimmt entlang einer Gasströmung zu, wie oben beschrieben. Sitzt z.B. ein Einzelwiderstand am Ende eines betrachteten Rohrleitungsabschnittes, sein Druckverlust wird jedoch mit der Strömungsgeschwindigkeit berechnet, die am Anfang des Abschnittes herrscht, so können sich daraus erhebliche Abweichungen ergeben.

Als Widerstandsbeiwerte ζ können dieselben wie für inkompressible Strömung verwendet werden (z.B. *Tabellen 10.5 bis 10.8*). Dies führt nur bei Einbauten mit Gebieten starker Ablösung, d.h. großen Verlustbeiwerten und hoher Strömungsgeschwindigkeiten ($Ma>0,5$)[13] zu unzureichenden Ergebnissen [*54*]. Auch äquivalente Längen können zur Berücksichtigung der Einzelwiderstände wie in Flüssigkeitsströmungen verwendet werden (s.o.).

10.3.2.3 Gesamtdruckverlust in Gasströmungen

Entsprechend den obigen Ausführungen wird der Druckverlust in Gasströmungen nach *Gleichung 10.33 bzw. 10.34* berechnet. Wie in *Gleichung 10.34* formuliert ist darin der Druckverlust bei inkompressibler Strömung, d.h. in Flüssigkeitsströmungen enthalten. Dieser wird nach den *Gleichungen 10.24 oder 10.25* bestimmt. Bei sehr kleinen Druckverlusten (z.B. $\Delta p_V \leq 0,1 \cdot p_1$) kann auch für Gasströmungen vereinfacht wie im inkompressiblen Fall (*Gleichungen 10.24 oder 10.25*) gerechnet werden.

In jedem Fall ist zu bedenken, dass wegen der Veränderlichkeit von Gasdichte und Strömungsgeschwindigkeit die Rechnung umso ungenauer wird, je größer der Druckverlust $\Delta p_V/p_1$ im betrachteten Rohrleitungsabschnitt ist. Es ist daher zu empfehlen, jeweils möglichst kurze Abschnitte zu betrachten und die Lage der Einzelwiderstände zu berücksichtigen.

10.3.3 Längenbezogene Druckverlustermittlung (Druckgefälle)

Die bisher beschriebene Art der Druckverlustberechnung ist auf jeden praktischen Fall anwendbar. In der Ingenieurpraxis sind für bestimmte Anwendungen allerdings auch vereinfachte Berechnungen verbreitet. In diesen Fällen arbeitet man gern mit vorberechneten Werten für den „längenbezogenen Druckverlust", der auch als „Druckgefälle" oder als „R-Wert" bezeichnet wird:

$$R = \frac{\Delta p}{L} \qquad (10.35)$$

Daraus lässt sich der Druckverlust Δp eines Rohrstranges sehr einfach bestimmen:

$$\Delta p = R \cdot L \qquad (10.36)$$

mit:

L = Länge des betrachteten Rohrabschnittes inklusive äquivalenter Längen für Einzelwiderstände (siehe *Abschnitt 10.3.1.2*)

R = längenbezogener Druckverlust (Druckgefälle)

---

[13] Mach-Zahl = Verhältnis von Strömungsgeschwindigkeit zu Schallgeschwindigkeit

Zur Bestimmung des längenbezogenen Druckverlustes R muss *Gleichung 10.16* umgeformt werden zu:

$$R = \frac{\Delta p_\lambda}{L} = \lambda \cdot \frac{1}{d_i} \cdot \frac{\rho}{2} \cdot \overline{w}^2 \qquad (10.37)$$

R hängt also ab von:

- Rohrleitungswerkstoff
- Rohrinnendurchmesser
- Dichte des Fluids
- Strömungszustand (Reynolds-Zahl)
- Volumenstrom

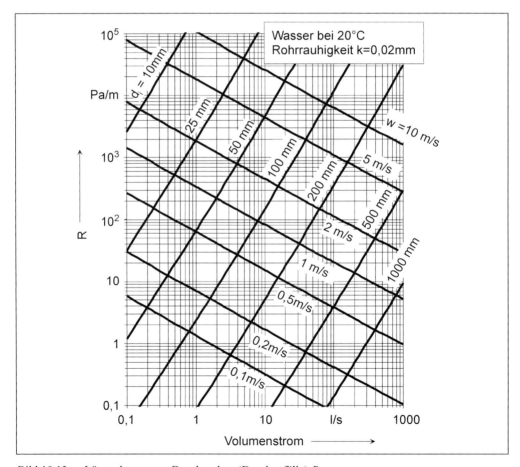

Bild 10.13:   Längenbezogener Druckverlust (Druckgefälle) R

Es existieren verschiedenste Kataloge für R-Werte, meist in Form von Tabellen oder Diagrammen (z.B. **Bild 10.13**). Es ist darauf zu achten, das die verfügbaren R-Werte auch in allen genannten Kriterien zu dem jeweiligen Anwendungsfall passen. Die Werte in **Bild 10.13** gelten z.B. nur für Wasser bei Raumtemperatur in Rohren mit einer Wandrauhigkeit von $k = 0{,}02$mm.

10.4 Strömung in Rohrnetzen

Im technischen Sprachgebrauch werden verzweigte Rohrleitungssysteme häufig „Rohrnetze" genannt. Strömungstechnisch sind das Kombinationen von seriellen (hintereinandergeschalteten) und parallelen Strömungswiderständen.

10.4.1 Serielle Strömungswiderstände

Jeder Rohrleitungsabschnitt, der nicht ausschließlich aus einem geraden Stück Rohr mit konstantem Durchmesser besteht, stellt eine Reihe serieller Strömungswiderstände dar. Zwei Rohrstücke verschiedener Dimension, die über eine Reduktion miteinander verbunden sind, stellen beispielsweise eine Reihe von drei seriellen Strömungswiderständen dar (**Bild 10.14**).

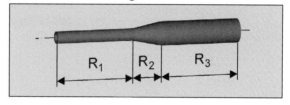

Bild 10.14: Beispiel für serielle Strömungswiderstände

Der Gesamtdruckverlust einer Reihe serieller Strömungswiderstände ist gleich der Summe der Einzeldruckverluste:

$$\Delta p_{\text{ges}} = \sum_{i=1}^{n} \Delta p_i \tag{10.38}$$

Der eintretende Massenstrom ist immer gleich dem austretenden Massenstrom:

$$\dot{m}_{\text{ein}} = \dot{m}_{\text{aus}} \tag{10.39}$$

Bei konstanter Dichte, d.h. bei inkompressiblen Fluiden (Flüssigkeiten) bedeutet das, dass auch der eintretende Volumenstrom gleich dem austretenden Volumenstrom ist:

$$\dot{V}_{\text{ein}} = \dot{V}_{\text{aus}} \tag{10.40}$$

10.4.2 Parallele Strömungswiderstände

In jeder Rohrverzweigung wird der Fluidstrom in zwei oder mehr Teilströme aufgeteilt. Werden diese Teilströme stromabwärts wieder zusammengeführt oder weisen sie aus einem anderen Grunde an ihren Enden den gleichen Druck auf, so sind sie im Sinne der Strömungstechnik „parallel". In diesem Fall sind die Druckverluste in den einzelnen Teilsträngen gleich (**Bild 10.15**):

$$\Delta p_1 = \Delta p_2 = \Delta p_3 = \ldots = \Delta p_n \tag{10.41}$$

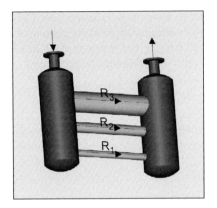

Für die Massenströme gilt:

$$\dot{m}_{ein} = \dot{m}_{aus} = \sum_{i=1}^{n} \dot{m}_i \qquad (10.42)$$

und bei konstanter Dichte, d.h. inkomressiblen Fluiden (Flüssigkeiten):

$$\dot{V}_{ein} = \dot{V}_{aus} = \sum_{i=1}^{n} \dot{V}_i \qquad (10.43)$$

Bild 10.15: Beispiel für parallele Strömungswiderstände

Die einzelnen Teilvolumenströme paralleler Leitungen können über den Vergleich ihrer Strömungswiderstände ermittelt werden. Aus den *Gleichungen 10.24 und 10.2* ergibt sich:

$$\Delta p = \left(\lambda \cdot \frac{L}{d_i} + \sum \zeta \right) \cdot \frac{\rho}{2} \cdot \frac{\dot{V}^2}{A_i^2} \qquad (10.44)$$

Fasst man die für einen bestimmten Strömungswiderstand konstanten Größen zu dem „Strömungswiderstand" R_S zusammen, so ist:

$$\Delta p = R_S \cdot \dot{V}^2 \qquad (10.45)$$

mit:

$$R_S = \left(\lambda \cdot \frac{L}{d_i} + \sum \zeta \right) \cdot \frac{\rho}{2} \cdot \frac{1}{A_i^2} \qquad (10.46)$$

Aus *Gleichung 10.41* folgt damit:

$$R_{S,1} \cdot \dot{V}_1^2 = R_{S,2} \cdot \dot{V}_2^2 = R_{S,3} \cdot \dot{V}_3^2 = \ldots = R_{S,n} \cdot \dot{V}_n^2 \qquad (10.47)$$

und für das Verhältnis der Massenströme z.B. in den parallelen Strängen „1" und „2":

$$\frac{\dot{V}_1}{\dot{V}_2} = \sqrt{\frac{R_{S,2}}{R_{S,1}}} \qquad (10.48)$$

Aus *Gleichung 10.45* ($\Delta p = R_S \cdot \dot{V}^2$) folgt nicht notwendigerweise $\Delta p \sim \dot{V}^2$, denn im Strömungswiderstand R_S nach *Gleichung 10.46* steckt die Rohrreibungszahl λ [($R_S = f(\lambda)$)]. Überall dort, wo die Kurven im Moody-Diagramm (**Bild 10.8**) nicht waagerecht verlaufen, ist die Rohrreibungszahl λ abhängig von der Reynoldszahl Re, damit nach *Gleichung 10.1* abhängig von der Strömungsgeschwindigkeit $\overline{w}$ und mit *Gleichung 10.2* abhängig vom Volumenstrom $\dot{V}$. Somit steckt $\dot{V}$ in diesen Bereichen auch in R_S und $\Delta p \sim \dot{V}^2$ gilt nur für den vollturbulenten Bereich. Beispiele für die anderen Bereiche enthält *Anmerkung 10.3* im Anhang.

10.4.3 Druckverlust in Rohrnetzen

Jedes „Rohrnetz" ist eine Kombination paralleler und serieller Rohrleitungsabschnitte. Jeder Rohrleitungsabschnitt ist wiederum eine Folge serieller Strömungswiderstände. Parallele Rohrleitungsabschnitte stellen parallele Strömungswiderstände dar. In einem Rohrnetz kann das Fluid unterschiedliche Bahnen nehmen, die unterschiedliche Kombinationen von Strömungswiderständen darstellen und damit unterschiedlich hohe Druckverluste erzeugen. Solche Bahnen werden z.B. „Rohrstränge" genannt.

Bei der Auslegung eines Rohrnetzes ist der Rohrstrang von besonderer Bedeutung, der den größten Druckverlust erzeugt. Er wird z.B. „ungünstigster Strang" genannt. Von dem Druckverlust, der bei maximalem Volumenstrom in diesem ungünstigsten Strang entsteht, hängt der maximale Druck ab, der am Anfang dieses Rohrstranges zur Verfügung stehen muss.

In *Abschnitt 10.4.2* wurde gezeigt, dass sich der Gesamtvolumenstrom entsprechend der Strömungswiderstände auf parallele Stränge verteilt (*Gleichung 10.48*). Sind in den parallelen Strängen jeweils bestimmte Volumenströme gefordert, so müssen die Strömungswiderstände entsprechend abgeglichen werden. Dies geschieht z.B. durch das Einregulieren von Abgleich-Ventilen in den einzelnen Strängen. Diese Maßnahme wird „hydraulischer Abgleich" genannt.

10.4.4 Treibendes Druckgefälle

In einer Rohrleitung findet nur dann eine Strömung statt, wenn ein „treibendes Druckgefälle" vorhanden ist, d.h., grob ausgedrückt, wenn am Anfang der Rohrleitung ein höherer statischer Druck herrscht als am Ende. Mit der *Bernoulli-Gleichung 10.5* lässt sich das folgendermaßen darstellen:

$$\rho_1 \cdot g \cdot h_1 - \rho_2 \cdot g \cdot h_2 + p_1 - p_2 = \frac{\rho_2}{2} \cdot \overline{w}_2^2 - \frac{\rho_1}{2} \cdot \overline{w}_1^2 + \Delta p_V \tag{10.49}$$

Auf der linken Seite dieser Gleichung steht die Summe der statischen Druckanteile, die die Strömung treiben, auf der rechten Seite die Summe der dynamischen Druckanteile, die durch die Strömung entstehen. Je nach Anwendungsfall können einzelne Teile dieser Gleichung auch wegfallen oder vernachlässigt werden. **Bild 10.16** verdeutlicht dies an einigen Beispielen:

- Im Beispiel (A) für Flüssigkeitsströmungen wird über einen Kompressor in dem geschlossenen Behälter ein Überdruck aufgebaut, der die Flüssigkeit aus dem Behälter durch die Rohrleitung in das höhergelegene offene Becken drückt. Die Strömungsgeschwindigkeiten sind in beiden Behältern annähernd null. Hier fließt erst dann etwas, wenn der statische Druckunterschied $p_1 - p_2$ größer ist als der geodätische. Das treibende Druckgefälle ist die Differenz dieser beiden Druckunterschiede.

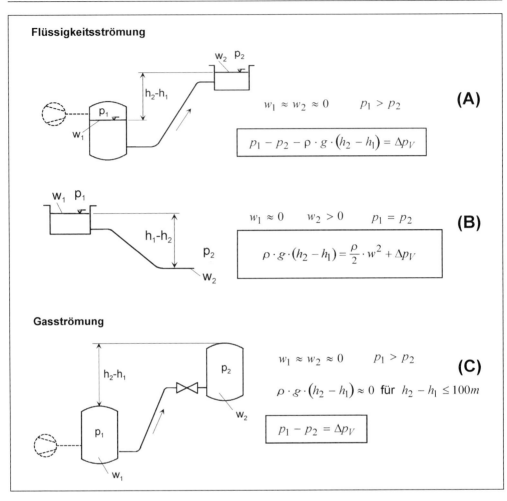

Flüssigkeitsströmung

$w_1 \approx w_2 \approx 0 \qquad p_1 > p_2$ **(A)**

$$p_1 - p_2 - \rho \cdot g \cdot (h_2 - h_1) = \Delta p_V$$

$w_1 \approx 0 \qquad w_2 > 0 \qquad p_1 = p_2$ **(B)**

$$\rho \cdot g \cdot (h_2 - h_1) = \frac{\rho}{2} \cdot w^2 + \Delta p_V$$

Gasströmung

$w_1 \approx w_2 \approx 0 \qquad p_1 > p_2$ **(C)**

$\rho \cdot g \cdot (h_2 - h_1) \approx 0$ für $h_2 - h_1 \leq 100m$

$$p_1 - p_2 = \Delta p_V$$

Bild 10.16:   Beispiele für treibendes Druckgefälle ohne Pumpe

- Im Beispiel (B) für Flüssigkeitsströmungen treibt nur der geodätische Druckunterschied die Strömung. Die Strömungsgeschwindigkeit im offenen Becken ist annähernd null. Je größer der Strömungswiderstand in der Rohrleitung ist, desto geringer wird die Strömungsgeschwindigkeit am Punkt 2. Dies ließe sich z.B. veranschaulichen durch ein Ventil in der Rohrleitung, das zugedreht wird.

- Das Beispiel (C) für die Gasströmung ähnelt dem Beispiel (A). Bei Gasen ist allerdings der Höhenunterschied zu vernachlässigen, wenn er z.B. kleiner als 100m ist. Der Druckunterschied in den beiden Gasbehältern wird damit ausschließlich vom Druckverlust in der Rohrleitung beeinflusst. Wird vom Kompressor nichts nachgeliefert, so nimmt der Druckunterschied zwischen den Behältern ab und gleicht sich schließlich aus. Sobald dieser Zustand erreicht ist, hört die Strömung ganz auf.

Flüssigkeitsströmung

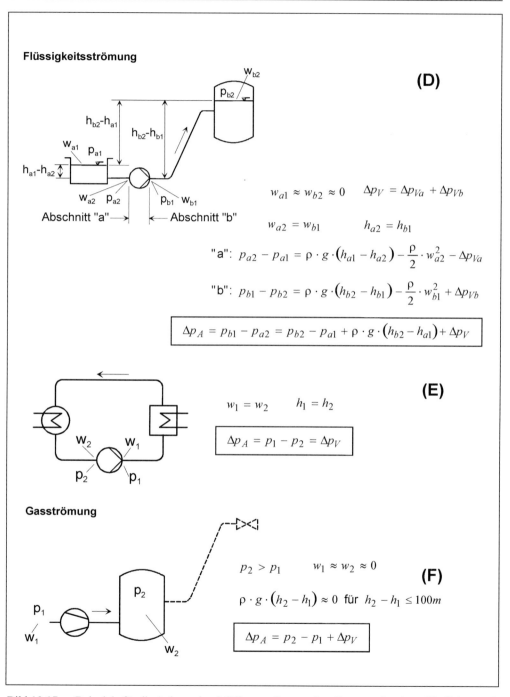

(D)

$$w_{a1} \approx w_{b2} \approx 0 \qquad \Delta p_V = \Delta p_{Va} + \Delta p_{Vb}$$

$$w_{a2} = w_{b1} \qquad h_{a2} = h_{b1}$$

"a": $\quad p_{a2} - p_{a1} = \rho \cdot g \cdot (h_{a1} - h_{a2}) - \dfrac{\rho}{2} \cdot w_{a2}^2 - \Delta p_{Va}$

"b": $\quad p_{b1} - p_{b2} = \rho \cdot g \cdot (h_{b2} - h_{b1}) - \dfrac{\rho}{2} \cdot w_{b1}^2 + \Delta p_{Vb}$

$$\boxed{\Delta p_A = p_{b1} - p_{a2} = p_{b2} - p_{a1} + \rho \cdot g \cdot (h_{b2} - h_{a1}) + \Delta p_V}$$

(E)

$$w_1 = w_2 \qquad h_1 = h_2$$

$$\boxed{\Delta p_A = p_1 - p_2 = \Delta p_V}$$

Gasströmung

$$p_2 > p_1 \qquad w_1 \approx w_2 \approx 0 \qquad \textbf{(F)}$$

$$\rho \cdot g \cdot (h_2 - h_1) \approx 0 \quad \text{für} \quad h_2 - h_1 \leq 100m$$

$$\boxed{\Delta p_A = p_2 - p_1 + \Delta p_V}$$

Bild 10.17: Beispiele für die Anlagendruckdifferenz, die von einer Pumpe oder einem Verdichter auf-
gebracht werden muss

Selbstverständlich gibt es Fälle, in denen die Summe der statischen Druckanteile null oder negativ wird und deshalb keine Strömung in die gewünschte Richtung zustande kommt. Dann werden Pumpen oder Verdichter benötigt, die die Druckverhältnisse ändern. Die erforderliche statische Druckerhöhung durch Pumpe oder Verdichter ergibt sich aus der Summe aller statischen und dynamischen Anteile von *Gleichung 10.49*. Sie kann z.B. „Anlagendruckdifferenz" Δp_A genannt werden:

$$\Delta p_A = \rho_2 \cdot g \cdot h_2 - \rho_1 \cdot g \cdot h_1 + p_2 - p_1 + \frac{\rho_2}{2} \cdot \overline{w}_2^2 - \frac{\rho_1}{2} \cdot \overline{w}_1^2 + \Delta p_V \qquad (10.50)$$

Bild 10.17 erläutert dies an einigen Beispielen:

- Das Beispiel (D) für Flüssigkeitsströmung ist in zwei Abschnitte unterteilt, die Saugseite und die Druckseite der Pumpe. Auf der Saugseite wird die Strömung durch die Höhe der Flüssigkeitssäule im Becken unterstützt. Auf der Druckseite dagegen muss die Pumpe den Höhenunterschied und den statischen Überdruck in dem geschlossenen Behälter überwinden. Die Strömungsgeschwindigkeiten in den Behältern sind annähernd null, diejenigen vor und nach der Pumpe gleich, weil die Rohrdurchmesser gleich sind. Damit sind keine dynamischen Druckunterschiede zu berücksichtigen.

- Das Beispiel (E) für Flüssigkeitsströmung stellt ein geschlossenes Rohrsystem dar. Hier sind keine Höhenunterschiede zu berücksichtigen. Bei gleichförmigem Rohrdurchmesser fallen auch die dynamischen Druckunterschiede heraus. Die Anlagendruckdifferenz hängt hier ausschließlich vom Druckverlust in der Rohrleitung ab.

- Das Beispiel (F) für Gasströmung stellt die Befüllung eines Druckluftbehälters dar. Der Druckverlust in der Leitung zwischen Kompressor und Behälter ist zu berücksichtigen, aber klein. Damit hängt die Druckerhöhung, die der Kompressor erzeugen muss, zum größten Teil vom Überdruck im Behälter ab.

10.4.5 Anlagenkennlinie

Aus *Gleichung 10.50* mit dem Druckverlust Δp_V wird deutlich, dass die dynamischen Anteile $\left((\rho_2 / 2) \cdot \overline{w}_2^2 - (\rho_1 / 2) \cdot \overline{w}_1^2 \right)$ und Δp_V (siehe z.B. *Gleichung 10.24*) der Anlagendruckdifferenz von der Strömungsgeschwindigkeit $\overline{w}$ und damit vom Volumenstrom $\dot{V}$ abhängen. Wie oben bereits erwähnt wird eine Anlage zunächst auf den maximal zu erwartenden Betriebsvolumenstrom ausgelegt. Häufig laufen Anlagen in der Praxis jedoch auch im Teillastbetrieb, d.h. mit geringeren Volumenströmen. Zur Beurteilung des Betriebsverhaltens und zur Regelung der Anlagen ist daher die Abhängigkeit der Anlagendruckdifferenz vom Volumenstrom wichtig. Die grafische Darstellung dieser Abhängigkeit wird „Anlagenkennlinie" oder auch „Rohrleitungskennlinie" genannt (**Bild 10.18**). Jeder Punkt auf der Anlagenkennlinie entspricht einem Betriebszustand („Betriebspunkt"), d.h. einer bestimmten Paarung von Volumenstrom $\dot{V}$ und Anlagendruckdifferenz Δp_A.

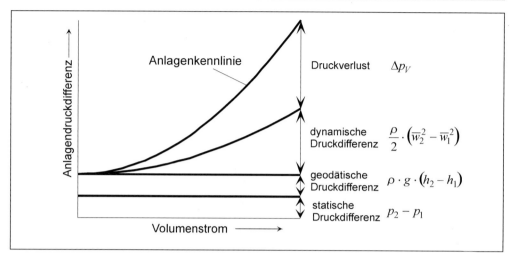

Bild 10.18: Beispiel einer Anlagenkennlinie bzw. Rohrleitungskennlinie

10.5 Auswahl von Pumpen und Verdichtern

Wie oben beschrieben werden Pumpen oder Verdichter dann benötigt, wenn das vorhandene statische Druckgefälle nicht ausreicht oder geeignet ist, eine Strömung in die gewünschte Richtung zu erzeugen (**Bild 10.17**). Sie müssen deshalb den statischen Druck aufbringen[14], um die Anlagendruckdifferenz nach *Gleichung 10.50* bei dem jeweils benötigten Betriebsvolumenstrom zu überwinden. Je nach Funktionsprinzip der Pumpen und Verdichter ist die erreichbare Druckerhöhung abhängig vom durchgesetzten Volumenstrom. Diese Abhängigkeit wird wiederum in einer Kennlinie (z.B. Pumpenkennlinie) dargestellt. Der jeweilige Schnittpunkt der Pumpenkennlinie mit der Anlagenkennlinie ist der Betriebspunkt.

[14] Hierbei ist zu beachten, dass Gasvolumenströme druckabhängig sind (siehe *Abschnitt 10.3.2* „Druckverlust in Gasströmungen")

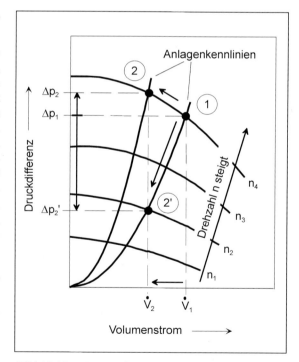

Bild 10.19: Pumpenkennlinien und Anlagenkennlinien mit Betriebspunkten; Volumenstromverringerung durch Drosselung (1→2) und Verringerung der Pumpendrehzahl (1→2')

Anhand von **Bild 10.19** soll erläutert werden, wie unterschiedliche Betriebspunkte im Zusammenwirken von Anlagenkennlinien und Pumpenkennlinien entstehen. Es sind dort beispielhaft die Kennlinien einer Kreiselpumpe bei vier verschiedenen Rotordrehzahlen n zusammen mit zwei Anlagenkennlinien dargestellt. Der Betriebspunkt 1 ergibt sich, wenn die Pumpe mit ihrer höchsten Drehzahl läuft und die Rohrleitung die rechte Anlagenkennlinie aufweist.

Der Betriebspunkt 2' ergibt sich, wenn zur Volumenstromverringerung in der Rohrleitung die Pumpendrehzahl verringert wird. Dabei bleibt die Anlagenkennlinie unverändert, da nicht an der Rohrleitung, sondern nur an der Pumpe manipuliert wird. Der Betriebspunkt 2 ergibt sich dagegen, wenn der Volumenstrom z.B. in einem Ventil gedrosselt wird. Dabei wird der Druckverlust Δp_V in der Rohrleitung erhöht und es entsteht die linke, steilere Anlagenkennlinie. Die Pumpendrehzahl bleibt unverändert. Dieser zweite Fall $(1 \rightarrow 2)$ ist gegenüber dem ersten $(1 \rightarrow 2')$ energetisch ungünstiger, da die hydraulische Leistung der Pumpe im Betriebspunkt 2 $(P_2 = V_2 \cdot \Delta p_2)$ deutlich größer ist als im Betriebspunkt 2' $(P'_2 = V_2 \cdot \Delta p'_2)$.

10.6 Druckstoß

Der im *Abschnitt 10.2* („Druck und Energie") gezeigte Zusammenhang zwischen den verschiedenen Energie- bzw. Druckarten an verschiedenen Stellen einer Rohrleitung (*Bernoulli-Gleichung 10.5*) gilt für stationäre Strömungen. Mit jeder Änderung der Strömungsgeschwindigkeit wird dieser Zusammenhang zwischen statischem und dynamischem Druck der Strömung kurzzeitig gestört. Daraus resultieren mitunter erhebliche Druckstöße, die zu Schäden an der Rohrleitung führen können. Solche Änderungen der Strömungsgeschwindigkeit kommen in Rohrleitungen häufig vor, beispielsweise beim Öffnen und Schließen von Armaturen oder beim Starten und Stoppen von Pumpen.

Die Charakteristika von Druckstößen resultieren daraus, dass die Information über eine Geschwindigkeitsänderung der Strömung von einer Stelle der Rohrleitung nicht in unendlich kurzer Zeit an alle anderen Stellen der Rohrleitung übermittelt werden kann. Diese Information wird vielmehr mit einer bestimmten „Druckfortpflanzungsgeschwindigkeit" a übermittelt, die u.a. von der Kompressibilität des Fluids und der Elastizität der Rorwandungen abhängt. Es entsteht eine Druckwelle, die sich mit dieser Geschwindigkeit durch die Rohrleitung bewegt und an bestimmten Punkten vollständig oder teilweise reflektiert werden kann. Jeder Querschnitt der Rohrleitung, den die Druckwelle passiert, erfährt eine kurzzeitige Druckerhöhung.

Bild 10.20 zeigt ein einfaches Modell, das die Mechanismen zu Entstehung, Fortpflanzung und Reflexion eines Druckstoßes verdeutlicht. Das Modellsystem besteht aus einer Rohrleitung der Länge L mit konstantem Durchmesser, die an ihrem Anfang von einem Druckbehälter und an ihrem Ende von einer Absperrarmatur begrenzt wird. Die unterschiedlichen Rohrdurchmesser in der Zeichnung stellen Bereiche höheren (Leitung aufgeweitet) und niedrigeren statischen Druckes dar.

Vereinfachend wird angenommen:

- reibungsfreie Strömung
- Die Absperrarmatur schließt innerhalb unendlich kurzer Zeit.
- Der statische Druck am Ausgang des Druckbehälters bleibt konstant (Behälter unendlich groß).

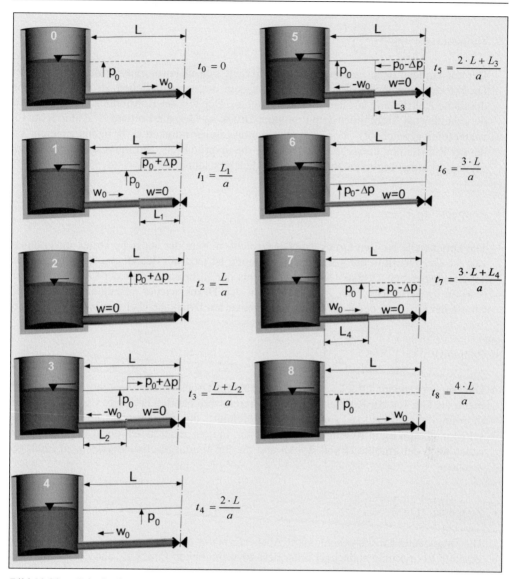

Bild 10.20:   Prinzip der Entstehung von Druckstößen

Folgende Vorgänge laufen dann nacheinander ab [55]:

- Zeitpunkt $t_0=0$:

  Die Absperrarmatur wird plötzlich geschlossen (idealisiert: Schließzeit $t_S=0$). Dadurch nimmt die Strömungsgeschwindigkeit unmittelbar an der Armatur schlagartig von einem positiven Wert w_0 auf $w=0$ ab. Entsprechend steigt der statische Druck an dieser Stelle schlagartig von dem ursprünglichen Wert p_0 auf $p_0+\Delta p$ an.

- Zeitpunkt $t_1 \left(0 < t_1 < \dfrac{L}{a} \right)$:

Der entstandene neue Strömungszustand bewegt sich in Form einer Druckwelle mit der Druckfortpflanzungsgeschwindigkeit a entgegen der ursprünglichen Strömungsrichtung durch die Rohrleitung auf den Druckbehälter zu. Der Teil der Rohrleitung, den sie bereits durchlaufen hat, steht unter dem erhöhtem Druck $p_0 + \Delta p$, die Leitung ist dadurch aufgeweitet (dick gezeichnet). Hier ist die Strömungsgeschwindigkeit $w=0$. In den anderen Teilen der Rohrleitung herrschen nach wie vor die ursprüngliche Strömungsgeschwindigkeit w_0 und der ursprüngliche Druck p_0 (mitteldick gezeichnet).

- Zeitpunkt $t_2 = \dfrac{L}{a}$:

Die Druckwelle hat den Druckspeicher erreicht, in dem der statische Druck unveränderlich ist. Der Druck in der gesamten Rohrleitung ist jetzt um den Betrag Δp höher als der im Druckspeicher. Deshalb beginnt Fluid aus der Rohrleitung mit der Geschwindigkeit $- w_0$ in den Druckspeicher zu strömen, um den Druck wieder auszugleichen. Dadurch nimmt der Druck in der Rohrleitung unmittelbar am Druckspeicher von $p_0 + \Delta p$ auf p_0 ab.

- Zeitpunkt $t_3 \left(\dfrac{L}{a} < t_3 < \dfrac{2 \cdot L}{a} \right)$:

Die neu entstandene Druckwelle bewegt sich vom Druckbehälter weg auf die Absperrarmatur zu. Der Teil der Rohrleitung, den sie bereits durchlaufen hat, steht wieder unter dem ursprünglichen Druck p_0 (mitteldick gezeichnet), das Fluid strömt hier mit der Geschwindigkeit $- w_0$ in Richtung Druckbehälter. In dem anderen Teil der Rohrleitung herrschen noch der erhöhte Druck $p_0 + \Delta p$ und die Strömungsgeschwindigkeit $w=0$ (dick gezeichnet).

- Zeitpunkt $t_4 = \dfrac{2 \cdot L}{a}$:

Die Druckwelle hat die geschlossene Absperrarmatur erreicht und kann nicht weiter. Die gesamte Rohrleitung steht jetzt unter dem ursprünglichen Druck p_0 und überall herrscht die Strömungsgeschwindigkeit $- w_0$. Jetzt wird die Strömungsgeschwindigkeit unmittelbar an der Armatur auf $w=0$ abgebremst. Damit fällt der Druck dort auf $p_0 - \Delta p$ ab.

- Zeitpunkt $t_5 \left(\dfrac{2 \cdot L}{a} < t_5 < \dfrac{3 \cdot L}{a} \right)$:

Die jetzt negative Druckwelle bewegt sich von der Absperrarmatur weg auf den Druckbehälter zu. Der Teil der Rohrleitung, den sie bereits durchlaufen hat, steht unter dem niedrigeren Druck $p_0 - \Delta p$, der Durchmesser der Leitung wird dadurch kleiner (dünn gezeichnet). Hier ist die Strömungsgeschwindigkeit $w=0$. In dem anderen Teil der Rohrlei-

DER SCHNELLE WEG ZUR FACHLITERATUR

Kunststoffrohr-Handbuch

Vulkan Verlag, Essen 2000, 831 Seiten
48,00 €
für KRV- und Gütegemeinschaft-Mitglieder 37,00 €
ISBN 3-8027-2718-5

Kunststoffrohr
Handbuch

Rohrleitungssysteme für die
Ver- und Entsorgung sowie
weiteren Anwendungsgebiete

4. Auflage

Vulkan-Verlag Essen

1978 erschien die 1. Auflage des Kunststoffrohr-Handbuches als fachliche Informationsquelle zum Anwendungsbereich „Druckrohre". Die 1997 herausgegebene 3. Auflage umfasste erstmalig das gesamte Einsatzspektrum der Kunststoffrohre einschließlich aller relevanten Rohrwerkstoffe. Das Buch erscheint in der 4. Auflage – aktualisiert, in Teilen überarbeitet und ergänzt. Es soll ein Nachschlagewerk für den Praktiker ohne typischen lexikalen Charakter sein. Von daher sind gelegentliche Wiederholungen wichtiger Informationen gewollt, um dem Leser nicht ständiges Suchen aufgrund von Querverweisen zuzumuten. Das Buch richtet sich vorrangig an Planer, Entscheider, Anwender und Verarbeiter als Quelle für die tägliche Praxis, aber auch an Lehrende und Lernende.

FAX-BESTELLSCHEIN

Name: _____

Firma: _____

Anschrift: _____

Datum/Unterschrift: _____

_____ Exemplare

Fax 0201/82002-40

VULKAN-VERLAG GmbH

tung herrschen die Strömungsgeschwindigkeit (-w_0) und der Druck p_0 (mitteldick gezeichnet).

- Zeitpunkt $t_6 = \dfrac{3L}{a}$:

Die Druckwelle hat wiederum den Druckspeicher erreicht, in dem der statische Druck unveränderlich ist. Die gesamte Rohrleitung steht jetzt unter dem Druck $p_0 - \Delta p$ und überall steht die Strömungsgeschwindigkeit ($w=0$). Da der Druck in der Rohrleitung jetzt niedriger ist als im Druckspeicher, beginnt Fluid aus dem Druckspeicher mit der Geschwindigkeit w_0 in die Rohrleitung zurückzuströmen. Dadurch nimmt der Druck in der Rohrleitung unmittelbar am Druckspeicher von $p_0 + \Delta p$ auf p_0 ab.

- Zeitpunkt $t_7 \left(\dfrac{3 \cdot L}{a} < t_7 < \dfrac{4 \cdot L}{a} \right)$:

Die Druckwelle bewegt sich vom Druckbehälter weg auf die Absperrarmatur zu. Der Teil der Rohrleitung, den sie bereits durchlaufen hat, steht wieder unter dem ursprünglichen Druck p_0 (mitteldick gezeichnet), das Fluid strömt hier mit der Geschwindigkeit w_0 in Richtung Absperrarmatur. Im restlichen Teil der Rohrleitung herrschen noch der niedrigere Druck $p_0 - \Delta p$ und die Strömungsgeschwindigkeit $w=0$ (dünn gezeichnet).

- Zeitpunkt $t_8 = \dfrac{4 \cdot L}{a}$:

Die Druckwelle hat wiederum die geschlossene Armatur erreicht. Der Strömungszustand entspricht demjenigen zum Zeitpunkt $t=0$. Das Ganze geht von vorne los.

Folglich durchläuft die Druckwelle viermal die Rohrlänge L, bevor der Anfangszustand wieder erreicht ist, die Periode der Schwingung ist $4 \cdot L/a$. Durch die idealisierte Reibungsfreiheit ist die Druckerhöhung nach jeder Periode vollkommen unvermindert. Es würde sich so eine ungedämpfte Schwingung ergeben. Dies entspricht nicht der Realität, wie weiter unten erläutert werden wird.

Der maximale Druckstoß bei reibungsfreier Strömung, der sogenannte „Joukowski"-Stoß lässt sich nach folgender Gleichung berechnen [56]:

$$\Delta p = \rho \cdot a \cdot \Delta w \tag{10.51}$$

Dabei ist zu berücksichtigen, dass diese Druckänderung sowohl positiv als auch negativ auftritt, d.h. jeder betroffene Querschnitt der Rohrleitung mit der Druckschwingbreite $2 \cdot \Delta p$ beaufschlagt wird. Dies ist insbesondere bei der dynamischen Festigkeitsberechnung von Rohrleitungen von Bedeutung.

Die Druckfortpflanzungsgeschwindigkeit a errechnet sich aus:

$$a = \frac{1}{\sqrt{\rho \cdot \left(\dfrac{1}{E_F} + \dfrac{1}{E_R} \cdot \dfrac{d_i}{s} \right)}} \qquad (10.52)$$

mit:

E_F = Kompressionsmodul des Fluids

E_R = Elastizitätsmodul des Rohrleitungswerkstoffes

Bei vollkommen starren Rohrwänden wäre sie gleich der Schallgeschwindigkeit im Fluid, die z.B. für Wasser bei 20°C 1.485m/s [57] beträgt. Durch die Flexibilität der Rohrwände wird dieser Wert etwas kleiner, für Stahlrohre typischerweise um 1.300m/s, für dünnwandige Stahlrohre mit großen Durchmessern bis zu 1.000m/s [40].

Der Joukowski-Stoß tritt dann auf, wenn die gesamte Änderung der Strömungsgeschwindigkeit am Punkt ihrer Entstehung innerhalb der Reflexionszeit

$$t_R = \frac{2 \cdot L}{a} \qquad (10.53)$$

abgeschlossen ist, d.h. wenn z.B. die Absperrarmatur innerhalb dieser Zeitspanne schließt.

Wird der Fluidstrom in der Leitung allmählich linear innerhalb einer Schließzeit $t_S > t_R$ abgebremst, so tritt ein verminderter Druckstoß auf. Häufig wird die Verminderung vereinfacht durch eine „Stoßwirkungszahl" z berücksichtigt (z.B. DIN 2413):

$$z = \frac{t_R}{t_S} = \frac{2 \cdot L}{a \cdot t_S} \leq 1 \qquad (10.54)$$

Der verminderte Druckstoß lässt sich damit berechnen aus:

$$\Delta p = z \cdot \rho \cdot a \cdot \Delta w \qquad (10.55)$$

Die Mechanismen der Entstehung und Fortpflanzung von Druckstößen sind in realen Rohrleitungssystemen komplexer. Die Rohrreibung und andere Strömungswiderstände dämpfen die entstehende Druckerhöhung und lassen die Schwingungen abklingen. Der maximale Druckstoß kann durch vorhandene Strömungswiderstände jedoch auch vergrößert werden. Im Moment, in dem die Strömung gestoppt wird, wird auch der Druckverlust durch Reibung und Widerstände aufgehoben und erhöhter statischer Druck kommt zur Wirkung. Wird im Bereich der „negativen Druckwelle" der Dampfdruck der Flüssigkeit unterschritten, so bilden sich Dampfblasen. Sobald der Druck wieder steigt, implodieren diese spontan.

In verzweigten Rohrsystemen werden die Druckwellen an verschiedenen Punkten teilweise oder voll reflektiert. Totalreflexion findet an allen Punkten konstanten Drucks (z.B. Druckbehälter, s.o.) und an Rohrabschlüssen statt (auch geschlossene Armaturen). Teilreflexionen erfolgen überall dort, wo sich der Strömungsquerschnitt (z.B. Reduktionen oder Erweiterungen) und/oder die Druckfortpflanzungsgeschwindigkeit (z.B. Übergänge zu anderen Rohrwandstärken oder -materialien) ändert.

Die *Gleichungen 10.51 und 10.55* berücksichtigen diese Effekte nicht und ermöglichen damit nur grobe Abschätzungen. Zur genaueren Bestimmung von Druckstößen wurden bis in die 60er Jahre graphische Verfahren verwendet. Zwischenzeitlich wurden ausgefeilte Simulationsprogramme entwickelt, die genauere Berechnungen ermöglichen[15].

---

[15] siehe hierzu z.B. [55]

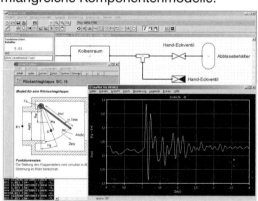

11 Literatur

[1] Wossog, G.: Handbuch Rohrleitungsbau, Band 1 und 2, Vulkan-Verlag, Essen, 1998
[2] Kunststoffrohrverband e.V. (Hrsg.): Kunststoffrohr Handbuch, 3. Auflage, Vulkan-Verlag, Essen, 1997
[3] Sommer, B.: Stahlrohr Handbuch, Vulkan-Verlag, Essen, 1995
[4] Bundesverband Deutscher Stahlhandel: Rohre, 10. Auflage, Vulkan-Verlag, Essen, 1992
[5] Schwaigerer, S.: Rohrleitungen, Springer-Verlag, Berlin Heidelberg New York, 1986
[6] Smith, P.: Piping and Pipe Support Systems, Mc Graw Hill, New York u.a., 1987
[7] Sherwood, D. und Whistance, D.: Piping Guide; 2nd edition; Syentec, San Francisco, 1991
[8] Behrens, H. J. u.a. (Hrsg.): Rohrleitungstechnik, 7. Ausg., Vulkan-Verlag, Essen, 1998
[9] Schubert, J. (Hrsg.): Rohrleitungshalterungen, Vulkan-Verlag, Essen, 1999
[10] Hesse, T.: Grundlagen des Apparatebaus, Helen M. Brinkhaus Verlag, Rossdorf, 1984
[11] Hesse, T.: Konstruktionselemente im Apparatebau, Helen M. Brinkhaus Verlag, Rossdorf, 1984
[12] Klapp, E.: Apparate- und Anlagentechnik, Springer-Verlag Berlin u.a., 1980
[13] Titze, H. und Wilke, H.-P.: Elemente des Apparatebaues, 3. Auflage, Springer-Verlag, Berlin u.a., 1992
[14] Thier, B.: Apparate Technik-Bau-Anwendung, Vulkan-Verlag, Essen, 1997
[15] Megyesy, E. F.: Pressure Vessel Handbook, 11th edition, Pressure Vessel Publishing, Inc., 1998
[16] Mersmann, A.: Thermische Verfahrenstechnik, Springer-Verlag, Berlin u.a., 1980
[17] Hemming, W.: Verfahrenstechnik, 5. Auflage, Vogel Buchverlag, Würzburg, 1989
[18] Wagner, W.: Thermische Apparate und Dampferzeuger, 1. Auflage, Vogel Buchverlag, Würzburg, 1985
[19] Siller, E. und Schliephacke, J.: Unfallverhütungsvorschrift „Allgemeine Vorschriften", herausgegeben von der Berufsgenossenschaft der Feinmechanik und Elektrotechnik, 3. Auflage, Köln, 1990
[20] Butz, M. u.a.: Arbeitssicherheit und Gesundheitsschutz: System und Statistik; herausgegeben vom Hauptverband der gewerblichen Berufsgenossenschaften; Sankt Augustin, 1994
[21] Sellner, D.: Immissionsschutzrecht und Industrieanlagen, 2. Auflage, Beck, München, 1988
[22] Versteyl, L.: Bundes-Immissionsschutzgesetz, Neuwied, Kriftel; Luchterhand, 1999
[23] Jeiter, W.: Das neue Gerätesicherheitsgesetz, 2. Auflage, Beck, München, 1993
[24] Rehbinder, E. u.a.: Chemikaliengesetz, Kommentar und Rechtsvorschriften zum Chemikalienrecht, C.F. Müller; Heidelberg, 1985
[25] Seidel, W.: Werkstofftechnik, 3. Auflage, Hanser, München, 1999
[26] Verband der Technischen Überwachungs-Vereine e.V. (Hrsg.): AD-Merkblätter: Taschenbuch-Ausgabe 2000/1, Carl Heymanns Verlag /Beuth Verlag, Köln/Berlin, 2000
[27] Wegst, C.W.: Stahlschlüssel, 18. Auflage, Verlag Stahlschlüssel Wegst GmbH, Marbach, 1998
[28] Roloff/Matek: Maschinenelemente; 13. Auflage, Vieweg-Verlag, Braunschweig, 1994
[29] Fachgemeinschaft Gußeiserne Rohre: Das duktile Gußrohr-System für Abwasser
[30] Fachgemeinschaft Gußeiserne Rohre: Gussrohr Technik, Tabellen; Köln, 1987
[31] Halberg-Luitpoldhütte Vertriebs-GmbH: Duktile Gußrohre für Wasser und Gas, Saarbrücken, 1990
[32] Fachgemeinschaft Gußeiserne Rohre: Gussrohr Handbuch, Duktile Gußrohre und Formstücke, Vulkan-Verlag, Essen, 1969
[33] Witzenmann GmbH (Hrsg.): Kompensatoren, Das Handbuch der Kompensatortechnik, Labhard Verlag Konstanz, 1992
[34] Burkhardt, W. und Kraus, R.: Projektierung von Warmwasserheizungen, 6. Auflage, Oldenbourg-Verlag, München, 2001

[35] Schwaigerer, S. und Mühlenbeck, G.: Festigkeitsberechnung im Dampfkessel-, Behälter- und Rohrleitungsbau, 5. Auflage, Springer-Verlag, Berlin Heidelberg New York, 1997

[36] Lorenz, R.: „Temperaturspannungen in Hohlzylindern" in: VDI-Z Band 51, Nr. 19 (1907), S.743 ...747

[37] Pich, R.: „Die Berechnung der elastischen, instationären Wärmespannungen in Platten, Hohlzylindern und Hohlkugeln mit quasistationären Temperaturfeldern" in: Mitteilungen der VGB, Heft 87 (S. 373 ... 383), Dezember 1963 und Heft 88 (S. 53 ... 60), Februar 1964

[38] Höger, R.: „Wärmespannungen in zylindrischen Bauteilen und zulässige Temperatur-Änderungsgeschwindigkeiten" in: Allg. Wärmetechnik, Band 12 F.1, 1963, S. 10...19

[39] Technische Regeln für Dampfkessel (TRD), Taschebuchausgabe 1999, Carl Heymanns Verlag, Köln und Beuth Verlag, Berlin, 1999

[40] Wagner, W.: Festigkeitsberechnungen im Apparate- und Rohrleitungsbau, 4. Auflage, Vogel Buchverlag, Würzburg, 1991

[41] The American Society of Mechanical Engineers: ASME Code for Pressure Piping (B31), B31.1 Power Piping, 1998

[42] Fachverband Dampfkessel-, Behälter und Rohrleitungsbau e.V. (Hrsg.): FDBR-Richtlinie „Berechnung von Kraftwerksrohrleitungen", Vulkan-Verlag, Essen, 1987

[43] Wagner, W.: Rohrleitungstechnik, Vogel Buchverlag, 6. Auflage, Würzburg, 1993

[44] Meldt, R. u.a.: Das Kunststoffrohr im Trinkwasser- und Kanalsektor sowie in der Gasversorgung, Expert Verlag, Grafenau, 1978

[45] Verband der Technischen Überwachungs-Vereine e.V.: Technische Richtlinie zur statischen Berechnung eingeerdeter Rohrleitungen (VdTÜV-Richtlinie 1063), Ausgabe Mai 1978, Verlag TÜV Rheinland, Köln

[46] Richter, H.: Rohrhydraulik, Springer-Verlag, Berlin Göttingen Heidelberg, 1962

[47] Warneke, H. u.a.: Wirtschaftlichkeitsrechnung für Ingenieure, 2. Auflage, Hanser-Verlag, 1990

[48] Heald, C.C. (Hrsg.): Cameron Hydraulic Data, 18th Edition, Ingersoll-Dresser Pumps, Liberty Corner, NJ, USA, 1994

[49] Moody, L. F.: „Friction Factors for Pipe Flow" in: Transactions of the American Society of Mechanical Engineers, Vol. 66, Nov. 1944

[50] Nikuradse, J.: „Strömungsgesetze in rauhen Rohren" in: VDI-Forschungsheft 361 (S. 1...22), Berlin 1933

[51] Fried, E. und Idelchik, I.E.: Flow Resistance – A Design Guide for Engineers, Taylor & Francis, 1989

[52] Mischner, J., Novgorodskij, J.: „Zur Ermittlung der Rohrreibungszahl" in: 3R International, Heft 3, März 2000 (39)

[53] Idelchik, I.E.: Handbook of Hydraulic Resistance, 3rd ed., CRC Press, 1994

[54] Klingebiel, F. u.a.: „Berechnung kompressibler Strömungen in Rohrleitungen" in: Rohrleitungstechnik, 6. Auflage, Vulkan-Verlag, 1994

[55] Swaffield, J.A. und Boldy, A.P.: Pressure Surge in Pipe and Duct Systems, Avebury Technical, Aldershot u.a., 1993

[56] Joukowsky, N.: „Über den hydraulischen Stoß in Wasserleitungsröhren", Memoires de l'Academie Imperiale des Sciences de St. Petersburgh, 1900

[57] Mende, D. und Simon, G.: Physik - Gleichungen und Tabellen, 7. Auflage, VEB Fachbuchverlag, Leibzig, 1981

[58] Bohl, W.: Technische Strömungslehre, 11. Auflage, Vogel Buchverlag, Würzburg, 1998

[59] Crane, Co.: Technical Paper No. 410: Flow of fluids through valves, fittings, and pipe; 25th printing, Chicago, 1991

[60] Messer Griesheim GmbH: Gase-Handbuch, Broschüre 90.1001, 3. Auflage

[61] Stöcker, H: Taschenbuch der Physik, 2. Auflage, Verlag Harri Deutsch, Frankfurt, 1994

Anhang

Anmerkung 6.1: **_Druckkraft auf gewölbte Flächen_**

Halber Querschnitt eines Zylinders
oder einer Kugel unter innerem Überdruck

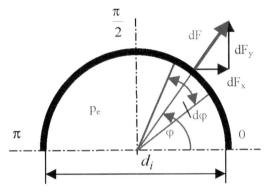

a) Druckkraft F_p auf eine halbe Zylinderfläche unter innerem Überdruck

p_e = innerer Überdruck

l = Zylinderlänge

$$dA = \text{Zylinderlänge} \cdot \text{Bogenlänge} = l \cdot \frac{d_i}{2} \cdot d\varphi$$

$$dF = p_e \cdot dA = p_e \cdot l \cdot \frac{d_i}{2} \cdot d\varphi$$

$$dF_y = p_e \cdot l \cdot \frac{d_i}{2} \cdot \sin\varphi \cdot d\varphi$$

$$F_p = F_y = \int_{\varphi=0}^{\varphi=\pi} p_e \cdot l \cdot \frac{d_i}{2} \cdot \sin\varphi \cdot d\varphi = \left[p_e \cdot l \cdot \frac{d_i}{2} \cdot (-\cos\varphi) \right]_0^{\pi}$$

$$= p_e \cdot l \cdot \frac{d_i}{2} \cdot \left[-(-1) + 1 \right] = p_e \cdot l \cdot d_i$$

b) Druckkraft F_p auf eine Halbkugelfläche unter innerem Überdruck

p_e = innerer Überdruck

$$dA = \text{Umfang} \cdot \text{Bogenlänge} = \pi \cdot \frac{d_i}{2} \cdot \frac{d_i}{2} \cdot d\varphi = \pi \cdot \left(\frac{d_i}{2} \right)^2 \cdot d\varphi$$

$$dF = p_e \cdot dA = p_e \cdot \pi \cdot \left(\frac{d_i}{2} \right)^2 \cdot d\varphi; \quad dF_y = p_e \cdot \pi \cdot \left(\frac{d_i}{2} \right)^2 \cdot \sin\varphi \cdot d\varphi$$

$$F_\mathrm{p} = F_\mathrm{y} = \int\limits_{\varphi=0}^{\varphi=\frac{\pi}{2}} p_\mathrm{e} \cdot \pi \cdot \left(\frac{d_\mathrm{i}}{2}\right)^2 \cdot \sin\varphi \cdot d\varphi = \left[p_\mathrm{e} \cdot \pi \cdot \left(\frac{d_\mathrm{i}}{2}\right)^2 \cdot \left(-\cos\varphi\right)\right]_0^{\frac{\pi}{2}}$$

$$= p_\mathrm{e} \cdot \pi \cdot \left(\frac{d_\mathrm{i}}{2}\right)^2 \cdot \left[0 + 1\right] = p_\mathrm{e} \cdot \frac{\pi}{4} \cdot d_\mathrm{i}^2$$

Anmerkung 6.2: *<u>Herleitung von Gleichung 6.15 aus der Schubspannungshypothese mit Maximalspannungen</u>*

Gleichungen 6.4 und 6.5 eingesetzt in *Gleichung 6.12*:

$$\hat\sigma_\mathrm{V,Sch} = \hat\sigma_\mathrm{u} - \breve\sigma_\mathrm{r} = p_\mathrm{e} \cdot \frac{\left(\dfrac{d_\mathrm{a}}{d_\mathrm{i}}\right)^2 + 1}{\left(\dfrac{d_\mathrm{a}}{d_\mathrm{i}}\right)^2 - 1} - \left(-p_\mathrm{e}\right) = p_\mathrm{e} \cdot \frac{2 \cdot \left(\dfrac{d_\mathrm{a}}{d_\mathrm{i}}\right)^2}{\left(\dfrac{d_\mathrm{a}}{d_\mathrm{i}}\right)^2 - 1}$$

$$= p_\mathrm{e} \cdot \frac{2 \cdot \left(\dfrac{d_\mathrm{i} + 2 \cdot s}{d_\mathrm{i}}\right)^2}{\left(\dfrac{d_\mathrm{i} + 2 \cdot s}{d_\mathrm{i}}\right)^2 - 1} = \frac{p_\mathrm{e}}{2} \cdot \frac{d_\mathrm{i}^2 + 4 \cdot d_\mathrm{i} \cdot s + 4 \cdot s^2}{d_\mathrm{i} \cdot s + s^2}$$

$$\approx \frac{p_\mathrm{e}}{2} \cdot \frac{d_\mathrm{i}^2 + 4 \cdot d_\mathrm{i} \cdot s + 3 \cdot s^2}{d_\mathrm{i} \cdot s + s^2} = \frac{p_\mathrm{e}}{2} \cdot \frac{\left(d_\mathrm{i} + 3 \cdot s\right) \cdot \left(d_\mathrm{i} + s\right)}{s \cdot \left(d_\mathrm{i} + s\right)} = \frac{p_\mathrm{e}}{s} \cdot \left(\frac{d_\mathrm{i}}{s} + 3\right)$$

Anmerkung 6.3: *<u>Ermittlung des Abminderungsfaktors k_A für Thermoschockspannungen</u>* nach [35]:

- Wärmeübergangskoeffizient zwischen Sattdampf und Stahl

$$\alpha \approx 0{,}01 \frac{W}{mm^2 \cdot {}^\circ C}$$

- für $T \approx 100 \ldots 300°C$:
  - unlegierter Stahl:

    Wärmeleitfähigkeit $\lambda \approx 0{,}05 \dfrac{W}{mm \cdot {}^\circ C} \Rightarrow \dfrac{\alpha}{\lambda} \approx \dfrac{0{,}01}{0{,}05} = 0{,}2\,mm^{-1}$

- Austenit:

Wärmeleitfähigkeit $\lambda \approx 0,02 \, \dfrac{W}{mm \cdot {}^{\circ}C} \Rightarrow \dfrac{\alpha}{\lambda} \approx \dfrac{0,01}{0,02} = 0,5\,mm^{-1}$

- $k_A = B_{th}$ aus [35]:
  - für unlegierten Stahl: $x = 0,2 \cdot s$ mit der Wanddicke s in mm
  - für Austenit: $x = 0,5 \cdot s$ mit der Wanddicke s in mm

Anmerkung 9.1: ***Umrechnung von allgemeiner Schwellbeanspruchung in "reine" Schwellbeanspruchung (siehe Beispiel 9.7)***

Allgemeine Beziehung zwischen Ausschlagspannung σ_a und Wechselspannung σ_W:

$$\pm \sigma_a = \pm \sigma_W \cdot \sqrt{1 - \frac{\sigma_m}{R_m}}$$

$$\Rightarrow \pm \sigma_W = \frac{\pm \sigma_a}{\sqrt{1 - \dfrac{\sigma_m}{R_m}}} = \frac{\pm \dfrac{\sigma_{Sch}}{2}}{\sqrt{1 - \dfrac{\sigma_{Sch}}{2 \cdot R_m}}} \Rightarrow \sigma_{Sch} = 2 \cdot \sigma_a \cdot \frac{\sqrt{1 - \dfrac{\sigma_{Sch}}{2 \cdot R_m}}}{\sqrt{1 - \dfrac{\sigma_m}{R_m}}}$$

Durch Umstellen und Quadrieren erhält man:

$$\sigma_{Sch}^2 + \sigma_{Sch} \cdot \frac{4 \cdot \sigma_a^2}{\left(1 - \dfrac{\sigma_m}{R_m}\right) \cdot 2 \cdot R_m} - \frac{4 \cdot \sigma_a^2}{1 - \dfrac{\sigma_m}{R_m}} = 0$$

Lösung der quadratischen Gleichung: $\sigma_{Sch} = B \cdot R_m \cdot \sqrt{B^2 + 4} - B^2 \cdot R_m$

$$\text{mit}: \quad B = \frac{\sigma_a}{R_m} \cdot \frac{1}{\sqrt{1 - \dfrac{\sigma_m}{R_m}}}$$

Anmerkung 10.1: ***Herleitung der Gleichungen 10.19 und 10.20***

Aus *Gleichung 10.18 mit 10.2*:

$$\Delta p = \Delta p_\zeta = \zeta \cdot \frac{\rho}{2} \cdot \overline{w}^2 = \zeta \cdot \frac{\rho}{2} \cdot \frac{\dot{V}^2}{A_i^2} \qquad \Rightarrow \qquad \zeta = 2 \cdot A_i^2 \cdot \frac{\Delta p}{\rho \cdot \dot{V}^2}$$

$$\Delta p_0 = \Delta p_\zeta = \zeta \cdot \frac{\rho_0}{2} \cdot \overline{w}_0^2 = \zeta \cdot \frac{\rho_0}{2} \cdot \frac{k_V^2}{A_i^2} \qquad \Rightarrow \qquad \zeta = 2 \cdot A_i^2 \cdot \frac{\Delta p_0}{\rho_0 \cdot k_V^2}$$

$$\Rightarrow 2 \cdot A_i^2 \cdot \frac{\Delta p}{\rho \cdot \dot{V}^2} = 2 \cdot A_i^2 \cdot \frac{\Delta p_0}{\rho_0 \cdot k_V^2} \qquad \Rightarrow \qquad \frac{\Delta p}{\rho \cdot \dot{V}^2} = \frac{\Delta p_0}{\rho_0 \cdot k_V^2}$$

aufgelöst nach k_V: $\quad k_V = \dot{V} \cdot \sqrt{\dfrac{\Delta p_0 \cdot \rho}{\Delta p \cdot \rho_0}}$ $\qquad$ (10.19)

mit $\Delta p_0 = 1\text{bar}$ und $\rho_0 = 1000 \text{kg} / \text{m}^3$: $\quad k_V = \dot{V} \cdot \sqrt{\dfrac{1}{1000}} \cdot \sqrt{\dfrac{\rho}{\Delta p}} = \dfrac{\dot{V}}{31,6} \cdot \sqrt{\dfrac{\rho}{\Delta p}}$ $\qquad$ (10.20)

Anmerkung 10.2: *__Herleitung von Gleichung 10.21:__*

Aus *Gleichung 10.18 mit 10.2*:

$$\Delta p = \zeta \cdot \frac{\rho}{2} \cdot \overline{w}^2 = \zeta \cdot \frac{\rho}{2} \cdot \left(\frac{\dot{V}}{A_i} \right)^2 = \zeta \cdot \frac{\rho}{2} \cdot \left(\frac{\dot{V}}{\frac{\pi}{4} \cdot d_i^2} \right)^2 = \zeta \cdot \rho \cdot \frac{8}{\pi^2} \cdot \frac{\dot{V}^2}{d_i^4}$$

aufgelöst nach ζ: $\quad \zeta = \dfrac{\Delta p}{\rho} \cdot \dfrac{\pi^2}{8} \cdot \dfrac{d_i^4}{\dot{V}^2} = \dfrac{\Delta p_0}{\rho_0} \cdot \dfrac{\pi^2}{8} \cdot \dfrac{d_i^4}{k_V^2}$

mit $k_V = \dot{V}$ in $\dfrac{\text{m}^3}{\text{h}}$, $\Delta p = 1\text{bar}$, $\rho = 1000 \dfrac{\text{kg}}{\text{m}^3}$ und d_i in mm:

$$\zeta = \frac{1\text{bar}}{1000 \frac{\text{kg}}{\text{m}^3}} \cdot \frac{\pi^2}{8} \cdot \frac{d_i^4 \left[\text{mm}^4 \right]}{k_V^2 \left[\frac{\text{m}^6}{\text{h}^2} \right]} = \frac{\pi^2}{8000} \cdot \left(\frac{d_i^2}{k_V} \right)^2 \left[\frac{\text{bar} \cdot \text{mm}^4 \cdot \text{m}^3 \cdot \text{h}^2}{\text{kg} \cdot \text{m}^6} \right]$$

$$\zeta = \frac{\pi^2}{8000} \cdot \left(\frac{d_i^2}{k_V} \right)^2 \left[\frac{10^5 \cdot \text{kg} \cdot \text{m}}{\text{s}^2 \cdot \text{m}^2} \cdot \frac{\text{m}^3}{\text{kg} \cdot \text{m}^6} \cdot \text{mm}^4 \cdot \text{h}^2 \right]$$

$$= \frac{\pi^2}{8000} \cdot \left(\frac{d_i^2}{k_V} \right)^2 \left[10^5 \frac{\text{mm}^4 \cdot \text{h}^2}{\text{s}^2 \cdot \text{m}^4} \right]$$

$$\zeta = \frac{\pi^2}{8000} \cdot \left(\frac{d_i^2}{k_V}\right)^2 \left[10^5 \cdot \frac{\text{kg} \cdot \text{mm}^4 \cdot (3600\text{s})^2}{\text{s}^2 \cdot (1000\text{mm})^4 \cdot \text{kg}}\right] = \frac{100000 \cdot \pi^2 \cdot 3600^2}{8000 \cdot 1000^4} \cdot \left(\frac{d_i^2}{k_V}\right)^2$$

$$\zeta = \frac{1}{625,4} \cdot \left(\frac{d_i^2}{k_V}\right)^2 \text{ mit } k_V = \dot{V} \text{ in } \frac{\text{m}^3}{\text{h}}, \text{d}_i \text{ in mm und } \pi = 3,1415$$

Anmerkung 10.3: ***Abhängigkeit des Druckverlustes Δp_λ vom Volumenstrom $\dot{V}$***

Gleichung 10.16: $\Delta p_\lambda = \lambda \cdot \dfrac{L}{d_i} \cdot \dfrac{\rho}{2} \cdot \overline{w}^2$

- z.B. im laminaren Bereich:

  Hagen-Poisseuille (**Tabelle 10.3**): $\lambda = \dfrac{64}{\text{Re}}$

  Gleichung 10.1: $\text{Re} = \dfrac{\overline{w} \cdot d_i}{v}$

  Gleichung 10.1 in Hagen-Poisseuille: $\lambda = 64 \cdot \dfrac{v}{\overline{w} \cdot d_i}$

  eingesetzt in *10.16* (s.o.): $\Delta p_\lambda = 64 \cdot \dfrac{v}{\overline{w} \cdot d_i} \cdot \dfrac{L}{d_i} \cdot \dfrac{\rho}{2} \cdot \overline{w}^2 = 32 \cdot \dfrac{v \cdot L \cdot \rho}{d_i^2} \cdot \overline{w}$

  $\Rightarrow$ mit Gleichung 10.2 $\left(\overline{w} = \dfrac{\dot{V}}{A_i}\right)$: $\Delta p_\lambda \sim \dot{V}$

- z.B. im turbulenten Bereich bei hydraulisch glatter Rohrwand mit $3.000 < \text{Re} < 100.000$

  Blasius (**Tabelle 10.3**):

$$\lambda = \frac{0,3164}{\sqrt[4]{\text{Re}}} = 0,3164 \cdot \text{Re}^{-0,25} = 0,3164 \cdot \left(\frac{v}{d_i}\right)^{0,25} \cdot \overline{w}^{-0,25}$$

eingesetzt in *10.16* (s.o.):

$$\Delta p_\lambda = 0{,}3164 \cdot \left(\frac{\nu}{d_i}\right)^{0{,}25} \cdot \overline{w}^{0{,}25} \cdot \frac{L}{d_i} \cdot \frac{\rho}{2} \cdot \overline{w}^2 = \frac{0{,}3164}{2} \cdot \frac{\nu^{0{,}25} \cdot L \cdot \rho}{d_i^{1{,}25}} \cdot \overline{w}^{1{,}75}$$

$$\Rightarrow \text{mit } Gleichung\ 10.2 \left(\overline{w} = \frac{\dot{V}}{A_i}\right): \qquad \Delta p_\lambda \sim \dot{V}^{1{,}75}$$

Anmerkung 10.4: ***Herleitung von Gleichung 10.33***

Gleichung 10.32 : $\dfrac{p_1^2 - p_2^2}{2 \cdot p_1} = \lambda \cdot \dfrac{L}{d_i} \cdot \dfrac{\rho_1}{2} \cdot \overline{w_1}^2 \cdot \dfrac{\overline{T}}{T_1}$

Gleichung 10.31: $\Delta p_\lambda = p_1 - p_2$

mit:

$$p_1^2 - p_2^2 = \left(p_1 - p_2\right) \cdot \left(p_1 + p_2\right) = \Delta p_\lambda \cdot \left(p_1 + p_2\right)$$
$$= \Delta p_\lambda \cdot \left(p_1 + p_1 - \Delta p_\lambda\right) = \Delta p_\lambda \cdot \left(2 \cdot p_1 - \Delta p_\lambda\right)$$

folgt aus *Gleichung 10.32*: $2 \cdot \Delta p_\lambda \cdot p_1 - \Delta p_\lambda^2 = 2 \cdot p_1 \cdot \lambda \cdot \dfrac{L}{d_i} \cdot \dfrac{\rho_1}{2} \cdot \overline{w_1}^2 \cdot \dfrac{\overline{T}}{T_1}$

bzw. als Normalform der quadratischen Gleichung:

$$\Delta p_\lambda^2 - 2 \cdot \Delta p_\lambda \cdot p_1 + 2 \cdot p_1 \cdot \lambda \cdot \frac{L}{d_i} \cdot \frac{\rho_1}{2} \cdot \overline{w_1}^2 \cdot \frac{\overline{T}}{T_1} = 0$$

Lösung der quadratischen Gleichung:

$$\Delta p_\lambda = p_1 \pm \sqrt{p_1^2 - 2 \cdot p_1 \cdot \lambda \cdot \frac{L}{d_i} \cdot \frac{\rho_1}{2} \cdot \overline{w_1}^2 \cdot \frac{\overline{T}}{T_1}}$$

Weil $\Delta p_\lambda < p_1$, ist nur folgende Lösung möglich:

$$\Delta p_\lambda = p_1 \cdot \left(1 - \sqrt{1 - \frac{2}{p_1} \cdot \Delta p_{\lambda,i} \cdot \frac{\overline{T}}{T_1}}\right) \ (Gleichung\ 10.33)$$

Übersicht über die Berechnungsbeispiele

218

Berechnungsbeispiele zu Kapitel 6
„Beanspruchungen in Druckbehälterwänden"

Beispiel 6.1: *__Einzelspannungen in zylindrischer Druckbehälterwand:__*

Ein zylindrischer Druckbehälter mit Außendurchmesser d_a = 1000mm und Wanddicke s = 35mm steht unter einem inneren Überdruck von p_e = 100bar. Gesucht sind die maximalen und mittleren Spannungen aus innerem Überdruck in der Druckbehälterwand.

$$d_i = d_a - 2 \cdot s = 1000\text{mm} - 2 \cdot 35\text{mm} = 930\text{mm}$$

$$\frac{d_a}{d_i} = \frac{1000\text{mm}}{930\text{mm}} = 1,075$$

Gleichung 6.4: $\hat{\sigma}_U = p_e \cdot \dfrac{\left(d_a / d_i\right)^2 + 1}{\left(d_a / d_i\right)^2 - 1} = 10\,\dfrac{\text{N}}{\text{mm}^2} \cdot \dfrac{1,075^2 + 1}{1,075^2 - 1} = 138,5\,\dfrac{\text{N}}{\text{mm}^2}$

Gleichung 6.2: $\sigma_l = p_e \cdot \dfrac{1}{\left(d_a / d_i\right)^2 - 1} = 10\,\dfrac{\text{N}}{\text{mm}^2} \cdot \dfrac{1}{1,075^2 - 1} = 64,3\,\dfrac{\text{N}}{\text{mm}^2}$

Gleichung 6.5: $\hat{\sigma}_r = -p_e = -10\,\dfrac{\text{N}}{\text{mm}^2}$

Gleichung 6.8: $\overline{\sigma}_u = \dfrac{p_e \cdot d_i}{2 \cdot s} = 10\,\dfrac{\text{N}}{\text{mm}^2} \cdot \dfrac{930\text{mm}}{2 \cdot 35\text{mm}} = 132,9\,\dfrac{\text{N}}{\text{mm}^2}$

Gleichung 6.9: $\overline{\sigma}_l \approx \dfrac{p_e \cdot d_i}{4 \cdot s} = 10\,\dfrac{\text{N}}{\text{mm}^2} \cdot \dfrac{930\text{mm}}{4 \cdot 35\text{mm}} = 66,4\,\dfrac{\text{N}}{\text{mm}^2}$ (vergl. σ_l oben)

Gleichung 6.10: $\overline{\sigma}_r = -\dfrac{p_e}{2} = -\dfrac{10\text{N}/\text{mm}^2}{2} = -5\,\dfrac{\text{N}}{\text{mm}^2}$

Beispiel 6.2: *Vergleichsspannungen in zylindrischer Druckbehälterwand*

Für den Druckbehälter aus *Beispiel 6.1* (d_a = 1000mm; s = 35mm) ist zu berechnen:

- die mittlere Vergleichspannung nach der Schubspannungshypothese
- die maximale Vergleichspannung nach der Schubspannungshypothese
- die maximale Vergleichspannung nach der GE-Hypothese

- *Gleichung 6.14:*

$$\overline{\sigma}_{V,Sch} = \frac{p_e}{2} \cdot \left(\frac{d_a}{s} - 1 \right) = \frac{10\,N/mm^2}{2} \cdot \left(\frac{1000mm}{35mm} - 1 \right) = 137{,}9\,\frac{N}{mm^2}$$

- *Gleichung 6.15:*

$$\hat{\sigma}_{V,Sch} = \frac{p_e}{2} \cdot \left(\frac{d_a}{s} + 1 \right) = \frac{10\,N/mm^2}{2} \cdot \left(\frac{1000mm}{35mm} + 1 \right) = 147{,}9\,\frac{N}{mm^2}$$

- *Gleichung 6.17:*

$$\hat{\sigma}_{V,GE} = p_e \cdot \frac{\sqrt{3} \cdot (d_a/d_i)^2}{(d_a/d_i)^2 - 1} = 10\,\frac{N}{mm^2} \cdot \frac{\sqrt{3} \cdot 1{,}075^2}{1{,}075^2 - 1} = 128{,}6\,\frac{N}{mm^2}$$

Beispiel 6.3: *Wärmespannungen bei stationärem Wärmestrom*

Der Druckbehälter aus *Beispiel 6.1* (d_a = 1000mm; s = 35mm) ist mit einem heißen Medium gefüllt, so dass sich in der Behälterwand eine mittlere Temperatur von 200°C und zwischen den Wandoberflächen eine Temperaturdifferenz von $\vartheta_i - \vartheta_a$ = 30K einstellt (siehe auch **Bild 6.7**). Gesucht sind die maximalen Wärmespannungen in der Behälterwand aus niedrig legiertem Stahl.

aus **Tabelle 3.2:** $\beta_{L,200°C}$ = 13,7 · 10^{-6} K^{-1}; $E_{200°C}$ = 1,99 · 10^5 N/mm^2

aus *Abschnitt 6.2.3 oder Abschnitt 3.1.1:* ν = 0,3

$$\frac{d_a}{d_i} = \frac{1000mm}{930mm} = 1{,}075 < 1{,}2 \Rightarrow Gleichungen\ 6.19a\ und\ 6.19b\ verwendbar:$$

$$\sigma_{W,a} = -\frac{E}{1-\nu} \cdot \beta_L \cdot \frac{\vartheta_a - \vartheta_i}{2} = -\frac{1{,}99 \cdot 10^5\,N/mm^2}{1 - 0{,}3} \cdot 13{,}7 \cdot 10^{-6}\,K^{-1} \cdot \frac{-30K}{2}$$

$$= 58{,}4\,N/mm^2$$

$$\sigma_{W,i} = +\frac{E}{1-\nu} \cdot \beta_L \cdot \frac{\vartheta_a - \vartheta_i}{2} = +\frac{1,99 \cdot 10^5 \, N/mm^2}{1-0,3} \cdot 13,7 \cdot 10^{-6} \, K^{-1} \cdot \frac{-30K}{2}$$

$$= -58,4 \, N/mm^2$$

Zum Vergleich genaue Berechnung nach den *Gleichungen 6.20 und 6.21*:

$$\sigma_{W,a} = \frac{E}{1-\nu} \cdot \beta_L \cdot \frac{\vartheta_a - \vartheta_i}{2} \cdot \left(\frac{2}{(d_a/d_i)^2 - 1} - \frac{1}{\ln(d_a/d_i)} \right)$$

$$= -58,4 \, \frac{N}{mm^2} \cdot \left(\frac{2}{1,075^2 - 1} - \frac{1}{\ln 1,075} \right) = -58,4 \, \frac{N}{mm^2} \cdot (-0,976) = 57 \, \frac{N}{mm^2}$$

$$\sigma_{W,i} = \frac{E}{1-\nu} \cdot \beta_L \cdot \frac{\vartheta_a - \vartheta_i}{2} \cdot \left(\frac{2 \cdot (d_a/d_i)^2}{(d_a/d_i)^2 - 1} - \frac{1}{\ln(d_a/d_i)} \right)$$

$$= -58,4 \, \frac{N}{mm^2} \cdot \left(\frac{2 \cdot 1,075^2}{1,075^2 - 1} - \frac{1}{\ln 1,075} \right) = -58,4 \, \frac{N}{mm^2} \cdot 1,024 = -59,8 \, \frac{N}{mm^2}$$

Beispiel 6.4: *Thermoschock*

Die Wand des Druckbehälters aus *Beispiel 6.1* (d_a =1000mm; s = 35mm) besteht aus unlegiertem Stahl. Es ist die Thermoschockspannung abzuschätzen, die auftritt, wenn die Innenfläche der Behälterwand bei Raumtemperatur plötzlich mit Sattdampf von 200°C in Berührung kommt.

aus **Tabelle 3.2**: $\beta_{L,200°C}$ = 13,7 · 10^{-6} K^{-1}; $E_{200°C}$ = 1,99 · 10^5 N/mm²

aus *Abschnitt 6.2.3 oder Abschnitt 3.1.1*: ν = 0,3

aus **Bild 6.9**: $k_A \approx 0,56$

Gleichung 6.23:

$$\sigma_{W,Schock} = \frac{E}{1-\nu} \cdot \beta_L \cdot \Delta\vartheta_{max} \cdot k_A$$

$$= \frac{1,99 \cdot 10^5 \, N/mm^2}{1-0,3} \cdot 13,7 \cdot 10^{-6} \, K^{-1} \cdot 180K \cdot 0,56 = 393 \, \frac{N}{mm^2}$$

Diese Spannung würde die Streckgrenze vieler Stähle überschreiten.

Beispiel 6.5: ***Wärmespannungen beim Aufheizen mit konstanter Geschwindigkeit (quasistationärer Wärmestrom)***

Die Wand des Druckbehälters aus *Beispiel 6.1* (d_a = 1000mm; s = 35mm) aus niedrig legiertem Stahl weise eine Temperaturleitfähigkeit von a = 12mm^2/s auf. Gesucht ist, ausgehend von Raumtemperatur, die maximale Aufheizgeschwindigkeit, damit die Wärmespannung einen zulässigen Wert von z.B. $\sigma_{W,zul}$ = ±100N/mm^2 nicht überschreitet.

aus *Gleichung 6.19* :
$$\sigma_W = \pm \frac{E}{1-\nu} \cdot \beta_L \cdot \frac{\vartheta_a - \vartheta_i}{2} \leq \sigma_{W,zul}$$

mit *Gleichung 6.24* ohne Berücksichtigung des Vorzeichens:

$$\sigma_W = \frac{E}{1-\nu} \cdot \beta_L \cdot \frac{1}{2} \cdot \frac{w_\vartheta \cdot s^2}{a} \cdot f_F \leq \sigma_{W,zul} \Rightarrow w_\vartheta \leq \frac{\sigma_{W,zul} \cdot (1-\nu) \cdot 2 \cdot a}{E \cdot \beta_L \cdot s^2 \cdot f_F}$$

aus Legende zu *Gleichung 6.24*: $f_F \approx \frac{2}{3} \cdot \left(0,43 \cdot \frac{d_a}{d_i} + 0,57\right)$

$$\frac{d_a}{d_i} = \frac{1000\text{mm}}{930\text{mm}} = 1,075 \, (Beispiel \, 6.1) \Rightarrow f_F \approx \frac{2}{3} \cdot (0,43 \cdot 1,075 + 0,57) = 0,69$$

aus **Tabelle 3.2** für 20°C: $E = 2,12 \cdot 10^5 \, \dfrac{\text{N}}{\text{mm}^2}, \beta_L = 11,9 \cdot 10^{-6} \, \text{K}^{-1}$

aus *Abschnitt 6.2.3 oder Abschnitt 3.1.1*: $\nu = 0,3$

$$w_\vartheta \leq \frac{100\text{N}/\text{mm}^2 \cdot (1-0,3) \cdot 2 \cdot 12\text{mm}^2/\text{s}}{2,12 \cdot 10^5 \text{N}/\text{mm}^2 \cdot 11,9 \cdot 10^{-6} \text{K}^{-1} (35\text{mm})^2 \cdot 0,69} = 0,79 \, \frac{\text{K}}{\text{s}}$$

Beispiel 6.6: ***Gesamtbeanspruchungen aus innerem Überdruck und Wärmespannungen***

Der Druckbehälter aus *Beispiel 6.1* (d_a =1000mm; s =35mm) ist mit einem heißen Medium gefüllt, so dass sich in der Behälterwand eine mittlere Temperatur von 200°C und zwischen den Wandoberflächen eine Temperaturdifferenz von $\vartheta_i - \vartheta_a$ = 30K einstellt (siehe *Beispiel 6.3*). Außerdem steht er unter einem inneren Überdruck von p_e =100bar. Gesucht ist die Gesamtbeanspruchung jeweils an der Innenfläche und an der Außenfläche der Behälterwand nach der Schubspannungshypothese und nach der GE-Hypothese.

- Wärmespannungen wie in *Beispiel 6.3*:

$$\sigma_{W,a} = -\frac{E}{1-\nu} \cdot \beta_L \cdot \frac{\vartheta_a - \vartheta_i}{2}$$

$$= -\frac{1,99 \cdot 10^5 \, \text{N/mm}^2}{1-0,3} \cdot 13,7 \cdot 10^{-6} \, \text{K}^{-1} \cdot \frac{-30\text{K}}{2} = 58,4 \, \text{N/mm}^2$$

$$\sigma_{W,i} = +\frac{E}{1-\nu} \cdot \beta_L \cdot \frac{\vartheta_a - \vartheta_i}{2}$$

$$= \frac{1,99 \cdot 10^5 \, \text{N/mm}^2}{1-0,3} \cdot 13,7 \cdot 10^{-6} \, \text{K}^{-1} \cdot \frac{-30\text{K}}{2} = -58,4 \, \text{N/mm}^2$$

Diese Wärmespannungen wirken in Umfangs- und Längsrichtung

- Einzelspannungen allgemein aus innerem Überdruck (*Gleichungen 6.1 bis 6.3*) und Wärmespannungen:

$$\sigma_u = \sigma_{u,p} + \sigma_W = p_e \cdot \frac{(d_a/x)^2 + 1}{(d_a/d_i)^2 - 1} + \sigma_W$$

$$\sigma_l = \sigma_{l,p} + \sigma_W = p_e \cdot \frac{1}{(d_a/d_i)^2 - 1} + \sigma_W$$

$$\sigma_r = -p_e \cdot \frac{(d_a/x)^2 - 1}{(d_a/d_i)^2 - 1}$$

mit Umfangsspannung $\sigma_{u,p}$ und Längsspannung $\sigma_{l,p}$ aus innerem Überdruck

- Spannungen an der Innenfläche der Behälterwand ($x = d_i$):

$$\sigma_u = \sigma_{u,p} + \sigma_{W,i} = p_e \cdot \frac{(d_a/d_i)^2 + 1}{(d_a/d_i)^2 - 1} + \sigma_{W,i}$$

$$= 10 \, \frac{\text{N}}{\text{mm}^2} \cdot \frac{1,075^2 + 1}{1,075^2 - 1} - 58,4 \, \frac{\text{N}}{\text{mm}^2} = 80 \, \frac{\text{N}}{\text{mm}^2}$$

$$\sigma_l = \sigma_{l,p} + \sigma_{W,i} = p_e \cdot \frac{1}{\left(d_a / d_i\right)^2 - 1} + \sigma_{W,i}$$

$$= 10 \frac{N}{mm^2} \cdot \frac{1}{1,075^2 - 1} - 58,4 \frac{N}{mm^2} = 5,9 \frac{N}{mm^2}$$

$$\sigma_r = -p_e = -10 \frac{N}{mm^2}$$

Gleichung 6.12:

$$\sigma_{V,Sch} = \sigma_{max} - \sigma_{min} = 80 \frac{N}{mm^2} + 10 \frac{N}{mm^2} = 90 \frac{N}{mm^2}$$

Gleichung 6.13:

$$\sigma_{V,GE} = \frac{1}{\sqrt{2}} = \sqrt{\left(\sigma_u - \sigma_l\right)^2 + \left(\sigma_l - \sigma_r\right)^2 + \left(\sigma_r - \sigma_u\right)^2}$$

$$= \frac{1}{\sqrt{2}} \cdot \sqrt{\left(80 - 5,9\right)^2 + \left(5,9 + 10\right)^2 + \left(-10 - 80\right)^2} = 83,2 \, N / mm^2$$

- Spannungen an der Außenfläche der Behälterwand ($x = d_a$):

$$\sigma_u = \sigma_{u,p} + \sigma_{W,a} = p_e \cdot \frac{\left(d_a / d_a\right)^2 + 1}{\left(d_a / d_i\right)^2 - 1} + \sigma_{W,a}$$

$$= 10 \frac{N}{mm^2} \cdot \frac{2}{1,075^2 - 1} + 58,4 \frac{N}{mm^2} = 186,9 \frac{N}{mm^2}$$

$$\sigma_l = \sigma_{l,p} + \sigma_{W,a} = p_e \cdot \frac{1}{\left(d_a / d_i\right)^2 - 1} + \sigma_{W,a}$$

$$= 10 \frac{N}{mm^2} \cdot \frac{1}{1,075^2 - 1} + 58,4 \frac{N}{mm^2} = 122,7 \frac{N}{mm^2}$$

$$\sigma_r = 0$$

Gleichung 6.12:

$$\sigma_{V,Sch} = \sigma_{max} - \sigma_{min} = 186,9 \frac{N}{mm^2} - 0 = 186,9 \frac{N}{mm^2}$$

Gleichung 6.13:

$$\sigma_{V,GE} = \frac{1}{\sqrt{2}} \cdot \sqrt{\left(\sigma_u - \sigma_l\right)^2 + \left(\sigma_l - \sigma_r\right)^2 + \left(\sigma_r - \sigma_u\right)^2}$$

$$= \frac{1}{\sqrt{2}} \cdot \sqrt{\left(186,9 - 122,7\right)^2 + \left(122,7 - 0\right)^2 + \left(0 - 186,9\right)^2} = 164,5 \, N/mm^2$$

Beispiel 6.7: ***Beulen unter äußerem Überdruck***

Für den Behälter aus *Beispiel 6.1* (d_a = 1000mm; s = 35mm) ist die kritische Spannung bezüglich elastischen Einbeulens bei Raumtemperatur gesucht. Vereinfachend wird unendliche Behälterlänge angenommen.

Gleichung 6.31: $\qquad\qquad \sigma_{B,krit} = \dfrac{E \cdot s^2}{\left(1 - v^2\right) \cdot d_i^2}$

aus **Tabelle. 3.2** für 20°C: $\qquad E = 2,12 \cdot 10^5 \dfrac{N}{mm^2}$

aus *Abschnitt 6.2.3 oder Abschnitt 3.1.1:* v = 0,3

$$\sigma_{B,krit} = \frac{E \cdot s^2}{\left(1 - v^2\right) \cdot d_i^2} = \frac{2,12 \cdot 10^5 \, N/mm^2 \cdot \left(35mm\right)^2}{\left(1 - 0,3^2\right) \cdot \left(930mm\right)^2} = 330 \, N/mm^2$$

Berechnungsbeispiele zu Kapitel 7
„Wanddickenberechnung von Druckbehältern"

Beispiel 7.1:   *Mindestwanddicke eines Druckbehälters nach der Kesselformel*

Gesucht ist die rechnerische Mindestwanddicke nach der „Kesselformel" für einen zylindrischen Druckbehälter mit $d_a = 1000\text{mm}$ und $\sigma_{zul} = K/S = 100\text{N/mm}^2$ unter einem überwiegend statischen inneren Überdruck von $p_e = 100\text{bar}$ bei Raumtemperatur.

Gleichung 7.5: $\quad s_V \geq \dfrac{p_e \cdot d_a}{2 \cdot K/S + p_e} = \dfrac{10\text{N/mm}^2 \cdot 1000\text{mm}}{2 \cdot 100\text{N/mm}^2 + 10\text{N/mm}^2} = 47{,}6\text{mm}$

Beispiel 7.2:   *Wanddicke eines Druckbehälters unter überwiegend statischer Beanspruchung bei Raumtemperatur*

Gesucht ist die auszuführende Wanddicke nach AD-Merkblatt B1 für einen zylindrischen Druckbehälter aus S235JRG1 (St 37) mit $d_a = 1000\text{mm}$ und $v_N = 1$, hergestellt aus warmgewalztem Stahlblech nach DIN EN 10029 (Klasse B) unter einem überwiegend statischen inneren Überdruck von $p_e = 100\text{bar}$ bei Raumtemperatur. Zusätzliche Beanspruchungen sind in diesem Beispiel nicht zu berücksichtigen.

aus **Tabelle 7.4**: $K = 225\text{N/mm}^2$, aus *Tabelle 7.3*: $S = 1{,}5$

$\text{Annahme}: \dfrac{d_a}{d_i} < 1{,}2 \Rightarrow$ aus *Tabelle 7.2* :

$$s_V = \frac{d_a \cdot p_e}{2 \cdot \dfrac{K}{S} \cdot v_N + p_e} = \frac{1000\text{mm} \cdot 10\text{N/mm}^2}{2 \cdot \dfrac{225\text{N/mm}^2}{1{,}5} + 10\text{N/mm}^2} = 32{,}3\text{mm}$$

aus **Tabelle 7.1**: $c_1 = 0{,}3\text{mm}$; aus *Abschnitt 7.1.2*: $c_2 = 0\text{mm}$, weil $s > 30\text{mm}$

Gleichung 7.3: $s = s_V + c_1 + c_2 = 32{,}3\text{mm} + 0{,}3\text{mm} = 32{,}6\text{mm}$

$\Rightarrow$ gerundet z.B. $s = 33\text{mm}$

Kontrolle des Geltungsbereiches:

$$\frac{d_a}{d_i} = \frac{d_a}{d_a - 2 \cdot s} = \frac{1000\text{mm}}{1000\text{mm} - 2 \cdot 33\text{mm}} = 1{,}07 < 1{,}2$$

Beispiel 7.3: *__Wanddicke eines Druckbehälters unter überwiegend statischer Beanspruchung bei erhöhter Temperatur ohne Berücksichtigung von Wärmespannungen__*

Gesucht ist die auszuführende Wanddicke nach AD-Merkblatt B1 für einen zylindrischen Druckbehälter aus 16Mo3 mit d_a = 1000mm und v_N = 1unter einem überwiegend statischen inneren Überdruck von p_e = 100bar bei ϑ = 500°C. Zusätzliche Beanspruchungen sind in diesem Beispiel nicht zu berücksichtigen.

aus **Tabelle 7.4:** $R_{p0,2/500°C}$ = 140N/mm^2; $R_{m/200.000/500°C}$ = 84 N/mm^2

aus **Tabelle 7.3:**   für $R_{p0,2/500°C}$ und $R_{m/200.000/500°C}$: S = 1,5

Gleichung7.7 :

$$\sigma_{zul} = \frac{K}{S} = \min\left\{\frac{R_{p0,2/\vartheta}}{S};\frac{R_{m/t/\vartheta}}{S}\right\} = \min\left\{\frac{140}{1,5};\frac{84}{1,5}\right\} = 56\frac{N}{mm^2}$$

Annahme: $\dfrac{d_a}{d_i} < 1,2 \Rightarrow$ aus *Tabelle 7.2 :*

$$s_V = \frac{d_a \cdot p_e}{2\cdot\dfrac{K}{S}\cdot v_N + p_e} = \frac{1000mm\cdot 10N/mm^2}{2\cdot 56N/mm^2 + 10N/mm^2} = 82mm$$

aus **Tabelle 7.1:** c_1 = 0,3mm; aus *Abschnitt 7.1.2:* c_2 = 0mm, weil s > 30mm

Gleichung 7.3: $s = s_V + c_1 + c_2$ = 82mm + 0,3mm = 82,3mm

$\Rightarrow$ gerundet z.B. s = 83mm

Kontrolle des Geltungsbereiches: $\dfrac{d_a}{d_i} = \dfrac{d_a}{d_a - 2\cdot s} = \dfrac{1000mm}{1000mm - 2\cdot 83mm} = 1,2$

Beispiel 7.4: *__Nachrechnung eines Druckbehälters gegen überwiegend statischen inneren Überdruck und Wärmespannungen__*

Ein zylindrischer Druckbehälter aus 16Mo3 mit d_a = 1000mm, s = 100mm und v_N = 1 weist im Betrieb eine mittlere Wandtemperatur von ϑ_m = 500°C auf. Die Temperatur an der Innenoberfläche der Wand liegt um $\Delta\vartheta$ = 20K höher als die der Außenoberfläche. Vereinfachend ist davon auszugehen, dass die Wanddicke von s = 100mm auch unter Berücksichtigung von Korrosion und Abnutzung tatsächlich vorhanden ist. Der Druckbehälter ist gegen überwiegend statische Wärmespannungen und einen überwiegend statischen Überdruck von $p_e = 100\,bar$ nachzurechnen.

aus Beispiel 7.3 : $K_{min} = 84\,\dfrac{N}{mm^2}$

aus **Tabelle 3.2**: $\beta_{L,500°C} = 16{,}7 \cdot 10^{-6}\,K^{-1}$; $E_{500°C} = 1{,}74 \cdot 10^5\,N/mm^2$
aus *Abschnitt 6.2.3 oder Abschnitt 3.1.1*: $\nu = 0{,}3$

$$\frac{d_a}{d_i} = \frac{1000mm}{800mm} = 1{,}25$$

- Wärmespannungen:
  Gleichung 6.20:

$$\sigma_{W,a} = \frac{E}{1-\nu} \cdot \beta_L \cdot \frac{\vartheta_a - \vartheta_i}{2} \cdot \left(\frac{2}{\left(d_a / d_i\right)^2 - 1} - \frac{1}{\ln\left(d_a / d_i\right)} \right)$$

$$= \frac{1{,}74 \cdot 10^5\,N / mm^2}{1 - 0{,}3} \cdot 16{,}7 \cdot 10^{-6}\,K^{-1} \cdot \frac{-20K}{2} \cdot \left(\frac{2}{1{,}25^2 - 1} - \frac{1}{\ln 1{,}25} \right)$$

$$= -41{,}5\,\frac{N}{mm^2} \cdot \left(-0{,}93\right) = 38{,}6\,\frac{N}{mm^2}$$

Gleichung 6.21:

$$\sigma_{W,i} = \frac{E}{1-\nu} \cdot \beta_L \cdot \frac{\vartheta_a - \vartheta_i}{2} \cdot \left(\frac{2 \cdot \left(d_a / d_i\right)^2}{\left(d_a / d_i\right)^2 - 1} - \frac{1}{\ln\left(d_a / d_i\right)} \right)$$

$$= -41{,}5\,\frac{N}{mm^2} \cdot \left(\frac{2 \cdot 1{,}25^2}{1{,}25^2 - 1} - \frac{1}{\ln 1{,}25} \right) = -41{,}5\,\frac{N}{mm^2} \cdot 1{,}074 = -44{,}6\,\frac{N}{mm^2}$$

- Nachrechnung nach AD-Merkblatt B10:

Gleichungen 7.9 bis 7.11:

$$\sigma_{max,i} = \sigma_{W,i} + \sigma_{V,i} = \sigma_{W,i} + p_e \cdot \frac{d_a + s}{2,3 \cdot s}$$

$$= -44,6\,\frac{N}{mm^2} + 10\,\frac{N}{mm^2} \cdot \frac{1000mm + 100mm}{2,3 \cdot 100mm} = 3,2\,\frac{N}{mm^2} < K_{min} = 84\,\frac{N}{mm^2}$$

Der Wert $\sigma_{max,i}$ = 3,2N/mm² ist sehr klein, da hier eine mittlere Vergleichsspannung aus Innendruck angenommen wird, die nicht berücksichtigt, dass die Beanspruchung aus innerem Überdruck an der Innenfaser am größten ist. Die genauere Rechnung nach der GE-Hypothese (s.u.) ergibt einen deutlich höheren Wert ($\sigma_{V,GE}$ = 24,2N/mm²).

$$\sigma_{max,a} = \sigma_{W,a} + \sigma_{V,a} = \sigma_{W,a} + p_e \cdot \frac{d_a - 3 \cdot s}{2,3 \cdot s}$$

$$= 38,6\,\frac{N}{mm^2} + 10\,\frac{N}{mm^2} \cdot \frac{1000mm - 3 \cdot 100mm}{2,3 \cdot 100mm} = 69\,\frac{N}{mm^2} < K_{min} = 84\,\frac{N}{mm^2}$$

- Zum Vergleich Nachrechnung mit Vergleichspannungen (siehe auch *Beispiel 6.6*):

Innenfaser:

$$\sigma_u = \sigma_{u,p} + \sigma_{W,i} = p_e \cdot \frac{\left(d_a / d_i\right)^2 + 1}{\left(d_a / d_i\right)^2 - 1} + \sigma_{W,i}$$

$$= 10\,\frac{N}{mm^2} \cdot \frac{1,25^2 + 1}{1,25^2 - 1} - 44,6\,\frac{N}{mm^2} = 1\,\frac{N}{mm^2}$$

$$\sigma_l = \sigma_{l,p} + \sigma_{W,i} = p_e \cdot \frac{1}{\left(d_a / d_i\right)^2 - 1} + \sigma_{W,i}$$

$$= 10\,\frac{N}{mm^2} \cdot \frac{1}{1,25^2 - 1} - 44,6\,\frac{N}{mm^2} = -26,8\,\frac{N}{mm^2}$$

$$\sigma_r = -p_e = -10\,\frac{N}{mm^2}$$

$$\sigma_{V,Sch} = \sigma_{max} - \sigma_{min} = 1\frac{N}{mm^2} + 26,8\frac{N}{mm^2} = 27,8\frac{N}{mm^2} < K_{min} = 84\frac{N}{mm^2}$$

$$\sigma_{V,GE} = \frac{1}{\sqrt{2}} \cdot \sqrt{\left(\sigma_u - \sigma_l\right)^2 + \left(\sigma_l - \sigma_r\right)^2 + \left(\sigma_r - \sigma_u\right)^2}$$

$$= \frac{1}{\sqrt{2}} \cdot \sqrt{\left(1 + 26,8\right)^2 + \left(-26,8 + 10\right)^2 + \left(-10 - 1\right)^2} \; \frac{N}{mm^2}$$

$$= 24,2\,N/mm^2 < K_{min} = 84\frac{N}{mm^2}$$

Außenfaser:

$$\sigma_u = \sigma_{u,p} + \sigma_{W,a} = p_e \cdot \frac{\left(d_a/d_a\right)^2 + 1}{\left(d_a/d_i\right)^2 - 1} + \sigma_{W,a}$$

$$= 10\frac{N}{mm^2} \cdot \frac{2}{1,25^2 - 1} + 38,6\frac{N}{mm^2} = 74,2\frac{N}{mm^2}$$

$$\sigma_l = \sigma_{l,p} + \sigma_{W,a} = p_e \cdot \frac{1}{\left(d_a/d_i\right)^2 - 1} + \sigma_{W,a}$$

$$= 10\frac{N}{mm^2} \cdot \frac{1}{1,25^2 - 1} + 38,6\frac{N}{mm^2} = 56,4\frac{N}{mm^2}$$

$\sigma_r = 0$

$$\sigma_{V,Sch} = \sigma_{max} - \sigma_{min} = 74,2\frac{N}{mm^2} - 0 = 74,2\frac{N}{mm^2} < K_{min} = 84\frac{N}{mm^2}$$

$$\sigma_{V,GE} = \frac{1}{\sqrt{2}} \cdot \sqrt{\left(\sigma_u - \sigma_l\right)^2 + \left(\sigma_l - \sigma_r\right)^2 + \left(\sigma_r - \sigma_u\right)^2}$$

$$= \frac{1}{\sqrt{2}} \cdot \sqrt{(74,2 - 56,4)^2 + (56,4 - 0)^2 + (0 - 74,2)^2}$$

$$= 67,1\,\text{N}/\text{mm}^2 < K_{min} = 84\,\frac{\text{N}}{\text{mm}^2}$$

Beispiel 7.5: *__Nachrechnung eines Druckbehälters gegen dynamischen inneren Über-druck und Wärmespannungen__*

Der Druckbehälter aus *Beispiel 7.4* (16Mo3; d_a = 1000mm; s = 100mm tatsächlich vorhanden; v_N =1) ist aus gewalztem Blech mit R_z = 200μm und Schweißnähten der Klasse K1 hergestellt. Er ist dynamischen Beanspruchungen aus innerem Überdruck und Wärmespannungen unterworfen. Die mittlere Wandtemperatur bewegt sich zwischen ϑ_m = 20°C bei Stillstand der Anlage und der maximalen Betriebstemperatur von ϑ_m = 500°C, der innere Überdruck zwischen p_e = 0bar bei Stillstand und dem maximalen Betriebsdruck von p_e = 100bar. Die zeitlichen Veränderungen von Temperatur und Überdruck verlaufen parallel, es herrschen jeweils gleichzeitig die Minimal- und Maximalwerte. Bei der maximalen Wandtemperatur stellt sich ein Temperaturgefälle von $\vartheta_i - \vartheta_a$ = 20K über der Rohrwanddicke ein. Die Druckbehälterwand ist auf Dauerfestigkeit nachzurechnen.

Bei dynamischer Beanspruchung wird die GE-Hypothese angewandt (siehe *Abschnitt 6.1.3*).

Zur Definition der Ausschlagsspannung σ_a siehe **Bild 7.1**.

Aus Spannungsberechnungen von *Beispiel 7.4*:

- Innenfaser:

  $2 \cdot \sigma_{Va} = \sigma_{V,GE,max} - \sigma_{V,GE,min} = 24{,}2\text{N}/\text{mm}^2 - 0\text{N}/\text{mm}^2 = 24{,}2\text{N}/\text{mm}^2$

- Außenfaser:

  $2 \cdot \sigma_{Va} = \sigma_{V,GE,max} - \sigma_{V,GE,min} = 67{,}1\text{N}/\text{mm}^2 - 0\text{N}/\text{mm}^2 = 67{,}1\text{N}/\text{mm}^2$

aus **Tabelle 7.4**: $R_m \geq 440\text{N}/\text{mm}^2$

Gleichungen 7.20 und 7.21:
$$f_0 = F_0 = 1 - 0{,}056 \cdot (\ln R_z)^{0{,}64} \cdot \ln R_m + 0{,}289 \cdot (\ln R_z)^{0{,}53}$$
$$= 1 - 0{,}056 \cdot (\ln 200)^{0{,}64} \cdot \ln 440 + 0{,}289 \cdot (\ln 200)^{0{,}53} = 0{,}71$$

Gleichungen 7.23 und 7.24: $\quad f_d = F_d = \left(\frac{25}{s}\right)^{\frac{1}{5,5}} = \left(\frac{25}{100}\right)^{\frac{1}{5,5}} = 0{,}78$

Gleichung 7.27:
$$M = 0{,}00035 \cdot R_m - 0{,}1\text{N}/\text{mm}^2 = 0{,}00035 \cdot 440\text{N}/\text{mm}^2 - 0{,}1\text{N}/\text{mm}^2 = 0{,}054\text{N}/\text{mm}^2$$

aus *Gleichungen 7.13 und 7.14*: $\overline{\sigma}_V = \sigma_{Va} = \dfrac{67,1\,\text{N}/\text{mm}^2}{2} = 33,6\,\text{N}/\text{mm}^2$

Gleichung 7.30:

$\vartheta^* = 0,75 \cdot \vartheta_{max} + 0,25 \cdot \vartheta_{min} = 0,75 \cdot 500°C + 0,25 \cdot 20°C = 380°C$

$\Rightarrow$ aus **Tabelle 7.4**: $R_{p0,2/\vartheta} = R_{p0,2/380°C} \approx 155\,\text{N}/\text{mm}^2$

Bedingungen für *Gleichungen 7.25 / 7.26 (ungeschweißte Bereiche)*:

aus Abschnitt 7.2.2.: $2 \cdot \sigma_a = 240\ \text{N}/\text{mm}^2 \Rightarrow \sigma_a = 120\ \text{N}/\text{mm}^2$

$\dfrac{\sigma_a}{1+M} = \dfrac{120\,\text{N}/\text{mm}^2}{1+0,054} = 113,9\,\text{N}/\text{mm}^2 > \overline{\sigma}_V$

$\overline{\sigma}_V > -R_{p0,2} = -155\,\text{N}/\text{mm}^2$

$\Rightarrow$ *Gleichung 7.25*:

$$f_M = \sqrt{1 - \frac{M(2+M)}{1+M} \cdot \frac{\overline{\sigma}_V}{\sigma_a}} = \sqrt{1 - \frac{0,054 \cdot (2+0,054)}{1+0,054} \cdot \frac{33,6}{120}} = 0,99$$

Gleichung 7.28:

$\begin{aligned}
f_{\vartheta^*} &= 1,03 - 1,5 \cdot 10^{-4} \cdot \vartheta^* - 1,5 \cdot 10^{-6} \cdot \vartheta^{*2} \\
&= 1,03 - 1,5 \cdot 10^{-4} \cdot 380 - 1,5 \cdot 10^{-6} \cdot 380^2 = 0,76
\end{aligned}$

- ungeschweißte Bereiche *Gleichung 7.17*:

    $2 \cdot \sigma_{a,zul} = 2 \cdot \sigma_a \cdot f_0 \cdot f_d \cdot f_M \cdot f_{\vartheta^*} = 240\,\text{N}/\text{mm}^2 \cdot 0,71 \cdot 0,78 \cdot 0,99 \cdot 0,76 = 100\,\text{N}/\text{mm}^2$

    $\Rightarrow$ Festigkeitsbedingung erfüllt, d.h. Dauerfestigkeit gegeben:

    $2 \cdot \sigma_{Va} = 67,1\,\text{N}/\text{mm}^2 < 2 \cdot \sigma_{a,zul} = 100\,\text{N}/\text{mm}^2$

- geschweißte Bereiche mit Schweißnahtklasse K1:

    aus *Abschnitt 7.2.2*: $2 \cdot \sigma_a = 63\,\text{N}/\text{mm}^2$

    Gleichung 7.18: $2 \cdot \sigma_{a,zul} = 2 \cdot \sigma_a \cdot f_d \cdot f_{\vartheta^*} = 63\,\text{N}/\text{mm}^2 \cdot 0,78 \cdot 0,76 = 37,3\,\text{N}/\text{mm}^2$

    $\Rightarrow$ Dauerfestigkeit nicht gegeben:
    $2 \cdot \sigma_{Va} = 67,1\,\text{N}/\text{mm}^2 > 2 \cdot \sigma_{a,zul} = 37,3\,\text{N}/\text{mm}^2$

Beispiel 7.6: **_Zulässige Lastwechselzahl für Druckbehälter unter dynamisch auftreten-_**
dem inneren Überdruck und Wärmespannungen

Für den Druckbehälter und die Betriebsbedingungen aus *Beispiel 7.5* ist die zulässige Lastwechselzahl für geschweißte Bereiche an der Außenfaser mit der Schweißnahtklasse K1 gesucht.

aus *Beispiel 7.5*: $2 \cdot \sigma_{V,a} = 67{,}1 \, N/mm^2$; $f_d = 0{,}78$ (Annahme); $f_{\vartheta*} = 0{,}76$

Gleichung 7.36: $2 \cdot \sigma_a = \dfrac{2 \cdot \sigma_{Va}}{f_d \cdot f_{\vartheta*}} = \dfrac{67{,}1 \, N/mm^2}{0{,}78 \cdot 0{,}76} = 113{,}2 \, N/mm^2$

Gleichung 7.35: $N_{zul} = \dfrac{B1}{\left(2 \cdot \sigma_a\right)^3} = \dfrac{5 \cdot 10^{11}}{113{,}2^3} = 3{,}4 \cdot 10^5$

1. Iteration: $F_d = 0{,}78$ (siehe Beispiel 7.5)

Gleichung 7.22: $f_d = F_d^{\frac{0{,}4343 \cdot \ln N - 2}{4{,}301}} = 0{,}78^{\frac{0{,}4343 \cdot \ln 340.000 - 2}{4{,}301}} = 0{,}82$

$2 \cdot \sigma_a = \dfrac{2 \cdot \sigma_{Va}}{f_d \cdot f_{\vartheta*}} = \dfrac{67{,}1 \, N/mm^2}{0{,}82 \cdot 0{,}76} = 107{,}7 \, N/mm^2$

$N_{zul} = \dfrac{B1}{\left(2 \cdot \sigma_a\right)^3} = \dfrac{5 \cdot 10^{11}}{107{,}7^3} = 4 \cdot 10^5$

2. Iteration: $f_d = 0{,}78^{\frac{0{,}4343 \cdot \ln 400.000 - 2}{4{,}301}} = 0{,}81$

$2 \cdot \sigma_a = \dfrac{2 \cdot \sigma_{Va}}{f_d \cdot f_{\vartheta*}} = \dfrac{67{,}1 \, N/mm^2}{0{,}81 \cdot 0{,}76} = 109 \, N/mm^2$

$N_{zul} = \dfrac{B1}{\left(2 \cdot \sigma_a\right)^3} = \dfrac{5 \cdot 10^{11}}{109^3} = 3{,}86 \cdot 10^5 \Rightarrow N_{zul} \approx 3{,}9 \cdot 10^5$

Beispiel 7.7: ***Zu erwartende Lebensdauer eines Druckbehälters unter dynamisch auftre-
tendem inneren Überdruck mit unterschiedlichen Schwingbreiten (Lastkollektiv)***

Ein zylindrischer Druckbehälter aus S235JRG1 (St 37) mit $d_a = 1000$mm und $s = 35$mm,
hergestellt aus warmgewalztem Stahlblech nach DIN EN 10029 (Klasse B) und mit
Schweißnähten der Schweißnahtklasse K1, wird auf einen inneren Überdruck von $p_e = 100$
bar bei Raumtemperatur ausgelegt (vergleiche *Beispiel 7.2*). Pro Jahr ist mit $N_1 = 1.000$ Ab-
schaltungen und $N_2 = 10.000$ Druckschwankungen zwischen $p_e = 40$bar und dem Höchst-
druck $p_e = 100$bar während des Betriebs zu rechnen. Gesucht ist die zu erwartende Lebensdauer des Druckbehälters.

aus **Tabelle 7.1**: $c_1 = 0{,}3$mm; aus *Abschnitt 7.1.2*: $c_2 = 0$mm, weil $s > 30$mm

Gleichung 7.3: $s_V = s - c_1 - c_2 = 35$mm $- 0{,}3$mm $= 34{,}7$mm

$$\frac{d_a}{d_i} = \frac{1000\text{mm}}{\left(1000\text{mm} - 2 \cdot 34{,}7\text{mm}\right)} = 1{,}075$$

* Maximale Vergleichspannung nach GE-Hypothese an Innenfaser (*Gleichung 6.17*):

$$40\text{bar: } \quad \hat{\sigma}_{V,GE} = p_e \cdot \frac{\sqrt{3} \cdot \left(d_a / d_i\right)^2}{\left(d_a / d_i\right)^2 - 1} = 4\,\frac{\text{N}}{\text{mm}^2} \cdot \frac{\sqrt{3} \cdot 1{,}075^2}{1{,}075^2 - 1} = 51{,}4\,\frac{\text{N}}{\text{mm}^2}$$

$$100\text{bar: } \quad \hat{\sigma}_{V,GE} = p_e \cdot \frac{\sqrt{3} \cdot \left(d_a / d_i\right)^2}{\left(d_a / d_i\right)^2 - 1} = 10\,\frac{\text{N}}{\text{mm}^2} \cdot \frac{\sqrt{3} \cdot 1{,}075^2}{1{,}075^2 - 1} = 128{,}6\,\frac{\text{N}}{\text{mm}^2}$$

* Druckschwankungen durch Abschaltung

$2 \cdot \sigma_{Va} = 128{,}6\text{N/mm}^2 - 0\text{N/mm}^2 = 128{,}6\text{N/mm}^2$

Gleichung 7.24: $\quad F_d = \left(\frac{25}{s}\right)^{\frac{1}{5{,}5}} = \left(\frac{25}{34{,}7}\right)^{\frac{1}{5{,}5}} = 0{,}94$

Gleichung 7.22: $\quad f_d = F_d^{\frac{0{,}4343 \cdot \ln N - 2}{4{,}301}} = 0{,}94^{\frac{0{,}4343 \cdot \ln 1000 - 2}{4{,}301}} = 0{,}99$

$f_{\vartheta^*} = 1$, weil $\vartheta^* < 100°$C

Gleichung 7.36: $\quad 2 \cdot \sigma_a = \dfrac{2 \cdot \sigma_{Va}}{f_d \cdot f_{\vartheta *}} = \dfrac{128,6 \, N/mm^2}{0,99} = 129,9 \, N/mm^2$

Gleichung 7.35: $\quad N_{zul,1} = \dfrac{B1}{\left(2 \cdot \sigma_a\right)^3} = \dfrac{5 \cdot 10^{11}}{129,9^3} = 228.109$

- Druckschwankungen im Betrieb:

$2 \cdot \sigma_{Va} = 128,6 \, N/mm^2 - 51,4 \, N/mm^2 = 77,2 \, N/mm^2$

$F_d = 0,94$ (s.o.)

Gleichung 7.22: $\quad f_d = F_d^{\frac{0,4343 \cdot \ln N - 2}{4,301}} = 0,94^{\frac{0,4343 \cdot \ln 10.000 - 2}{4,301}} = 0,972$

$f_{\vartheta *} = 1$ (s.o.)

Gleichung 7.36: $2 \cdot \sigma_a = \dfrac{2 \cdot \sigma_{Va}}{f_d \cdot f_{\vartheta *}} = \dfrac{77,2 \, N/mm^2}{0,972} = 79,4 \, N/mm^2$

Gleichung 7.35: $N_{zul,2} = \dfrac{B1}{\left(2 \cdot \sigma_a\right)^3} = \dfrac{5 \cdot 10^{11}}{79,4^3} = 998.868$

Gleichung 7.31: $\displaystyle\sum_k \dfrac{N_k}{N_{zul,k}} = \dfrac{1.000}{228.109} + \dfrac{10.000}{998.863} = 0,0044 + 0,01 = 0,0144$

Dies bedeutet, dass der Druckbehälter in einem Jahr zu 1,44% geschädigt wird. Schädigung zu 100% tritt ein, wenn $\Sigma \, (N_k/N_{zul,k}) = 1$ (*Gleichung 7.32*)

$\Rightarrow$ zu erwartende Lebensdauer $= \dfrac{100\%}{1,44\% / \text{Jahr}} = 69,4$ Jahre

Beispiel 7.8: *Beulen unter äußerem Überdruck*

Ein zylindrischer Druckbehälter mit Außendurchmesser $d_a = 1000$mm, Länge $l = 4$m und Wanddicke $s = 20$mm, hergestellt aus warmgewalztem Stahlblech nach DIN EN 10029 (Klasse B) aus S235JRG1 (St 37) steht unter äußerem Überdruck (vergleiche auch *Beispiel*

6.7). Gesucht sind die kritischen Drücke bezüglich elastischen Einbeulens und plastischer Verformung bei Raumtemperatur ohne Berücksichtigung von Ovalität.

aus **Tabelle 7.1**: $c_1 = 0,3$mm   aus *Abschnitt 7.1.2*: $c_2 = 1$mm

Gleichung 7.3: $s_V = s - c_1 - c_2 = 20$mm $- 0,3$mm $- 1$mm $= 18,7$mm

$$\frac{\pi \cdot d_a}{2 \cdot l} = \frac{\pi \cdot 1000}{2 \cdot 4000} = 0,39 \text{ (siehe Legende zu Gleichung 7.41)}$$

Gleichung 7.41:

$$n \approx 1,63 \cdot \sqrt[4]{\frac{d_a^3}{l^2 \cdot s_V}} = 1,63 \cdot \sqrt[4]{\frac{1000^3}{4000^2 \cdot 18,7}} = 2,2 \Rightarrow n = 2 \text{ gewählt}$$

aus **Tabelle 3.2** für 20°C: $E = 2,12 \cdot 10^5 \, \frac{\text{N}}{\text{mm}^2}$

- Elastisches Beulen

  Gleichung 7.40:

$$p_{k,el} = \frac{2 \cdot E}{\left(n^2 - 1\right) \cdot \left[1 + \left(\frac{2 \cdot n \cdot l}{\pi \cdot d_a}\right)^2\right]^2} \cdot \frac{s_V}{d_a}$$

$$+ \frac{2 \cdot E}{3 \cdot \left(1 - \nu^2\right)} \cdot \left[n^2 - 1 + \frac{2 \cdot n^2 - 1 - \nu}{1 + \left(\frac{2 \cdot n \cdot l}{\pi \cdot d_a}\right)^2}\right] \cdot \left(\frac{s_V}{d_a}\right)^3$$

$$= \frac{2 \cdot 2,12 \cdot 10^5 \, \text{N/mm}^2}{\left(2^2 - 1\right) \cdot \left[1 + \left(\frac{2 \cdot 2 \cdot 4000\text{mm}}{\pi \cdot 1000\text{mm}}\right)^2\right]^2} \cdot \frac{18,7\text{mm}}{1000\text{mm}}$$

$$+ \frac{2 \cdot 2,12 \cdot 10^5 \,\text{N}/\text{mm}^2}{3 \cdot \left(1 - 0,3^2\right)} \cdot \left[2^2 - 1 + \frac{2 \cdot 2^2 - 1 - 0,3}{1 + \left(\dfrac{2 \cdot 2 \cdot 4000\,\text{mm}}{\pi \cdot 1000\,\text{mm}}\right)^2}\right] \cdot \left(\frac{18,7\,\text{mm}}{1000\,\text{mm}}\right)^3$$

$$= 3,64\,\text{N}/\text{mm}^2 + 3,3\,\text{N}/\text{mm}^2 = 6,94\,\text{N}/\text{mm}^2 = 69,4\,\text{bar}$$

aus *Abschnitt 7.2.3:* $S = 3$

Gleichung 7.39: $\quad p_{\text{e,zul}} = \dfrac{p_k}{S} = \dfrac{69,4\,\text{bar}}{3} = 23,1\,\text{bar}$

Zum Vergleich $p_{k,\text{el}}$ für $l \rightarrow \infty$ (*Gleichung 7.42*):

$$p_{k,\text{el}} = \frac{2 \cdot E}{\left(1 - \nu^2\right)} \cdot \left(\frac{s_V}{d_a}\right)^3 = \frac{2 \cdot 2,12 \cdot 10^5 \,\text{N}/\text{mm}^2}{\left(1 - 0,3^2\right)} \cdot \left(\frac{18,7\,\text{mm}}{1000\,\text{mm}}\right)^3 = 3\,\frac{\text{N}}{\text{mm}^2} = 30\,\text{bar}$$

- Plastische Verformung:

  aus **Tabelle 7.4:** $\qquad K = 225\,\text{N}/\text{mm}^2$

$\dfrac{d_a}{l} = \dfrac{1000\,\text{mm}}{4000\,\text{mm}} = 0,25 < 5 \Rightarrow$ *Gleichung 7.43:*

$u = 0$

$$p_{k,\text{pl}} = 2 \cdot K \cdot \frac{s_V}{d_a} \cdot \left(1 + \frac{1,5 \cdot u \cdot \left(1 - 0,2 \cdot \dfrac{d_a}{l}\right) \cdot d_a}{100 \cdot s_V}\right)^{-1}$$

$$= 2 \cdot 225\,\frac{\text{N}}{\text{mm}^2} \cdot \frac{18,7\,\text{mm}}{1000\,\text{mm}} = 8,4\,\frac{\text{N}}{\text{mm}^2} = 84\,\text{bar}$$

aus *Abschnitt 7.2.3:* $S = 1,6$

Gleichung 7.39 : $\quad p_{\text{e,zul}} = \dfrac{p_k}{S} = \dfrac{84\,\text{bar}}{1,6} = 53\,\text{bar}$

Beispiel 7.9:   *__Abzweig__*

In einen Druckbehälter aus S235JRG1 (St 37) mit $d_{a,0} = 1000$mm und $s_0 = 48$mm, herge-stellt aus warmgewalztem Stahlblech nach DIN EN 10029 (Klasse B), sind Stutzen aus längsnahtgeschweißtem Stahlrohr DN 200 mit $d_{a,1} = 219,1$mm und $s_1 = 12,5$mm nach DIN 1628 aus demselben Werkstoff eingeschweißt. Gesucht ist der zulässige überwiegend stati-sche innere Überdruck bei Raumtemperatur (vergleiche auch *Beispiel 7.2*). Es ist $\upsilon_N = 1$ an-zunehmen, zusätzliche Beanspruchungen sind nicht zu berücksichtigen. Zur Ermittlung der zulässigen Wanddickenunterschreitung für Stahlrohre c_1 siehe **Tabelle 9.4**.

Druckbehälter: aus **Tabelle 7.1**: $c_1 = 0,3$mm; aus *Abschnitt 7.1.2*: $c_2 = 0$mm

Stutzenrohr: aus **Tabelle 9.4**: $c_1 = 0,5$mm; aus *Abschnitt 7.1.2*: $c_2 = 1$mm

Gleichung 7.3: $s_V = s - c_1 - c_2$

Druckbehälter: $s_{V,0} = 48$mm $- 0,3$mm $= 47,7$mm

$d_{i,0} = d_{a,0} - 2 \cdot s_{V,0} = 1000$mm $- 2 \cdot 47,7$mm $= 904,6$mm

Stutzenrohr: $s_{V,1} = 12,5$mm $- 0,5$mm $- 1$mm $= 11$mm

$d_{i,1} = d_{a,1} - 2 \cdot s_{V,1} = 219,1$mm $- 2 \cdot 11$mm $= 197,1$mm

Gleichung 7.46:

$$a_0 = \sqrt{\left(d_{i,0} + s_{V,0}\right) \cdot s_{V,0}} = \sqrt{\left(904,6\text{mm} + 47,7\text{mm}\right) \cdot 47,7\text{mm}} = 213,1\text{mm}$$

Gleichung 7.47:

$$a_1 = 1,25 \cdot \sqrt{\left(d_{i,1} + s_{V,1}\right) \cdot s_{V,1}} = 1,25 \cdot \sqrt{\left(197,1\text{mm} + 11\text{mm}\right) \cdot 11\text{mm}} = 59,8\text{mm}$$

Gleichung 7.53:

$$\upsilon_A = \frac{a_0 + a_1 \cdot \dfrac{s_{V,1}}{s_{V,0}} + s_{V,1}}{a_0 + s_{V,1} + \dfrac{d_{i,1}}{2} + \dfrac{d_{i,1}}{d_{i,0}} \cdot \left(a_1 + s_{V,0}\right)}$$

$$= \frac{213,1 + 59,8 \cdot \dfrac{11}{47,7} + 11}{213,1 + 11 + \dfrac{197,1}{2} + \dfrac{197,1}{904,6} \cdot \left(59,8 + 47,7\right)} = 0,69$$

zum Vergleich aus **Bild 7.5**: $v_A \approx 0,69$

$$\text{mit}: \frac{s_{V,0}}{d_{i,0}} = \frac{47,7\text{mm}}{904,6\text{mm}} \approx 0,05; \quad \frac{d_{i,1}}{d_{i,0}} = \frac{197,1\text{mm}}{904,6\text{mm}} = 0,22; \quad \frac{s_{V,1}}{s_{V,0}} = \frac{11\text{mm}}{47,7\text{mm}} = 0,23$$

Gleichung 7.49 : $s_{V,0} = \dfrac{s_V}{v_A} \Rightarrow s_V = s_{V,0} \cdot v_A = 47,7\text{mm} \cdot 0,69 = 32,9\text{mm}$

s_V ist die fiktive Wanddicke eines Druckbehälters ohne Stutzen, der denselben inneren Überdruck aushält wie der gegebene Druckbehälter mit Wanddicke $s_{V,0}$ und Stutzen.

aus **Tabelle 7.4**: $K = 225\text{N/mm}^2$, aus **Tabelle 7.3**: $S = 1,5$

$$\frac{d_{a,0}}{d_{i,0}} = \frac{1000\text{mm}}{904,6\text{mm}} = 1,1 < 1,2 \Rightarrow \text{aus } \textbf{Tabelle 7.2} \text{ z.B. nach AD-B1:}$$

$$s_V = \frac{d_a \cdot p_e}{2 \cdot \dfrac{K}{S} \cdot v_N + p_e}$$

$$\Rightarrow \text{mit } v_N = 1 : p_{e,\text{zul}} = \frac{2 \cdot \dfrac{K}{S} \cdot s_V}{d_a - s_V} = \frac{2 \cdot \dfrac{225\text{N/mm}^2}{1,5} \cdot 32,9\text{mm}}{1000\text{mm} - 32,9\text{mm}} = 10,2 \frac{\text{N}}{\text{mm}^2} = 102 \text{bar}$$

Beispiel 7.10: *__Abzweig mit Verstärkung__*

Der Ausschnitt um den Stutzen aus *Beispiel 7.9* werde mit einer Scheibe verstärkt, die einen Bewertungsfaktor von $k_V = 0,8$ aufweist (siehe **Tabelle 7.5**). Die Länge der Scheibe ist $l = a_0$ (a_0 nach *Gleichung 7.46*). Gesucht ist die notwendige Dicke der Verstärkungsscheibe, so dass der Druckbehälter denselben Druck aushält wie ein Druckbehälter ohne Stutzen (Druckbehälter wie in *Beispiel 7.9*).

Zulässiger innerer Überdruck für den Druckbehälter mit $s = 48\text{mm}$ ohne Stutzen mit $v_N = 1$ (siehe *Beispiel 7.9*):

$$p_{e,\text{zul}} = \frac{2 \cdot \dfrac{K}{S} \cdot s_V}{d_a - s_V} = \frac{2 \cdot \dfrac{225\text{N/mm}^2}{1,5} \cdot 47,7\text{mm}}{1000\text{mm} - 47,7\text{mm}} = 15 \frac{\text{N}}{\text{mm}^2} = 150 \text{bar}$$

Verstärkter Abzweig:

aus **Bild 7.4**:

$$A_p = \frac{d_{i,0}}{2} \cdot \left(a_0 + s_{V,1} + \frac{d_{i,1}}{2} \right) + \frac{d_{i,1}}{2} \cdot \left(a_1 + s_{V,0} \right)$$

$$= \frac{904,6}{2} \cdot \left(213,1 + 11 + \frac{197,1}{2} \right) + \frac{197,1}{2} \cdot \left(59,8 + 47,7 \right) = 156.529 \, \text{mm}^2$$

$$A_\sigma = s_{V,0} \cdot \left(a_0 + s_{V,1} \right) + a_1 \cdot s_{V,1} = 47,7 \cdot \left(213,1 + 11 \right) + 59,8 \cdot 11 = 11.347 \, \text{mm}^2$$

$$\sigma_{zul} = \frac{K}{S} = \frac{225 \, \text{N} / \text{mm}^2}{1,5} = 150 \, \frac{\text{N}}{\text{mm}^2} \quad (\text{siehe } \textit{Beispiel 7.9})$$

Gleichung 7.62:

$$A_V = \left(\frac{A_p}{\dfrac{\sigma_{zul}}{p_e} - \dfrac{1}{2}} - A_\sigma \right) \cdot \frac{1}{k_V} = \left(\frac{156.529 \, \text{mm}^2}{\dfrac{150 \, \text{N} / \text{mm}^2}{15 \, \text{N} / \text{mm}^2} - \dfrac{1}{2}} - 11.347 \, \text{mm}^2 \right) \cdot \frac{1}{0,8} = 6.412 \, \text{mm}^2$$

Dicke der Verstärkungsscheibe $t_V = \dfrac{A_V}{l_V} = \dfrac{A_V}{a_o} = \dfrac{6.412 \, \text{mm}^2}{213,1 \, \text{mm}} = 30,1 \, \text{mm}$

Beispiel 7.11:   ***Stutzenreihe***

Der Druckbehälter aus *Beispiel 7.9* weise eine Stutzenreihe in Zylinderlängsrichtung mit der Teilung t = 500mm auf (siehe **Bild 7.6**). Maße und Werkstoffe von Druckbehälter und Stutzen seien dieselben wie in *Beispiel 7.9*. Gesucht ist der zulässige Betriebsüberdruck für den Druckbehälter.

aus *Beispiel 7.9*: d_0 = 213,1mm

Gleichung 7.57 : $t \geq \dfrac{d_{a,1}}{2} + \dfrac{d_{a,2}}{2} + 2 \cdot a_0 = 2 \cdot \dfrac{219,1}{2} + 2 \cdot 213,1 = 645,3 \, \text{mm}$

Diese Bedingung ist mit $t = 500\text{mm}$ nicht erfüllt.

$$\Rightarrow \text{Lochreihe}: \textit{Gleichung 7.58}: \quad \upsilon_{\text{L}} = \frac{t_l - d_{\text{a},1}}{t_l} = \frac{500 - 219,1}{500} = 0,56$$

Entsprechend *Beispiel 7.9:*

aus *Gleichung 7.60*: $s_{\text{V}} = s_{\text{V},0} \cdot \upsilon_{\text{L}} = 47,7\text{mm} \cdot 0,56 = 26,7\text{mm}$

aus **Tabelle 7.2** z.B. nach AD-B1: $\quad s_{\text{V}} = \dfrac{d_{\text{a}} \cdot p_{\text{e}}}{2 \cdot \dfrac{K}{S} \cdot \upsilon_N + p_{\text{e}}}$

$$\Rightarrow p_{\text{e,zul}} = \frac{2 \cdot \dfrac{K}{S} \cdot s_{\text{V}}}{d_{\text{a}} - s_{\text{V}}} = \frac{2 \cdot \dfrac{225\text{N}/\text{mm}^2}{1,5} \cdot 26,7\text{mm}}{1000\text{mm} - 26,7\text{mm}} = 8,2 \frac{\text{N}}{\text{mm}^2} = 82\,\text{bar}$$

Beispiel 7.12: ***Abzweig bei dynamischem innerem Überdruck***

Der Stutzen an dem Druckbehälter nach *Beispiel 7.9* sei ausgeführt wie in **Bild 7.7** dargestellt. Maße und Werkstoffe von Druckbehälter und Stutzen seien dieselben wie in *Beispiel 7.9*. Gesucht ist die zu erwartende Lastwechselzahl eines dynamisch auftretenden inneren Überdruckes von $p_{\text{e}} = 60\text{bar}$ im Behälter bis zum Bruch.

Beschreibung von **Bild 7.7** in *Abschnitt 7.2.4*: $\quad \sigma_{\text{N,Sch}} = p_{\text{e}} \cdot \dfrac{\left(d_{\text{i}} + s \right)}{2 \cdot s}$

mit: $s = s_{\text{V},0} = 47,7\text{mm}$; $d_{\text{i}} = d_{\text{i},0} = 904,6\text{mm}$:

$$\sigma_{\text{N,Sch}} = 6 \frac{\text{N}}{\text{mm}^2} \cdot \frac{\left(904,6\text{mm} + 47,7\text{mm} \right)}{2 \cdot 47,7\text{mm}} = 59,9 \frac{\text{N}}{\text{mm}^2}$$

aus **Tabelle 7.4**: $\quad R_{\text{m}} = 340 \dfrac{\text{N}}{\text{mm}^2} \Rightarrow \dfrac{\sigma_{\text{N,Sch}}}{R_{\text{m}}} = \dfrac{59,9}{340} = 0,18$

$$\Rightarrow \text{aus \textbf{Bild 7.7} mit} \frac{s_1/s}{d_1/d} = \frac{s_{\text{V},1}/s_{\text{V}.0}}{d_{\text{i},1}/d_{\text{i},0}} = \frac{11/47,7}{197,1/904,6} = 1,06: \; n_{\text{B}} \approx 1,5 \cdot 10^5$$

Beispiel 7.13: *__Kegelförmiger Mantel__*

An einen zylindrischen Druckbehälter mit d_a = 1000mm und v_N = 1, hergestellt aus warmgewalztem Stahlblech nach DIN EN 10029 (Klasse B) aus S235JRG1 (St 37), ist entsprechend **Bild 7.8** (rechte Zeichnung) über eine Krempe ein kegelförmiger Mantel mit einem Neigungswinkel von φ = 60° angeschweißt. Die Krempe hat eine Bestellwanddicke von s_{Kr} = 50mm und einen Radius von r = 80mm. Gesucht ist der zulässige Überdruck für die Krempenwand und die notwendige Mindestwanddicke $s_{V,K}$ des kegelförmigen Teils, so dass dieser denselben Druck wie die Krempe aushält.

aus **Tabelle 7.4**: K = 225N/mm^2, aus *Tabelle 7.3*: S = 1,5

$$\sigma_{zul} = \frac{K}{S} = \frac{225 \text{N}/\text{mm}^2}{1,5} = 150 \frac{\text{N}}{\text{mm}^2}$$

Zulässiger Überdruck für Krempe:

aus **Tabelle 7.1**: c_1 = 0,3mm; aus *Abschnitt 7.1.2*: c_2 = 0mm

aus *Gleichung 7.3*: $s_{V,Kr} = s_{Kr} - c_1 - c_2$ = 50mm – 0,3mm = 49,7mm

aus **Bild 7.9** mit $r_K/d_a = r/d_a$ = 80mm/1000mm = 0,08: $\beta_{KB} \approx 3$

Gleichung 7.66: $s_{V,Kr} = \dfrac{p_e \cdot d_a \cdot \beta_{KB}}{4 \cdot \sigma_{zul} \cdot v_N}$

$$\Rightarrow p_{e,zul} = \frac{4 \cdot \sigma_{zul} \cdot v_N \cdot s_{V,Kr}}{d_a \cdot \beta_{KB}} = \frac{4 \cdot 150 \text{N}/\text{mm}^2 \cdot 49,7 \text{mm}}{1000 \text{mm} \cdot 3} = 9,94 \text{N}/\text{mm}^2 = 99,4 \text{bar}$$

Notwendige Wanddicke des kegelförmigen Mantels:

Gleichung 7.64: $x_2 = 0,7 \cdot \sqrt{\dfrac{d_a \cdot s_{Kr}}{\cos \varphi}} = 0,7 \cdot \sqrt{\dfrac{1000 \text{mm} \cdot 50 \text{mm}}{\cos 60°}} = 221,4 \text{mm}$

Gleichung 7.68:
$d_K = d_a - 2 \cdot [s_{Kr} + r \cdot (1 - \cos \varphi) + x_2 \cdot \sin \varphi]$
    =1000mm – 2 · [50mm + 80mm · (1 – cos 60°) + 221,4 mm · sin 60°] = 436,5 mm

Gleichung 7.67:

$$s_{V,K} = \frac{d_K \cdot p_e}{2 \cdot \dfrac{K}{S} \cdot v_N - p_e} \cdot \frac{1}{\cos \varphi} = \frac{436,5 \text{mm} \cdot 9,94 \text{N}/\text{mm}^2}{2 \cdot 150 \text{N}/\text{mm}^2 - 9,94 \text{N}/\text{mm}^2} \cdot \frac{1}{\cos 60°} = 29,9 \text{mm}$$

Beispiel 7.14:   *__Gewölbter Boden__*

Gesucht ist der zulässige statische Überdruck für einen Klöpperboden aus warmgewalztem Stahlblech nach DIN EN 10029 (Klasse B) aus S235JRG1 (St 37) mit $d_{a,0}$ = 1000mm, s = 50mm, v_N = 1 und einem Stutzen mit $d_{i,1}$ = 200mm im Krempenbereich.

aus **Tabelle 7.4**: $K = 225\text{N/mm}^2$, aus **Tabelle 7.3**: $S = 1,5$

aus **Tabelle 7.1**: $c_1 = 0,3\text{mm}$; aus *Abschnitt 7.1.2*: $c_2 = 0\text{mm}$

aus *Gleichung 7.3*: $s_V = s - c_1 - c_2 = 50\text{mm} - 0,3\text{mm} = 49,7\text{mm}$

aus **Tabelle 7.6**: $\beta = 1,9 + \dfrac{0,933 \cdot \dfrac{d_{i,1}}{d_{a,0}}}{\left(\dfrac{s_V}{d_{a,0}}\right)^{0,5}} = 1,9 + \dfrac{0,933 \cdot \dfrac{200}{1000}}{\left(\dfrac{49,7}{1000}\right)^{0,5}} = 2,74$

Gleichung 7.70: $s_V = \dfrac{p_e \cdot d_a \cdot \beta}{4 \cdot K/S \cdot v_N}$

$$\Rightarrow p_{e,zul} = \frac{4 \cdot K/S \cdot v_N \cdot s_V}{d_a \cdot \beta} = \frac{4 \cdot \dfrac{225\text{N/mm}^2}{1,5} \cdot 49,7\text{mm}}{1000\text{mm} \cdot 2,74} = 10,9\text{N/mm}^2 = 109\text{bar}$$

Beispiel 7.15:   *__Ebener Boden__*

Ein Druckbehälter aus S235JRG1 (St 37) mit d_a = 1000mm, s = 35mm und v_N = 1 wird mit einem einseitig eingeschweißten ebenen Boden verschlossen (siehe **Tabelle 7.7**). Gesucht ist die notwendige Mindestwanddicke des Bodens für einen statischen Überdruck von p_e = 100bar.

aus **Tabelle 7.4**: $K = 225\text{N/mm}^2$, aus **Tabelle 7.3**: $S = 1,5$

Annahme: s > 3 · 35 mm ⇒ aus **Tabelle 7.7**: $C = 0,5$

nach **Tabelle 7.7** und *Abschnitt 7.5*: $d = d_a - 2 \cdot s_1 = 1000\text{mm} - 2 \cdot 35\text{mm} = 930\text{mm}$

Gleichung 7.77 : $s_V = C \cdot d \cdot \sqrt{\dfrac{p_e}{K/S}} = 0,5 \cdot 930\text{mm} \cdot \sqrt{\dfrac{10\text{N/mm}^2}{\dfrac{225\text{N/mm}^2}{1,5}}} = 120\text{mm}$

Beispiel 7.16 *Druckbehälter aus GFK*

Ein Druckbehälter aus glasfaserverstärktem Epoxidharz (EP-GF) wird mit einem statischen inneren Überdruck beaufschlagt. Die Zugfestigkeit des Werkstoffes beträgt in alle Richtungen $K_Z = 160\,\mathrm{N/mm^2}$, die Biegefestigkeit in alle Richtungen $K_B = 180\,\mathrm{N/mm^2}$. Als Werkstoffabminderungsfaktor soll insgesamt der Standardwert $A = 4$ angenommen werden. Gesucht ist jeweils der zulässige Überdruck für folgende Elemente:

a) zylindrischer Mantel ohne Ausschnitte mit einem Außendurchmesser von $d_a = 600\,\mathrm{mm}$ und einer Wanddicke von $s = 15\,\mathrm{mm}$

b) zylindrischer Mantel ($d_{a,0} = 600\,\mathrm{mm}$ und $s_0 = 15\,\mathrm{mm}$) mit einem rechtwinkeligen Stutzen mit Außendurchmesser $d_{a,1} = 273\,\mathrm{mm}$ (siehe **Bilder 4.31** und **7.4**) ohne Verstärkung um den Ausschnitt

c) Kegelmantel mit Krempe ($\varphi = 60°$, $r = 60\,\mathrm{mm}$; siehe **Bild 7.8**) mit dem Außendurchmesser am weiten Ende $d_a = 600\,\mathrm{mm}$ und Wanddicke $s = 15\,\mathrm{mm}$ von Kegelmantel und Krempe

d) Kalotte und Krempe eines Korbbogenbodens mit Außendurchmesser $d_a = 600\,\mathrm{mm}$ (siehe **Bild 4.30**) und Wanddicke von Kalotte und Krempe $s = 15\,\mathrm{mm}$

Da die gegebenen Festigkeitswerte in alle Richtungen gleich sind, wird im folgenden jeweils nur in Umfangsrichtung gerechnet, für die geringere Überdrücke zulässig sind als für die Längsrichtung.

Abschnitt 7.6: $S = 2{,}0$

a) *Gleichung 7.80*: $s = \dfrac{d_a \cdot p_e}{2 \cdot \dfrac{K_Z}{A \cdot S}}$

$$\Rightarrow p_e = \frac{s \cdot 2 \cdot \dfrac{K_Z}{A \cdot S}}{d_a} = \frac{15\,\mathrm{mm} \cdot 2 \cdot \dfrac{160\,\mathrm{N/mm^2}}{4 \cdot 2}}{600\,\mathrm{mm}} = 1\,\frac{\mathrm{N}}{\mathrm{mm^2}} = 10\,\mathrm{bar}$$

b) $\dfrac{d_{a,1}}{\sqrt{d_{a,0} \cdot s_0}} = \dfrac{273}{\sqrt{600 \cdot 15}} = 2{,}9 \approx 3$

$\Rightarrow$ **aus Tabelle 7.10**: $\upsilon_A \approx 0{,}27$

Gleichung 7.94: $s = \dfrac{d_a \cdot p_e}{2 \cdot \upsilon_A \cdot \dfrac{K_Z}{A \cdot S}}$

$$\Rightarrow p_e = \frac{s \cdot v_A \cdot 2 \cdot \dfrac{K_Z}{A \cdot S}}{d_a} = \frac{15\,\text{mm} \cdot 0,27 \cdot 2 \cdot \dfrac{160\,\text{N}/\text{mm}^2}{4 \cdot 2}}{600\,\text{mm}} = 0,27\,\frac{\text{N}}{\text{mm}^2} = 2,7\,\text{bar}$$

c) Legende unter *Gleichung 7.90*: $x_2 = \sqrt{d_a \cdot s_K} = \sqrt{600 \cdot 15} = 95\,\text{mm}$

Gleichung 7.68:

$$d_K = d_a - 2 \cdot [s_{Kr} + r \cdot (1 - \cos\varphi) + x_2 \cdot \sin\varphi]$$
$$= 600 - 2 \cdot [15 + 60 \cdot (1 - \cos 60°) + 95 \cdot \sin 60°] = 345\,\text{mm}$$

Kegelmantel nach *Gleichung 7.87*: $s_K = \dfrac{d_K \cdot p_e}{2 \cdot \dfrac{K_Z}{A \cdot S}} \cdot \dfrac{1}{\cos\varphi}$

$$\Rightarrow p_e = \frac{s_K \cdot 2 \cdot \dfrac{K_Z}{A \cdot S} \cdot \cos\varphi}{d_K} = \frac{15\,\text{mm} \cdot 2 \cdot \dfrac{160\,\text{N}/\text{mm}^2}{4 \cdot 2} \cdot \cos 60°}{345\,\text{mm}} = 0,87\,\frac{\text{N}}{\text{mm}^2} = 8,7\,\text{bar}$$

$$\frac{r}{d_a} = \frac{60}{600} = 0,1 \Rightarrow \text{aus } \textbf{Tabelle 7.8}: C_1 = 5,4$$

Krempe nach *Gleichung 7.89*: $s_{Kr} = \dfrac{d_K \cdot p_e \cdot C_1}{2 \cdot \dfrac{K_B}{A \cdot S}}$

$$\Rightarrow p_e = \frac{s_{Kr} \cdot 2 \cdot \dfrac{K_B}{A \cdot S}}{d_K \cdot C_1} = \frac{15\,\text{mm} \cdot 2 \cdot \dfrac{180\,\text{N}/\text{mm}^2}{4 \cdot 2}}{345\,\text{mm} \cdot 5,4} = 0,36\,\frac{\text{N}}{\text{mm}^2} = 3,6\,\text{bar}$$

d) aus **Tabelle 7.9**: Kalotte $C_2 = 1,8$; Krempe $C_2 = 3,5$

Kalotte nach *Gleichung 7.93*: $s = \dfrac{d_a \cdot p_e \cdot C_2}{4 \cdot \dfrac{K_Z}{A \cdot S}}$

$$\Rightarrow p_e = \frac{s \cdot 4 \cdot \dfrac{K_Z}{A \cdot S}}{d_a \cdot C_2} = \frac{15\,\text{mm} \cdot 4 \cdot \dfrac{160\,\text{N}/\text{mm}^2}{4 \cdot 2}}{600\,\text{mm} \cdot 1,8} = 1,1 \frac{\text{N}}{\text{mm}^2} = 11\,\text{bar}$$

Krempe nach *Gleichung 7.92*: $s_{Kr} = \dfrac{d_a \cdot p_e \cdot C_2}{4 \cdot \dfrac{K_B}{A \cdot S}}$

$$\Rightarrow p_e = \frac{s_{Kr} \cdot 4 \cdot \dfrac{K_B}{A \cdot S}}{d_a \cdot C_2} = \frac{15\,\text{mm} \cdot 4 \cdot \dfrac{180\,\text{N}/\text{mm}^2}{4 \cdot 2}}{600\,\text{mm} \cdot 3,5} = 0,64 \frac{\text{N}}{\text{mm}^2} = 6,4\,\text{bar}$$

Berechnungsbeispiele zu Kapitel 8
„Lagerung und Dehnungsausgleich von Rohrleitungen"

Beispiel 8.1:   ***Stützweiten***

In TRR 100 wird für wassergefüllte Stahlrohre DN 200 (219,1 x 7,1) ohne Dämmung z.B. zur Begrenzung der Durchbiegung eine Stützweite von 7,4 m zugelassen. Dem liegen eine Dichte des Wassers von $\rho_W = 1000\text{kg/m}^2$ und eine Dichte des Rohrleitungswerkstoffes (Stahl) von $\rho_R = 7900\text{kg/m}^2$ zu Grunde. Gesucht ist die Durchbiegung der und die maximale Biegespannung in der Rohrleitung bei Betrachtung eines Trägers auf zwei Stützen.

$$d_i = d_a - 2 \cdot s = 219,1 - 2 \cdot 7,1 = 204,9\text{mm}$$

$$A_i = \frac{\pi}{4} \cdot d_i^2 = \frac{\pi}{4} \cdot 204,9^2 = 3,3 \cdot 10^4 \text{mm}^2 = 0,033\text{m}^2$$

$$A_R = \frac{\pi}{4} \cdot \left(d_a^2 - d_i^2\right) = \frac{\pi}{4} \cdot \left(219,1^2 - 204,9^2\right) = 4729\text{mm}^2 = 4,73 \cdot 10^{-3}\text{m}^2$$

$$m' = \rho_R \cdot A_R + \rho_W \cdot A_i$$
$$= 7900\text{kg/m}^3 \cdot 4,73 \cdot 10^{-3}\text{ m}^2 + 1000\text{kg/m}^3 \cdot 0,033\text{m}^2 = 70,4\text{kg/m}$$

$$F' = m' \cdot g = 70,4\text{kg/m} \cdot 9,81\text{m/s}^2 = 691\text{N/m}$$

$F = 0$ (keine zusätzliche Einzellast)

Durchbiegung:

aus ***Tabelle 3.2***: $E \approx 2,1 \cdot 10^5\text{N/mm}^2 = 2,1 \cdot 10^{11}\text{N/m}^2$

$$I = \frac{\pi}{64} \cdot \left(d_a^4 - d_i^4\right) = \frac{\pi}{64} \cdot \left(219,1^4 - 204,9^4\right) = 2,66 \cdot 10^7 \text{mm}^4 = 2,66 \cdot 10^{-5}\text{m}^4$$

aus ***Tabelle 8.1***: $k_{f,1} = \dfrac{5}{384}$

Gleichung 8.1:

$$f = k_{f,1} \cdot \frac{F' \cdot L^4}{E \cdot I} + k_{f,2} \cdot \frac{F \cdot L^3}{E \cdot I}$$

$$= \frac{5}{384} \cdot \frac{691\text{N/m} \cdot (7,4\text{m})^4}{2,1 \cdot 10^{11}\text{N/m}^2 \cdot 2,66 \cdot 10^{-5}\text{m}^4} = 4,8 \cdot 10^{-3}\text{m} = 4,8\text{mm}$$

Vergleiche: $f_{\text{zul}} \leq 5\text{mm}$ nach TRR 100 (*Abschnitt 8.1*)

Maximale Biegespannung:

$$W = \frac{\pi}{32} \cdot \frac{d_a^4 - d_i^4}{d_a} = \frac{\pi}{32} \cdot \frac{219,1^4 - 204,9^4}{219,1} = 2,43 \cdot 10^5 \, \text{mm}^3 = 2,43 \cdot 10^{-4} \, \text{m}^3$$

$i = 1$ (kein Formstück zu berücksichtigen)

aus *Tabelle 8.1*: $k_{S,1} = \dfrac{1}{8}$

Gleichung 8.2: $\sigma_{b,\text{max}} = k_{S,1} \cdot \dfrac{F' \cdot i \cdot L^2}{W} + k_{S,2} \cdot \dfrac{F \cdot i \cdot L}{W}$

$$= \frac{1}{8} \cdot \frac{691 \, \text{N/m} \cdot (7,4 \, \text{m})^2}{2,43 \cdot 10^{-4} \, \text{m}^3} = 1,95 \cdot 10^7 \, \text{N/m}^2 = 19,5 \, \text{N/mm}^2$$

Vergleiche: $\sigma_{b,\text{zul}} \leq 40 \, \text{N/mm}^2$ nach TRR 100 (*Abschnitt 8.1*)

Beispiel 8.2: ***Wärmedehnung und Druckspannung***

Eine Rohrleitung aus niedrig legiertem Stahl ist zwischen zwei Festlagern eingespannt. Gesucht ist die Zunahme der Druckspannung bei Erhöhung der Rohrwandtemperatur im Bereich bis 100°C.

aus *Tabelle 3.2* (auch *8.2*) für $\vartheta < 100°C$: $\overline{\beta}_L \approx 12 \cdot 10^{-6} \text{K}^{-1}$; $E \approx 2,1 \cdot 10^5 \text{N/mm}^2$

Gleichung 8.5: $\sigma_d = E \cdot \overline{\beta}_L \cdot \Delta\vartheta$

$$\Rightarrow \frac{\sigma_d}{\Delta\vartheta} = E \cdot \overline{\beta}_L = 2,1 \cdot 10^5 \, \text{N/mm}^2 \cdot 12 \cdot 10^{-6} \text{K}^{-1} = 2,52 \, \frac{\text{N}}{\text{mm}^2 \cdot \text{K}}$$

Beispiel 8.3: ***Knickung durch Wärmedehnung***

Die Stahlrohrleitung aus *Beispiel 8.1* (219,1 x 7,1) ist zwischen zwei Festlager eingespannt und wird vom Montagezustand bei 20°C auf 70°C erwärmt. Gesucht ist der maximale Festpunktabstand L_F, bei dem eine Sicherheit von $S_K = 2,5$ gegen elastisches Knicken noch gewährleistet ist.

aus **Tabelle 3.2** (auch *8.2*) für $\vartheta < 100°C$: $\overline{\beta}_L \approx 12 \cdot 10^{-6} \text{K}^{-1}$; $E \approx 2,1 \cdot 10^5 \, \text{N/mm}^2$

Gleichung 8.7: $\sigma_d = \overline{\beta}_L \cdot \Delta\vartheta \cdot E \leq \dfrac{\sigma_K}{S_K}$

$$\Rightarrow \sigma_K \geq \overline{\beta}_L \cdot \Delta\vartheta \cdot E \cdot S_K = 12 \cdot 10^{-6} \, K^{-1} \cdot 50K \cdot 2{,}1 \cdot 10^5 \, N/mm^2 \cdot 2{,}5$$
$$= 315 \, N/mm^2$$

Gleichung 8.8: $\sigma_K = \dfrac{\pi^2 \cdot E}{\lambda^2} \Rightarrow \lambda = \sqrt{\dfrac{\pi^2 \cdot E}{\sigma_K}} \leq \sqrt{\dfrac{\pi^2 \cdot 2{,}1 \cdot 10^5 \, N/mm^2}{315 \, N/mm^2}} = 81$

aus *Beispiel 8.1:*

$$A_R = \frac{\pi}{4} \cdot \left(d_a^2 - d_i^2 \right) = \frac{\pi}{4} \cdot \left(219{,}1^2 - 204{,}9^2 \right) = 4729 \, mm^2 = 4{,}73 \cdot 10^{-3} \, m^2$$

$$I = \frac{\pi}{64} \cdot \left(d_a^4 - d_i^4 \right) = \frac{\pi}{64} \cdot \left(219{,}1^4 - 204{,}9^4 \right) = 2{,}66 \cdot 10^7 \, mm^4 = 2{,}66 \cdot 10^{-5} \, m^4$$

aus Legende zu *Gleichung 8.8:*

$$\lambda = \frac{L}{\sqrt{\dfrac{I}{A}}} \Rightarrow L = \lambda \cdot \sqrt{\frac{I}{A_R}} \leq 81 \cdot \sqrt{\frac{2{,}66 \cdot 10^{-5} \, m^4}{4{,}73 \cdot 10^{-3} \, m^2}} = 6{,}1m$$

aus *Abschnitt 8.2.1.1* freie Knicklänge:

$L \approx 0{,}5 \cdot L_F \Rightarrow L_F \approx 2 \cdot L \leq 2 \cdot 6{,}1m = 12{,}2m$

Beispiel 8.4: ***Biegeschenkel eines L-Systems***

Ein Stahlrohr aus St35.8 (z.B. DIN 17175, siehe **Tabelle 9.2**) DN 200 ($d_a = 219{,}1mm$) wird bei 20°C montiert und im Betrieb auf 200°C aufgeheizt. Gesucht ist die notwendige Ausladelänge L_A des Biegeschenkels eines L-Systems (**Bild 8.6**) mit einer schiebenden Länge von $L_S = 40m$ und einem Rohrbogen nach DIN 2605-1, Reihe 2, Bauart 3. Als Sicherheit gegen die Streckgrenze soll $S = 1{,}5$ berücksichtigt werden.

Rohrbogen aus **Tabelle 4.15**: $s = 4{,}5mm$; $r = 305mm$

$d_m = d_a - s = 219{,}1 - 4{,}5 = 214{,}6mm$

aus **Tabelle 9.2**: $R_{p0,2/200°C} = 185 N/mm^2$

$$\sigma_{zul} = \frac{R_{p0,2/200°C}}{S} = \frac{185 \text{N}/\text{mm}^2}{1,5} = 123 \text{N}/\text{mm}^2$$

aus **Tabelle 3.2**: $E_{200°C} = 1,99 \cdot 10^5 \text{N}/\text{mm}^2$

aus **Tabelle 8.2**: $\overline{\beta}_L = 12,8 \cdot 10^{-6} \text{K}^{-1}$

Gleichung 8.4:

$$\Delta L = L_s \cdot \overline{\beta}_L \cdot \Delta\vartheta = 40\text{m} \cdot 12,8 \cdot 10^{-6}\text{K}^{-1} \cdot (200°C - 20°C) = 0,092\,\text{m}$$

aus **Tabelle 8.3**: $\quad h = \dfrac{4 \cdot r \cdot s}{d_m^2} = \dfrac{4 \cdot 305 \cdot 4,5}{214,6^2} = 0,12$

$$k_B = \frac{1,65}{h} = \frac{1,65}{0,12} = 13,75$$

$$i = \frac{0,9}{h^{2/3}} = \frac{0,9}{0,12^{2/3}} = 3,7$$

$$\frac{i}{k_B} = \frac{3,7}{13,75} = 0,27 < \frac{1}{2} \implies \text{Berechnung der Ausladelänge nach } \textit{Gleichung 8.17}:$$

$$L_A \geq \sqrt{\frac{3}{2} \cdot \frac{E}{\sigma_{zul}} \cdot \Delta L \cdot d_a} = \sqrt{\frac{3}{2} \cdot \frac{1,99 \cdot 10^5\,\text{N}/\text{mm}^2}{123\,\text{N}/\text{mm}^2} \cdot 0,092\text{m} \cdot 0,2191\text{m}} = 7\text{m}$$

Beispiel 8.5: *__U-Bogen-Dehnungsausgleicher__*

In die Rohrleitung aus *Beispiel 8.4* wird zwischen zwei Festpunkten mit Abstand $L_F = 80\text{m}$ zum Ausgleich der Wärmedehnung ein U-Bogen mit Rohrbogen nach DIN 2605-1, Reihe 2, Bauart 3 eingebaut (siehe **Bild 8.4**). Gesucht ist die notwendige Ausladelänge L_A des U-Bogens mit einer Sicherheit von $S = 1,5$ gegen die Streckgrenze.

aus *Beispiel 8.4*:

$$\sigma_{zul} = 123\,\text{N}/\text{mm}^2; \, E_{200°C} = 1,99 \cdot 10^5\,\text{N}/\text{mm}^2; \overline{\beta}_L = 12,8 \cdot 10^{-6}\text{K}^{-1}; \frac{i}{k_B} = 0,27$$

Da sich die Wärmedehnung zwischen den Festlagern auf zwei Biegeschenkel im U-Bogen aufteilt, ist die schiebende Länge für einen Biegeschenkel L_s = 80m/2 = 40m (vergleiche auch *Beispiel 8.4*).

$\Rightarrow$ *aus Beispiel 8.4*: ΔL = 0,092m

Im U-System treten keine Biegespannungen aus Wärmedehnung in Festeinspannungen auf. Die höchsten Biegespannungen beanspruchen die Rohrbögen.

$\Rightarrow$ Berechnung der Ausladelänge nach *Gleichung 8.19*:

$$L_A \geq \sqrt{3 \cdot \frac{i}{k_B} \cdot \frac{E}{\sigma_{zul}} \cdot \Delta L \cdot d_a}$$

$$= \sqrt{3 \cdot 0,27 \cdot \frac{1,99 \cdot 10^5 \, N/mm^2}{123 \, N/mm^2} \cdot 0,092 \, m \cdot 0,2191 \, m} = 5,14 \, m$$

Beispiel 8.6: *U-Bogen-Dehnungsausgleicher mit Vorspannung*

Gesucht ist die notwendige Ausladelänge L_A des U-Bogen-Dehnungsausgleichers aus *Beispiel 8.5* bei 50% Vorspannung (Vordehnung).

aus *Beispiel 8.5*: $L_A \geq 5,14$m

Gleichung 8.25: $L_{A,V} = L_A \cdot \sqrt{1 - 0,5} = 0,71 \cdot L_A \geq 0,71 \cdot 5,14 \, m = 3,65 m$

Beispiel 8.7: *Abschätzung der Elastizität*

Es soll die Elastizität des L-Systems aus *Beispiel 8.4* nach *Abschnitt 8.3.3* abgeschätzt werden.

Geometrie aus *Beispiel 8.4*: L_s = 40m; L_A = 7m

Festpunktabstand im L-System (siehe z.B. **Bild 8.6**):

$$L_F = \sqrt{L_s^2 + L_A^2} = \sqrt{40^2 + 7^2} = 40,6 m$$

Gesamtlänge des L-Systems: $L = L_s + L_A = 40m + 7m = 47m$

aus *Beispiel 8.4*:

$$\sigma_{zul} = 123\,\text{N}\,/\,\text{mm}^2\,;\ E_{200°C} = 1,99\cdot 10^5\,\text{N}\,/\,\text{mm}^2\,; \overline{\beta}_L = 12,8\cdot 10^{-6}\,\text{K}^{-1}; \frac{i}{k_B} = 0,27$$

$$\frac{L}{L_F} = \frac{47}{40,6} = 1,16$$

Gleichung 8.28:

$$\frac{L}{L_F} \geq 1 + S\cdot\sqrt{\frac{3}{2}\cdot\frac{E}{\sigma_{zul}}}\cdot\sqrt{\overline{\beta}_L\cdot\Delta\vartheta}\cdot\sqrt{\frac{d_a}{L_F}}$$

$$1,16 \geq 1 + 2\cdot\sqrt{\frac{3}{2}\cdot\frac{1,99\cdot 10^5\,\text{N}\,/\,\text{mm}^2}{123\,\text{N}\,/\,\text{mm}^2}}\cdot\sqrt{12,8\cdot 10^{-6}\,\text{K}^{-1}\cdot 180\text{K}}\cdot\sqrt{\frac{0,2191\text{m}}{40,6\text{m}}} = 1,35$$

⇒ Das Elastizitätskriterium mit $S = 2$ (siehe Legende zu *Gleichung 8.28*) ist nicht erfüllt, obwohl die genauere Berechnung der Ausladelänge in *Beispiel 8.4* die Elastizität gewährleistet. Daran zeigt sich der konservative Charakter dieses Elastizitätskriteriums.

Beispiel 8.8: *Axial-Wellrohrkompensator*

In die Rohrleitung aus *Beispiel 8.4* soll zwischen zwei Festpunkten mit Abstand $L_F = 20$m zum Ausgleich der Wärmedehnung ein Axial-Wellrohrkompesator eingebaut werden (siehe **Bilder 4.24** und **8.10**). Der maximale Betriebsüberdruck in der Leitung beträgt $p_{e,max}$ = 14bar. Der Kompensator soll auf $n = 7.000$ Lastwechsel ausgelegt sein. Gesucht ist die erforderliche nominale Bewegungsaufnahme des Kompensators.

Gleichung 8.4:

$$\Delta L = L_s\cdot\overline{\beta}_L\cdot\Delta\vartheta = 20\text{m}\cdot 12,8\cdot 10^{-6}\,\text{K}^{-1}\cdot(200°C - 20°C)$$
$$= 0,0461\text{m} = 46,1\text{mm}$$

aus **Tabelle 8.5** für $\vartheta = 200°C$: $K_{p,\vartheta(200°C)} = 0,77$

Gleichung 8.33: $\quad p_{RT} = \dfrac{p_B}{k_{p,\vartheta}} = \dfrac{14\text{bar}}{0,77} = 18,2\,\text{bar}$

⇒ nächsthöhere PN-Stufe ist PN 25 (siehe **Tabelle 4.1**)

$$\frac{p_{RT}}{PN} = \frac{18,2}{25} = 0,73 \Rightarrow \text{aus } \textbf{Tabelle 8.6}: k_{p,RT} \approx 1,04$$

aus **Tabelle 8.5** für $\vartheta = 200°C$: $k_\vartheta = 0,9$

aus **Tabelle 8.7** für $n = 7.000$: $k_n = 0,6$

aus Legende zu *Gleichung 8.32*: $k = k_\vartheta \cdot k_{p,RT} \cdot k_n = 0,9 \cdot 1,04 \cdot 0,6 = 0,56$

Gleichung 8.32: $\Delta L_{erf.} = \dfrac{\Delta L}{k} = \dfrac{46,1mm}{0,56} = 82,3mm$

Beispiel 8.9: *Festpunktbelastung bei Axial-Wellrohrkompensator*

Für den Anwendungsfall aus *Beispiel 8.8* wird ein Kompensator mit einer nominalen Bewegungsaufnahme von ±45mm ausgewählt. Der Hersteller gibt dafür eine Federkonstante $c_F = 384N/mm$ und einen „wirksamen Balgquerschnitt" von $A_p = 449cm^2$ an. Der Kompensator wird beim Einbau um 50% vorgespannt. Das Stahlrohr hat die Abmessungen 219,1 x 7,1 und ist wassergefüllt (vergleiche *Beispiel 8.1*). Gesucht ist die Festpunktbelastung bei einem Reibkoeffizienten in den Gleitlagern von $\mu \approx 0,2$.

50% Vorspannung

$\Rightarrow$ aus *Gleichung 8.22*: Vordehnung $\Delta L_V = \dfrac{\Delta L}{2} = \dfrac{46,1mm}{2} = 23,1mm$

Verbleibende Dehnung, die den Kompensator zusammendrückt:

$\dfrac{\Delta L}{2} = \dfrac{46,1mm}{2} = 23,1mm$

Gleichung 8.34: $F_F = c_F \cdot \Delta L = 384N/mm \cdot 23,1mm = 8,87kN$

aus *Beispiel 8.1*: $F_G = F' \cdot L = 691N/m \cdot 20m = 13,82kN$

Gleichung 8.35: $F_R = \mu \cdot F_G \approx 0,2 \cdot 13,82kN = 2,76kN$

Gleichung 8.36: $F_p = p_e \cdot A_p = 1,4N/mm^2 \cdot 44.900mm^2 = 62,86kN$

Gleichung 8.39: $F_{FP} = F_F + F_R + F_p = 8,87 + 2,76 + 62,86 = 74,49kN$

Beispiel 8.10: *Festpunktbelastung mit Biegeschenkel im L-System*

Gesucht ist die Belastung des Festpunktes, der den schiebenden Schenkel aus *Beispiel 8.4* begrenzt (siehe **Bild 8.6**). Die Leitung ist aus Rohren 219,1 x 7,1 aufgebaut und wassergefüllt (vergleiche *Beispiele 8.1* und *8.9*). Der Reibkoeffizient in den Gleitlagern beträgt $\mu \approx 0,2$ (schiebender Schenkel verlaufe waagerecht).

aus *Beispiel 8.4*: $\Delta L = 92\text{mm}$; $L_A = 7\text{m}$

aus **Tabelle 3.2**: $E_{200°C} = 1,99 \cdot 10^5 \text{N/mm}^2$

aus *Beispiel 8.1*:

$$I = \frac{\pi}{64} \cdot \left(d_a^4 - d_i^4 \right) = \frac{\pi}{64} \cdot \left(219,1^4 - 204,9^4 \right) = 2,66 \cdot 10^7 \text{mm}^4 = 2,66 \cdot 10^{-5} \text{m}^4$$

Gleichung 8.9:

$$F_F = F = 3 \cdot E \cdot I \cdot \frac{\Delta L}{L_A^3} = 3 \cdot 1,99 \cdot 10^{11} \text{N}/\text{m}^2 \cdot 2,66 \cdot 10^{-5} \text{m}^4 \cdot \frac{0,092\,\text{m}}{(7\text{m})^3} = 4,26\text{kN}$$

aus *Beispiel 8.1*: $F_G = F' \cdot L = 691\text{N/m} \cdot 40\text{m} = 27,64\text{kN}$

Gleichung 8.35: $F_R = \mu \cdot F_G \approx 0,2 \cdot 27,64\text{kN} = 5,53\text{kN}$

$F_p = 0$

Gleichung 8.39: $F_{FP} = F_F + F_R + F_p = 4,26 + 5,53 = 9,79\text{kN}$

Berechnungsbeispiele zu Kapitel 9
„Festigkeitsberechnung von Rohrleitungen"

Beispiel 9.1: *Wanddicke Stahlrohr bei statischem innerem Überdruck und Raumtemperatur*

Gesucht ist die Bestellwanddicke nach DIN 2413-1 eines längsnahtgeschweißten Stahlrohres DN 150 nach DIN 2458, Reihe 1 aus St 37.4 nach DIN 1628 mit $v_N = 1$ für einen statischen inneren Überdruck von $p_e = 100$bar bei Raumtemperatur.

aus **Tabelle 4.5**: $d_a = 168{,}3$mm

aus **Tabelle 9.1** und **9.2**: $K = R_{p0,2/20°C} = 235$N/mm²; $S = 1{,}5$ [1]

$$\sigma_{zul} = \frac{K}{S} = \frac{235\text{N}/\text{mm}^2}{1{,}5} = 156\text{N}/\text{mm}^2 \text{ (Abrundung sicherheitshalber)}$$

aus **Tabelle 9.1** (DIN 2413-1, Geltungsbereich I):

$$s_V = \frac{d_a \cdot p_e}{2 \cdot \sigma_{zul} \cdot v_N} = \frac{168{,}3\text{mm} \cdot 10\text{N}/\text{mm}^2}{2 \cdot 156\text{N}/\text{mm}^2} = 5{,}4\text{mm}$$

aus **Tabelle 9.4**: $c_1 = 0{,}35$mm ($s \le 10$mm zu erwarten)

aus Legende zu *Gleichung 9.6*: $c_2 = 1$mm

Gleichung 9.6: $s = s_V + c_1 + c_2 = 5{,}4 + 0{,}35 + 1 = 6{,}8$mm

Auswahl nach DIN 2458 (**Tabelle 4.5**): $s = 7{,}1$mm

Nachprüfung Geltungsbereich (**Tabelle 9.1**): $\dfrac{d_a}{d_i} = \dfrac{168{,}3}{168{,}3 - 2 \cdot 7{,}1} = 1{,}09 < 2$

Beispiel 9.2: *Wanddicke Stahlrohr bei statischem Überdruck und erhöhter Temperatur*

Gesucht ist die Bestellwanddicke nach DIN 2413-1 eines nahtlosen Stahlrohres DN 300 nach DIN 2448, Reihe 1 aus 15Mo3 nach DIN 17175 für einen statischen inneren Überdruck von $p_e = 100$bar bei $\vartheta = 450°C$.

aus **Tabelle 4.5**: $d_a = 323{,}9$mm

---

[1] für St37.4: A=25%

nach *Abschnitt 9.1.1*, aus **Tabelle 9.1** und **9.2**:

$$\sigma_{zul} = \min\left\{\frac{R_{p0,2/450°C}}{S}; \frac{R_{m/200.000/450°C}}{S}\right\}$$

$$= \min\left\{\frac{155\,N/mm^2}{1,5}; \frac{228\,N/mm^2}{1,0}\right\} = 103\,N/mm^2$$

$\upsilon_N = 1\,(\text{nahtlos})$

Annahme: $\dfrac{d_a}{d_i} \leq 1,67 \Rightarrow$ aus **Tabelle 9.1** (DIN 2413-1, Geltungsbereich II):

$$s_V = \frac{d_a}{\dfrac{2\cdot\sigma_{zul}}{p_e}\cdot\upsilon_N + 1} = \frac{323,9\,mm}{\dfrac{2\cdot 103\,N/mm^2}{10\,N/mm^2} + 1} = 15\,mm$$

aus **Tabelle 9.4**: $c'_1 = 12,5\%$ ($s \leq 0,09 \cdot d_a = 29,2\,mm$ zu erwarten)

aus Legende zu *Gleichung 9.6*: $c_2 = 1\,mm$

Gleichung 9.7: $c_1 = \left(s_V + c_2\right)\cdot\dfrac{c'_1}{100 - c'_1} = \left(15\,mm + 1\,mm\right)\cdot\dfrac{12,5}{100 - 12,5} = 2,3\,mm$

Gleichung 9.6: $s = s_V + c_1 + c_2 = 15 + 2,3 + 1 = 18,3\,mm$

Auswahl nach DIN 2458 (**Tabelle 4.5**): $s = 20\,mm$

Nachprüfung Geltungsbereich (**Tabelle 9.1**): $\dfrac{d_a}{d_i} = \dfrac{323,9}{323,9 - 2\cdot 20} = 1,14 < 1,67$

Beispiel 9.3: *__Zulässiger Prüfdruck für Wasserdruckprobe__*

Gesucht ist der zulässige Prüfdruck für die Wasserdruckprobe an dem Stahlrohr aus *Beispiel 9.2* nach DIN 2413-1.

aus *Beispiel 9.2*: $s = 20$mm; $c_1 = 2,3$mm; $\upsilon_N = 1$

aus **Tabelle 9.2**: $R_{eH} = 270$N/mm^2

aus Legende zu *Gleichung 9.9*: $Y' \leq 0,95$

$$\frac{s}{d_a} = \frac{20}{323,9} = 0,06 < 0,1 \implies \text{aus Legende zu } \textit{Gleichung 9.9}: B_p = 0,96$$

Gleichung 9.9:

$$p' = B_p \cdot Y' \cdot \breve{R}_{eH} \cdot \frac{2 \cdot (s - c_1) \cdot \upsilon_N}{d_a} = 0,96 \cdot 0,95 \cdot 270 \text{N} / \text{mm}^2 \cdot \frac{2 \cdot (20\text{mm} - 2,3\text{mm})}{323,9\text{mm}}$$

$$= 26,9 \text{N} / \text{mm}^2 = 269 \text{bar}$$

Beispiel 9.4: *__Wanddicke Stahlrohr bei schwellendem innerem Überdruck 1__*

Gesucht ist die Bestellwanddicke nach DIN 2413-1 für das Rohr aus *Beispiel 9.1*, wenn insgesamt mit 5.000 An- und Abfahrvorgängen zu rechnen ist, ansonsten aber über Druckschwankungen nichts bekannt ist.

aus **Tabelle 9.2**: $R_m \geq 350$N/mm^2

aus *Beispiel 9.1*: $\sigma_{zul} = 156$N/mm^2

aus *Abschnitt 9.1.1* für $\upsilon_N = 1$: $S_L = 10$

$n \cdot S_L = 5.000 \cdot 10 = 50.000$

aus **Tabelle 9.3**: Grenzlastspielzahl $n_{Grenz} = 100.000$

$\implies n \cdot S_L < n_{Grenz} \implies$ Berechnung nach Geltungsbereich I ausreichend
(siehe *Beispiel 9.1*)

$\implies s = 7,1$mm

Beispiel 9.5: *Wanddicke Stahlrohr bei schwellendem innerem Überdruck 2*

Gesucht ist die Bestellwanddicke nach DIN 2413-1 für das Rohr aus *Beispiel 9.1*, wenn insgesamt mit 20.000 An- und Abfahrvorgängen zu rechnen ist.

$n \cdot S_L = 20.000 \cdot 10 = 200.000 > n_{Grenz} = 100.000$ (siehe *Beispiel 9.4*)

$\Rightarrow$ Berechnung nach Geltungsbereichen III und I notwendig

aus Legende zu *Gleichung 9.1* (kein Betriebslastkollektiv bekannt): $S_L = 10$

Gleichung 9.1: $S_L = \dfrac{N}{n} \Rightarrow N = n \cdot S_L = 20.000 \cdot 10 = 200.000$

aus **Tabelle 9.2**: $R_m \geq 350 \text{ N/mm}^2$

aus **Bild 9.1**: $\sigma_{Sch} \approx 220 \text{N/mm}^2$

$\sigma_{zul} = \sigma_{Sch} \approx 220 \text{N/mm}^2$ (Sicherheit wurde oben mit $S_L = 10$ bereits berücksichtigt)

aus **Tabelle 4.5**: $d_a = 168,3 \text{mm}$

$\hat{p}_e - \check{p}_e = 100 \text{bar} - 0 \text{bar} = 100 \text{bar}$

aus **Tabelle 9.1** (Geltungsbereich III):

$$s_V = \frac{d_a}{\dfrac{2 \cdot \sigma_{zul}}{\hat{p}_e - \check{p}_e} - 1} = \frac{168,3 \text{mm}}{\dfrac{2 \cdot 220 \text{N} / \text{mm}^2}{10 \text{N} / \text{mm}^2} - 1} = 3,9 \text{mm}$$

$\Rightarrow$ Die notwendige Mindestwanddicke s_V nach Geltungsbereich I ($s_V = 5,4 \text{mm}$) ist größer als nach Geltungsbereich III ($s_V = 3,8 \text{mm}$). Die größere Wanddicke ist zu wählen.
$\Rightarrow s = 7,1 \text{mm}$ (siehe *Beispiel 9.1*)

Beispiel 9.6: *Wanddicke Stahlrohr bei schwellendem innerem Überdruck 3*

Gesucht ist die Bestellwanddicke nach DIN 2413-1 für das Rohr aus *Beispiel 9.1*, so dass es gegen den schwellenden inneren Überdruck von $p_e = 100 \text{bar}$ dauerfest ist.

aus **Tabelle 4.5**: $d_a = 168,3 \text{mm}$

aus **Tabelle 9.2**: $R_m \geq 350 \text{N/mm}^2$

aus **Bild 9.1**: $\sigma_{Sch,D} \approx 140 \text{N/mm}^2$

aus **Tabelle 9.1**: $S = 1,5$

$$\sigma_{zul} = \frac{\sigma_{Sch,D}}{S} \approx \frac{140 \text{N} / \text{mm}^2}{1,5} = 93 \text{N} / \text{mm}^2$$

$\hat{p}_e - \check{p}_e = 100 \text{bar} - 0 \text{bar} = 100 \text{bar}$

aus **Tabelle 9.1** (Geltungsbereich III):

$$s_V = \frac{d_a}{\dfrac{2 \cdot \sigma_{zul}}{\hat{p}_e - \breve{p}_e} - 1} = \frac{168,3\,\text{mm}}{\dfrac{2 \cdot 93\,\text{N}/\text{mm}^2}{10\,\text{N}/\text{mm}^2} - 1} = 9,6\,\text{mm}$$

aus **Tabelle 9.4**: $c_1 = 0,5\,\text{mm}$ ($s > 10\,\text{mm}$ zu erwarten)

aus Legende zu *Gleichung 9.6*: $c_2 = 1\,\text{mm}$

Gleichung 9.6: $s = s_V + c_1 + c_2 = 9,6 + 0,5 + 1 = 11,1\,\text{mm}$

Auswahl **Tabelle 4.5**: $s = 12,5\,\text{mm}$
(nach DIN 2458 maximal s = 11 mm)

Nachprüfung Geltungsbereich (**Tabelle 9.1**): $\dfrac{d_a}{d_i} = \dfrac{168,3}{168,3 - 2 \cdot 12,5} = 1,17 < 2$

Die Bestellwanddicke s nach Geltungsbereich III ($s = 12,5\,\text{mm}$) ist größer als nach Geltungsbereich I ($s = 7,1\,\text{mm}$). Die größere Wanddicke ist zu wählen.
$\Rightarrow s = 12,5\,\text{mm}$ (siehe *Beispiel 9.1*)

Beispiel 9.7: ***Wanddicke Stahlrohr bei dynamischem innerem Überdruck mit Betriebs-**
*   ***lastkollektiv***

Ein längsnahtgeschweißtes Stahlrohr DN 150 (168,3x5) aus St 52.4 nach DIN 1628 wird mit den tabellierten Druckschwankungen belastet. Gesucht ist die zu erwartende Lebensdauer nach der Schädigungs-Akkumulations-Methode mit einer Sicherheit von $S_L = 5$.

Dabei ist folgendes zu berücksichtigen:

Druckstufe	p_{max}	p_{min}	Häufigkeit H_i
	bar	bar	pro Jahr
1	90	0	2.000
2	85	5	5.000
3	80	10	10.000
4	75	15	20.000
5	70	20	100.000

Die Druckschwankungen in den Druckstufen 2 bis 4 sind nicht „rein" schwellend, d.h. der minimale Druck hat jeweils einen positiven Wert ($p_{min} > 0$). Entsprechend sind die daraus entstehenden Spannungen auch nicht „rein" schwellend (siehe **Bild 7.1**). Das Wöhler-Diagramm aus DIN 2413-1 in **Bild 9.1** bezieht sich jedoch auf „rein" schwellende Spannungen. Daher müssen die in den Druckstufen 2 bis 4 entstehenden allgemein schwellenden Spannungen in „rein" schwellende umgerechnet werden, welche die Rohrwand im selben Maße beanspruchen und schädigen. Nach Schwaigerer und Mühlenbeck[2] ist diese Umrechnung mit folgender Gleichung möglich (Herleitung siehe *Anmerkung 9.1*):

---

[2] [35], S.50ff.

$$\sigma_{Sch} = B \cdot R_m \cdot \sqrt{B^2 + 4} - B^2 \cdot R_m \quad \text{mit}: \ B = \frac{\sigma_a}{R_m} \cdot \frac{1}{\sqrt{1 - \dfrac{\sigma_m}{R_m}}}$$

aus **Tabelle 9.4**: $c_1 = 0{,}35\,\text{mm}$

aus Legende zu *Gleichung 9.6*: $c_2 = 1\,\text{mm}$

aus *Gleichung 9.6*: $s_V = s - c_1 - c_2 = 5 - 0{,}35 - 1 = 3{,}65\,\text{mm}$

aus **Tabelle 9.2**: $R_m \geq 500\,\text{N/mm}^2$

Für den Zusammenhang zwischen Ausschlagspannung σ_a, mittlerer Spannung σ_m und „idealer" Schwellspannung σ_{Sch} gilt (siehe auch **Bild 7.1**):

* für „rein" schwellende Beanspruchung: $\sigma_a = \sigma_m = \sigma_{Sch}/2$

* für allgemein schwellende Beanspruchung: $\sigma_a \neq \sigma_m$

aus **Tabelle 9.1** (DIN 2413-1 Geltungsbereich III):

$$s_V = \frac{d_a}{\dfrac{2 \cdot \sigma_{zul}}{\hat{p}_e - \breve{p}_e} - 1} \quad \Rightarrow \quad \text{mit } \sigma_{zul} = 2 \cdot \sigma_a : \ s_V = \frac{d_a}{\dfrac{4 \cdot \sigma_a}{\hat{p}_e - \breve{p}_e} - 1}$$

$$\Rightarrow 2 \cdot \sigma_a = \left(\hat{p}_e - \breve{p}_e\right) \cdot \frac{d_a + s_V}{2 \cdot s_V}$$

Die Druckschwankung in **Druckstufe 1** ist „rein" schwellend (siehe auch **Bild 7.1**).

$$\Rightarrow \sigma_{Sch,1} = 2 \cdot \sigma_{a,1} = \left(\hat{p}_e - \breve{p}_e\right) \cdot \frac{d_a + s_V}{2 \cdot s_V}$$

$$= \left(9\,\frac{\text{N}}{\text{mm}^2} - 0\,\frac{\text{N}}{\text{mm}^2}\right) \cdot \frac{168{,}3\,\text{mm} + 3{,}65\,\text{mm}}{2 \cdot 3{,}65\,\text{mm}} = 212\,\frac{\text{N}}{\text{mm}^2}$$

$\Rightarrow$ aus **Bild 9.1** mit $R_m = 500\,\text{N/mm}^2$: $N \approx 4{,}5 \cdot 10^5$

Druckstufe 2 (nicht „rein schwellend", siehe Hinweis in Aufgabenstellung):

$$\sigma_{a,2} = \frac{1}{2} \cdot \left(\hat{p}_e - \breve{p}_e \right) \cdot \frac{d_a + s_V}{2 \cdot s_V}$$

$$= \frac{1}{2} \cdot \left(8,5\frac{N}{mm^2} - 0,5\frac{N}{mm^2} \right) \cdot \frac{168,3mm + 3,65mm}{2 \cdot 3,65mm} = 94,2\frac{N}{mm^2}$$

$$p_{m,2} = \frac{\hat{p}_e + \breve{p}_e}{2} = \frac{8,5N/mm^2 + 0,5N/mm^2}{2} = 4,5\frac{N}{mm^2}$$

aus **Tabelle 9.1** (DIN 2413-1, Geltungsbereich III):

$$\sigma_{m,2} = p_{m,2} \cdot \frac{d_a + s_V}{2 \cdot s_V} = 4,5\frac{N}{mm^2} \cdot \frac{168,3mm + 3,65mm}{2 \cdot 3,65mm} = 106\frac{N}{mm^2}$$

$$B_2 = \frac{\sigma_{a,2}}{R_m} \cdot \frac{1}{\sqrt{1 - \dfrac{\sigma_{m,2}}{R_m}}} = \frac{94,2N/mm^2}{500N/mm^2} \cdot \frac{1}{\sqrt{1 - \dfrac{106N/mm^2}{500N/mm^2}}} = 0,21$$

$$\sigma_{Sch,2} = B_2 \cdot R_m \cdot \sqrt{B_2^2 + 4} - B_2^2 \cdot R_m$$

$$= 0,21 \cdot 500N/mm^2 \cdot \sqrt{0,21^2 + 4} - 0,21^2 \cdot 500N/mm^2 = 189,1N/mm^2$$

$\Rightarrow$ aus **Bild 9.1**: $N \approx 8 \cdot 10^5$

Die Berechnungen für die Druckstufen 3 bis 5 erfolgen entsprechend. Die Ergebnisse sind in der folgenden Tabelle zusammengefasst:

Druckstufe	p_m	$\hat{p} - \breve{p}$	$2 \cdot \tilde{\sigma}_a$	σ_m	B	σ_{Sch}	N (ca.)
	bar	bar	N/mm²	N/mm²	–	N/mm²	a⁻¹
1		90	212		–	212	450.000
2		80	188,4		0,21	189,1	800.000
3	45	70	164,9	106	0,19	172,8	1.800.000
4		60	141,3		0,16	147,7	∞
5		50	117,8		0,13	121,8	∞

Gleichung 9.4 (Schädigung *D* pro Jahr):

$$D = \sum_{i=1}^{m} \frac{n_i}{N_i} = \frac{n_1}{N_1} + \frac{n_2}{N_2} + \frac{n_3}{N_3} + \frac{n_4}{N_4} + \frac{n_5}{N_5}$$

$$= \frac{2.000}{4,5 \cdot 10^5} + \frac{5.000}{8 \cdot 10^5} + \frac{10.000}{1,8 \cdot 10^6} + \frac{20.000}{\infty} + \frac{100.000}{\infty} = 0,016 a^{-1} = 1,6\% \text{ pro Jahr}$$

Gleichung 9.5: $D \leq \dfrac{1}{S_L}$

⇒ zulässige Lebensdauer t_{zul} in Jahren ist erreicht, sobald für die Gesamtschädigung D_{ges} gilt:

$$D_{ges} = t_{zul} \cdot D = \frac{1}{S_L}$$

$$\Rightarrow t_{zul} = \frac{1}{S_L \cdot D} = \frac{1}{5 \cdot 0,016 a^{-1}} = 12,5 a$$

Zusätzliche Nachprüfung nach DIN 2413, Geltungsbereich I:

aus **Tabelle 9.1** und **9.2**: $K = R_{p0,2/20°C} = 355 \text{N/mm}^2$; $S = 1,6$ [3]

$$\sigma_{zul} = \frac{K}{S} = \frac{355 \text{N/mm}^2}{1,6} = 221 \text{N/mm}^2 \quad \text{(Abrundung sicherheitshalber)}$$

aus **Tabelle 9.1** (DIN 2413-1, Geltungsbereich I):

$$s_V = \frac{d_a \cdot p_e}{2 \cdot \sigma_{zul} \cdot v_N} = \frac{168,3 \text{mm} \cdot 9 \text{N/mm}^2}{2 \cdot 221 \text{N/mm}^2} = 3,43 \text{mm} < 3,65 \text{mm}$$

⇒ $s_V = 3,65 \text{mm}$ und $s = 5 \text{mm}$ ausreichend (s.o.)

---

[3] für St 52.4: A=21% (**Tabelle 9.1**)

Beispiel 9.8:   *__Gussrohr__*

Gesucht ist der zulässige Betriebsüberdruck einer Wasserrohrleitung aus Gussrohr DN 1200, Klasse 9 nach DIN EN 545 für Dauerbetrieb ohne Druckstoß.

aus **Tabelle 4.8**: $d_a = 1255$mm; $s = 15,3$mm

bzw. *Gleichung 4.2*:

$$s = k \cdot (0,5 + 0,001 \cdot DN) = 9 \cdot (0,5 + 0,001 \cdot 1200) = 15,3\text{mm}$$

aus *Abschnitt 9.1.2* zulässige Wanddickenunterschreitung:

$$c_1 = 1,3 + 0,001 \cdot DN = 1,3 + 0,001 \cdot 1200 = 2,5\text{mm}$$

$$s_{min} = 15,3 - 2,5 = 12,8\text{mm}$$

$$d_m = d_a - s_{min} = 1255 - 12,8 = 1242,2\text{mm}$$

aus Legende zu *Gleichung 9.10*: $R_m = 420\dfrac{N}{mm^2}$; $S = 2,5$

Gleichung 9.10:

$$p_{e,zul} = \frac{2 \cdot s_{min} \cdot R_m}{d_m \cdot S} = \frac{2 \cdot 12,8\text{mm} \cdot 420\,N/mm^2}{1242,2\text{mm} \cdot 2,5} = 3,46\frac{N}{mm^2} = 34,6\text{bar}$$

Zum Vergleich DIN EN 545: 1995-01: $p_{e,zul} = 34$bar

Beispiel 9.9:   *__Duroplastisches Kunststoffrohr__*

Eine gerade, unverzweigte Rohrleitung aus EP-GF (geschleudert) DN 200 und PN 16 nach DIN 16871 wird mit einem statischen inneren Überdruck von $p_e = 16$ bar bei Raumtemperatur beaufschlagt. Gesucht ist die Mindestzugfestigkeit K_Z in Umfangs- und Längsrichtung des Rohres bei einem Werkstoffabminderungsfaktor von $A = 4$, damit der nach AD-Merkblatt N1 geforderte Sicherheitsbeiwert gewährleistet ist (siehe *Abschnitt 7.6*).

aus **Tabelle 4.14**: $d_a = 219,1$mm; $s = 7$mm

aus *Abschnitt 7.6*: $S = 2$

- Beanspruchung in Umfangsrichtung (*Gleichung 7.80*): $s = \dfrac{d_a \cdot p_e}{2 \cdot \dfrac{K_Z}{A \cdot S}}$

$$\Rightarrow K_Z = \frac{d_a \cdot p_e \cdot A \cdot S}{2 \cdot s} = \frac{219,1\text{mm} \cdot 1,6\,N/mm^2 \cdot 4 \cdot 2}{2 \cdot 7\text{mm}} = 200\,N/mm^2$$

- Beanspruchung in Längsrichtung (*Gleichung 7.81*): $s = \dfrac{d_{\mathrm{a}} \cdot p_{\mathrm{e}}}{4 \cdot \dfrac{K_{\mathrm{Z}}}{A \cdot S}}$

$$\Rightarrow K_{\mathrm{Z}} = \frac{d_{\mathrm{a}} \cdot p_{\mathrm{e}} \cdot A \cdot S}{4 \cdot s} = \frac{219,1\mathrm{mm} \cdot 1,6\,\mathrm{N}/\mathrm{mm}^2 \cdot 4 \cdot 2}{4 \cdot 7\mathrm{mm}} = 100\,\mathrm{N}/\mathrm{mm}^2$$

Beispiel 9.10: *__Thermoplastisches Kunststoffrohr bei Raumtemperatur__*

Ein Rohr aus Polypropylen (PP-H) nach DIN 8077 mit Außendurchmesser d_{a} = 200mm und Rohrserienzahl S 5 soll auf 50 Jahre Betriebsdauer mit Wasser bei Raumtemperatur ausgelegt werden. Gesucht ist der zulässige innere Überdruck mit MRS-Wert und Mindestsicherheitsbeiwert nach DIN EN ISO 12162.

aus **Tabelle 9.5**: $MRS = 10\mathrm{N}/\mathrm{mm}^2$ (vergleiche auch *Bild 9.2*)

aus **Tabelle 9.6**: $S = 1,6$

aus *Abschnitt 9.1.3*: $\sigma_{\mathrm{V,zul}} = \dfrac{MRS}{S} = \dfrac{10\,\mathrm{N}/\mathrm{mm}^2}{1,6} = 6,25\,\dfrac{\mathrm{N}}{\mathrm{mm}^2}$

aus **Tabelle 4.13**: $s = 18,2\mathrm{mm}$

Gleichung 7.5: $s_{\mathrm{V}} = \dfrac{p_{\mathrm{e}} \cdot d_{\mathrm{a}}}{2 \cdot K/S + p_{\mathrm{e}}}$

$\Rightarrow$ mit $s_{\mathrm{V}} = s$ und $\dfrac{K}{S} = \sigma_{\mathrm{V,zul}}$

$$p_{\mathrm{e,zul}} = \frac{2 \cdot \sigma_{\mathrm{V,zul}} \cdot s}{d_{\mathrm{a}} - s} = \frac{2 \cdot 6,25\,\mathrm{N}/\mathrm{mm}^2 \cdot 18,2\,\mathrm{mm}}{200\mathrm{mm} - 18,2\,\mathrm{mm}} = 1,25\,\frac{\mathrm{N}}{\mathrm{mm}^2} = 12,5\mathrm{bar}$$

Vergleiche **Tabelle 4.13**: Für PP-Rohre nach DIN 8077 entspricht die Rohrserienzahl S 5 der PN-Stufe PN 10

Zur Erläuterung der Rohrserienzahl:

Gleichung 4.3: $S = \dfrac{1}{2} \cdot \left(\dfrac{d_{\mathrm{a}}}{s} - 1 \right) = \dfrac{1}{2} \cdot \left(\dfrac{200}{18,2} - 1 \right) \approx 5$

Gleichung 4.5: $\quad S \approx \dfrac{\sigma_{V,zul}}{p_{e,zul}} = \dfrac{6,25}{1,25} = 5$

Beispiel 9.11: ***Thermoplastisches Kunststoffrohr bei erhöhter Temperatur***

Das PP-Rohr aus *Beispiel 9.10* wird mit Wasser bei einem inneren Überdruck von $p_e = 10\text{bar}$ und einer Temperatur von $\vartheta = 50°C$ betrieben. Gesucht ist die maximale Betriebsdauer, für die ein Sicherheitsbeiwert von $S = 1,6$ gegen die Zeitstandsfestigkeit gewährleistet ist.

Gleichung 7.5: $\quad s_V = \dfrac{p_e \cdot d_a}{2 \cdot K/S + p_e}$

$\Rightarrow\ $ mit $s_V = s$ und $K = \sigma_V$:

$$\sigma_V = S \cdot \frac{p_e}{2} \cdot \left(\frac{d_a}{s} - 1\right) = 1,6 \cdot \frac{1\,N/mm^2}{2} \cdot \left(\frac{200mm}{18,2mm} - 1\right) = 8 \frac{N}{mm^2}$$

$T = 273\text{K} + 50\text{K} = 323\text{K}$

Gleichung 9.17:

$$\lg t = -46,364 - \frac{9601,1 \cdot \lg \sigma}{T} + \frac{20381,5}{T} + 15,24 \cdot \lg \sigma$$

$$= -46,364 - \frac{9601,1 \cdot \lg 8}{323} + \frac{20381,5}{323} + 15,24 \cdot \lg 8 = 3,7$$

$\Rightarrow t = 10^{3,7} = 5012\text{h}$ (vergleiche auch ***Bild 9.2***)

Beispiel 9.12: **_Stahlrohrbogen_**

In *Beispiel 9.1* wurde die Bestellwanddicke eines geraden Stahlrohres DN 150 nach DIN 2458 (d_a = 168,3mm, v_N = 1) aus St 37.4 nach DIN 1628 für einen statischen inneren Überdruck von p_e = 100bar bei Raumtemperatur zu s = 7,1mm berechnet. Zum Vergleich sind folgende Größen gesucht:

a) der zulässige innere Überdruck nach DIN 2413-2 in einem Bogen DN 150 nach DIN 2605-1, Reihe 4, Bauart 3 mit einem unteren Grenzabmaß der Wanddicke von c_1' = 12,5%

b) die notwendigen Mindestwanddicken $s_{V,i}$ und $s_{V,a}$ eines Bogens DN 150 (r = 229mm) mit vollem Ausnutzungsgrad für p_e = 100bar nach DIN 2413-2

a) aus **Tabelle 4.15**: $s_i = s_a$ = 7,1mm und $r = R$ = 229mm

$$c_1 = s \cdot c_1' = 7,1\text{mm} \cdot 0,125 = 0,89\text{mm}$$

Gleichung 9.6:

$$s_i = s_{V,i} + c_1 + c_2 \implies s_{V,i} = s_i - c_1 - c_2 = 7,1 - 0,89 - 1 = 5,2 \text{ mm}$$

$$s_{V,a} = s_{V,i}$$

zunächst näherungsweise Berechnung von B mit $s_V = s_{V,i} = s_{V,a}$ = 5,2 mm:
aus **Tabelle 9.7**:

$$B = \frac{d_a}{2 \cdot s_V} - \frac{R}{s_V} + \sqrt{\left(\frac{d_a}{2 \cdot s_V} - \frac{R}{s_V}\right)^2 + 2 \cdot \frac{R}{s_V} - \frac{d_a}{2 \cdot s_V}}$$

$$= \frac{168,3}{2 \cdot 5,2} - \frac{229}{5,2} + \sqrt{\left(\frac{168,3}{2 \cdot 5,2} - \frac{229}{5,2}\right)^2 + 2 \cdot \frac{229}{5,2} - \frac{168,3}{2 \cdot 5,2}} = 1,26$$

Gleichung 9.27: $s_{V,i} = s_{V,a} = s_V \cdot B$

$\implies$ Fiktive Mindestwandstärke eines geraden Rohres, das denselben inneren Überdruck wie der Bogen aushält:

$$s_V = \frac{s_{V,i}}{B} = \frac{s_{V,a}}{B} = \frac{5,2\,\text{mm}}{1,26} = 4,1\text{mm}$$

Iteration der Berechnung von B mit s_V = 4,1 mm

$$\implies B = 1,27 \implies s_V = \frac{5,2\,\text{mm}}{1,27} = 4,1\text{mm}$$

(keine weitere Iteration notwendig)

aus *Beispiel 9.1*: $\sigma_{zul} = 156 \text{N/mm}^2$

aus **Tabelle 9.1** (DIN 2413-1, Geltungsbereich I): $s_V = \dfrac{d_a \cdot p_e}{2 \cdot \sigma_{zul} \cdot v_N}$

$$\Rightarrow \text{ mit } v_N = 1: \ p_{e,zul} = \frac{2 \cdot \sigma_{zul} \cdot s_V}{d_a} = \frac{2 \cdot 156 \text{N} / \text{mm}^2 \cdot 4,1 \text{mm}}{168,3 \text{mm}}$$

$$= 7,6 \frac{\text{N}}{\text{mm}^2} = 76 \text{bar}$$

b) aus *Beispiel 9.1*: $s_V = 5,4\text{mm}$

$$\frac{d_a}{2 \cdot s_V} = \frac{168,3}{2 \cdot 5,4} = 15,6; \quad \frac{r}{s_V} = \frac{229}{5,4} = 42,4$$

aus **Tabelle 9.7**:

$$B_i = \frac{d_a}{2 \cdot s_V} + \frac{r}{s_V} - \left(\frac{d_a}{2 \cdot s_V} + \frac{r}{s_V} - 1 \right) \cdot \sqrt{\frac{\left(\dfrac{r}{s_V}\right)^2 - \left(\dfrac{d_a}{2 \cdot s_V}\right)^2}{\left(\dfrac{r}{s_V}\right)^2 - \dfrac{d_a}{2 \cdot s_V} \cdot \left(\dfrac{d_a}{2 \cdot s_V} - 1\right)}}$$

$$= 15,6 + 42,4 - \left(15,6 + 42,4 - 1 \right) \cdot \sqrt{\frac{42,4^2 - 15,6^2}{42,4^2 - 15,6 \cdot \left(15,6 - 1 \right)}}$$

$$= 15,6 + 42,4 - 57 \cdot 0,995 = 1,29$$

$$B_a = \frac{d_a}{2 \cdot s_V} - \frac{r}{s_V} - \left(\frac{d_a}{2 \cdot s_V} + \frac{r}{s_V} - 1 \right) \cdot \sqrt{\frac{\left(\dfrac{r}{s_V}\right)^2 - \left(\dfrac{d_a}{2 \cdot s_V}\right)^2}{\left(\dfrac{r}{s_V}\right)^2 - \dfrac{d_a}{2 \cdot s_V} \cdot \left(\dfrac{d_a}{2 \cdot s_V} - 1\right)}}$$

$$= 15,6 - 42,4 - \left(15,6 - 42,4 - 1 \right) \cdot 0,995 = 0,86$$

Gleichung 9.25: $s_{V,i} = s_V \cdot B_i = 5,4\text{mm} \cdot 1,29 = 6,97\text{mm}$

Gleichung 9.26: $s_{V,a} = s_V \cdot B_a = 5,4\text{mm} \cdot 0,86 = 4,64\text{mm}$

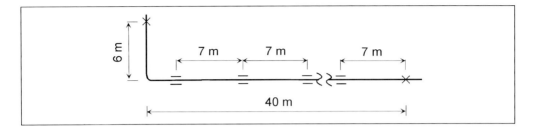

Beispiel 9.13: *Gesamtbeanspruchung einer elastisch verlegten Rohrleitung*

Der skizzierte Rohrleitungsabschnitt besteht aus Stahlrohr DN 200 (219,1 x 4,5), St 37.4 (ρ_R = 7.900kg/m³) mit einem Rohrbogen nach DIN 2605 T1, Reihe 2, Bauart 3. Die Leitung wird bei 20°C montiert und im Betrieb auf 200°C aufgeheizt. Es ist mit ca. 14.000 Aufheizvorgängen zu rechnen. Der maximale innere Überdruck beträgt p_e = 26bar. Der Biegeschenkel wird um 50% vorgespannt, wodurch bei Aufheizen und Abkühlen wechselnde Biegebeanspruchung entsteht. Die Rohrleitung ist bezüglich Gesamtbeanspruchung nach FDBR-Richtlinie „Berechnung von Kraftwerksrohrleitungen" nachzuprüfen:

a) zwischen den Gleitlagern auf Gewichtskraft und auf inneren Überdruck (Gewicht von Füllung und Dämmung vernachlässigen)

b) im Biegeschenkel auf Biegung aus Wärmedehnung und auf inneren Überdruck.

aus **Tabelle 9.2**: $R_{m,20°C}$ = 350N/mm²; $R_{p0,2,20°C}$ = 235N/mm²;

$R_{p0,2,200°C}$ = 185N/mm²

Gleichung 9.39:

$$S_m = \min\left(\frac{R_{m/20,min}}{2,4}, \frac{R_{e/\vartheta,min}}{1,5}, R_{m/200000/\vartheta,min}\right)$$

$$= \min\left(\frac{350}{2,4}, \frac{185}{1,5}\right) = 123 \frac{N}{mm^2}$$

aus Legende zu *Gleichung 9.41*:

$$S_c = \min\left(\frac{R_{m/20,min}}{4}, \frac{R_{e/20}}{1,5}\right) = \min\left(\frac{350}{4}, \frac{235}{1,5}\right) = 87,5 \frac{N}{mm^2}$$

S_h = min (S_c, S_m) = min (87,5;123) = 87,5N/mm²

aus **Tabelle 9.8** mit : N_V = 14.000: f = 0,9

aus **Tabelle 3.2**: $E_{20°C}$ = 2,12 · 10⁵N/mm²; $E_{200°C}$ = 1,99 · 10⁵N/mm²

Gleichung 9.41:

$$S_a = f \cdot \left(1{,}25 \cdot S_c + 0{,}25 \cdot S_h\right) \cdot \frac{E_\vartheta}{E_{20}}$$

$$= 0{,}9 \cdot \left(1{,}25 \cdot 87{,}5\,\frac{N}{mm^2} + 0{,}25 \cdot 87{,}5\,\frac{N}{mm^2}\right) \cdot \frac{1{,}99 \cdot 10^5\,N/mm^2}{2{,}12 \cdot 10^5\,N/mm^2} = 111\,\frac{N}{mm^2}$$

a) Zwischen Gleitlagern:

$$d_i = d_a - 2 \cdot s = 219{,}1mm - 2 \cdot 4{,}5mm = 210{,}1mm$$

$$A_R = \frac{\pi}{4}\left(d_a^2 - d_i^2\right) = \frac{\pi}{4} \cdot \left(0{,}2191^2 - 0{,}2101^2\right) = 0{,}003m^2$$

$$F' = \rho_R \cdot A_R \cdot g = 7.900\,\frac{kg}{m^3} \cdot 0{,}003m^2 \cdot 9{,}81\,\frac{m}{s^2} = 232\,\frac{N}{m}$$

$$W = \frac{\pi}{32}\left(d_a^3 - d_i^3\right) = \frac{\pi}{32} \cdot \left(0{,}2191^3 - 0{,}2101^3\right) = 1{,}22 \cdot 10^{-4}m^3$$

aus **Tabelle 8.1** unter konservativer Annahme eines Trägers auf zwei Stützen: $k_{S,1} = 1/8$

Gleichung 8.2: $\quad \sigma_{b,max} = k_{S,1} \cdot \dfrac{F' \cdot i \cdot L^2}{W} + k_{S,2} \cdot \dfrac{F \cdot i \cdot L}{W}$

mit $F = 0$: $\quad \sigma_{b,max} = \dfrac{1}{8} \cdot \dfrac{232\,N/m \cdot (7m)^2}{1{,}22 \cdot 10^{-4}m^3} = 1{,}16 \cdot 10^7\,\dfrac{N}{m^2} = 11{,}6\,\dfrac{N}{mm^2}$

Gleichung 9.33: $\quad \sigma_l = \dfrac{p_e \cdot d_a}{4 \cdot s} + \dfrac{0{,}75 \cdot i \cdot M_A}{W} \le S_m$

$i = 1$, da kein Formstück zwischen Auflagern; $\quad$ Abschnitt 9.3.1: $0{,}75 \cdot i \ge 1$

$$\Rightarrow \sigma_l = \frac{p_e \cdot d_a}{4 \cdot s} + \frac{M_A}{W} \le S_m$$

$$\sigma_1 = \frac{2{,}6\,\mathrm{N}/\mathrm{mm}^2 \cdot 219{,}1\mathrm{mm}}{4 \cdot 4{,}5\mathrm{mm}} + 11{,}6\,\frac{\mathrm{N}}{\mathrm{mm}^2}$$

$$= 31{,}6\,\frac{\mathrm{N}}{\mathrm{mm}^2} + 11{,}6\,\frac{\mathrm{N}}{\mathrm{mm}^2} = 42{,}2\,\frac{\mathrm{N}}{\mathrm{mm}^2} < S_\mathrm{m} = 123\,\frac{\mathrm{N}}{\mathrm{mm}^2}$$

b) Im Biegeschenkel

$M_\mathrm{A} = 0$, weil keine Hauptprimärlasten vorhanden sind, die ein Moment erzeugen

$$\sigma_1 = \frac{p_\mathrm{e} \cdot d_\mathrm{a}}{4 \cdot s} = \frac{2{,}6\,\mathrm{N}/\mathrm{mm}^2 \cdot 219{,}1\mathrm{mm}}{4 \cdot 4{,}5\mathrm{mm}} = 31{,}6\,\frac{\mathrm{N}}{\mathrm{mm}^2} < S_\mathrm{m} = 123\,\frac{\mathrm{N}}{\mathrm{mm}^2}$$

aus **Tabelle 8.2**: $\overline{\beta}_\mathrm{L} = 12{,}8 \cdot 10^{-6}\,\mathrm{K}^{-1}$

Gleichung 8.4:

$$\Delta L = L_\mathrm{s} \cdot \overline{\beta}_\mathrm{L} \cdot \Delta\vartheta = 40\mathrm{m} \cdot 12{,}8 \cdot 10^{-6}\,\mathrm{K}^{-1} \cdot \big(200°\mathrm{C} - 20°\mathrm{C})\big) = 0{,}092\,\mathrm{m}$$

50% Vorspannung $\;\Rightarrow\; \Delta L = \pm\dfrac{92\,\mathrm{mm}}{2} = \pm46\mathrm{mm}$

aus **Tabelle 4.15**: $r = 305\mathrm{mm}$

aus **Tabelle 8.3**: $h = \dfrac{4 \cdot r \cdot s}{d_\mathrm{m}^2} = \dfrac{4 \cdot 305\mathrm{mm} \cdot 4{,}5\mathrm{mm}}{\big(214{,}6\mathrm{mm}\big)^2} = 0{,}12$

$$k_\mathrm{B} = \frac{1{,}65}{h} = \frac{1{,}65}{0{,}12} = 13{,}75$$

$$i = \frac{0{,}9}{h^{2/3}} = \frac{0{,}9}{0{,}12^{2/3}} = 3{,}7$$

$$\frac{i}{k_\mathrm{B}} = \frac{3{,}7}{13{,}75} = 0{,}27 < \frac{1}{2} \;\Rightarrow\; \text{maximale Biegespannung am Festlager}$$

Gleichung 8.11:

$$\sigma_{b,max} = \frac{3}{2} \cdot E \cdot \frac{\Delta L \cdot d_a}{L_A^2} = \frac{3}{2} \cdot 1,99 \cdot 10^5 \frac{N}{mm^2} \cdot \frac{\pm 0,046m \cdot 0,2191m}{(6m)^2}$$

$$= \pm 83,5 \frac{N}{m^2}$$

Gleichung 9.35: $\sigma_3 = \frac{i \cdot M_C}{W} \leq S_a$

$$\sigma_3 = \frac{M_C}{W} = 83,5 \frac{N}{mm^2} \leq S_a = 111 \frac{N}{mm^2}$$

Beispiel 9.14: ***Gesamtbeanspruchung einer eingeerdeten Rohrleitung***

Eine längsnahtgeschweißte Stahlrohrleitung DN 500 (508 x 4,5) aus St 52.4 ($\upsilon_N = 1$)nach DIN 1628 wird in einem geböschten Rohrgraben verlegt. Die Verfüllung des Grabens besteht aus Kiessand (Dichte des Bodens $\rho_B = 2000kg/m^2$; Reibungswinkel $\rho = 33°$) und ist unverdichtet. Die Überdeckungshöhe beträgt $h = 1,1m$. Eine eventuelle Verminderung des Erddrucks durch Erdreibung an den Grabenwänden soll vernachlässigt werden. Wegen entsprechender Korrosionsschutzmaßnahmen ist kein Korrosionszuschlag zu berücksichtigen. Der maximale innere Überdruck in der Rohrleitung beträgt $p_e = 29bar$, die Verkehrslast $q_V = 60kN/m^2$. Die Rohrleitung ist nach VdTÜV 1063 auf folgende Lastfälle nachzurechnen:

a) Innendruck

b) Erdlast und Verkehrslast

c) Erdlast, Verkehrslast und Innendruck

d) Rohrbeulen

Als ungünstigster Fall ist mit der minimalen Wanddicke s_V zu rechnen.

a) aus **Tabelle 9.2**: $K = R_{eH} = 355N/mm^2$

aus *Abschnitt 9.3.2*: $S = 1,6$

$$\sigma_{zul} = \frac{R_{eH}}{1,6} = \frac{355}{1,6} = 221 \frac{N}{mm^2}$$

aus **Tabelle 9.4**: $c_1 = 0,35mm$

$c_2 = 0$

Gleichung 9.6:

$$s = s_V + c_1 + c_2 \Rightarrow s_V = s - c_1 - c_2 = 4,5 - 0,35 = 4,15 \text{mm}$$

aus **Tabelle 9.1** (DIN 2413-1, Geltungsbereich I):

Geltungsbereich: $\dfrac{d_a}{d_i} = \dfrac{508}{508 - 2 \cdot 4,5} = 1,02 < 2$

$$s_V = \frac{d_a \cdot p_e}{2 \cdot \sigma_{zul} \cdot \upsilon_N} = \frac{508 \text{mm} \cdot 2,9 \text{N} / \text{mm}^2}{2 \cdot 221 \text{N} / \text{mm}^2} = 3,3 \text{mm} < s_{V,\text{vorh}} = 4,15 \text{mm}$$

b) *Gleichung 9.55*:

$$p_e = \rho_B \cdot g \cdot h = 2000 \text{kg/m}^3 \cdot 9,81 \text{m/s}^2 \cdot 1,1 \text{m} = 21,6 \text{kN/m}^2$$

Gleichung 9.54:

$$q = p_e + p_V = 21,6 + 60 = 81,6 \text{kN/m}^2 = 0,082 \text{N/mm}^2$$

aus *Abschnitt 9.3.2*: $\lambda = 0,5$

$$r_m = \frac{d_a + d_i}{4} = \frac{508 + 508 - 2 \cdot 4,15}{4} = 252 \text{mm}$$

Gleichung 9.43:

$$\sigma_{max,d} = -\frac{r_m}{s} \cdot q - 3 \cdot \frac{1 - \lambda}{2 + \lambda} \cdot \left(\frac{r_m}{s} \right)^2 \cdot q$$

$$= -\frac{252 \text{mm}}{4,15} \cdot 0,082 \frac{\text{N}}{\text{mm}^2} - 3 \cdot \frac{1 - 0,5}{2 + 0,5} \cdot \left(\frac{252 \text{mm}}{4,15 \text{mm}} \right)^2 \cdot 0,082 \frac{\text{N}}{\text{mm}^2}$$

$$= -186 \frac{\text{N}}{\text{mm}^2}$$

Gleichung 9.44:

$$\sigma_{max,z} = -\frac{1 + 2 \cdot \lambda}{2 + \lambda} \cdot \frac{r_m}{s} \cdot q + 3 \cdot \frac{1 - \lambda}{2 + \lambda} \cdot \left(\frac{r_m}{s} \right)^2 \cdot q$$

$$= -\frac{1+2\cdot0,5}{2+0,5}\cdot\frac{252\,\text{mm}}{4,15}\cdot0,082\,\frac{\text{N}}{\text{mm}^2}$$

$$+\,3\cdot\frac{1-0,5}{2+0,5}\cdot\left(\frac{252\,\text{mm}}{4,15\,\text{mm}}\right)^2\cdot0,082\,\frac{\text{N}}{\text{mm}^2}=175\,\frac{\text{N}}{\text{mm}^2}$$

Gleichung 9.45: $\left|\sigma_{max}\right|=186\,\dfrac{\text{N}}{\text{mm}^2}<\dfrac{R_e}{1,1}=\dfrac{355}{1,1}=323\,\dfrac{\text{N}}{\text{mm}^2}$

c) *Gleichung 9.58:* $\lambda_a=\tan^2\left(45°-\dfrac{\rho}{2}\right)=\tan^2\left(45°-\dfrac{33°}{2}\right)=0,295$

Gleichung 9.57: $f_\lambda=\dfrac{1-\lambda_a}{1-\lambda}\cdot\dfrac{2+\lambda}{2+\lambda_a}=\dfrac{1-0,295}{1-0,5}\cdot\dfrac{2+0,5}{2+0,295}=1,54$

Gleichung 9.53:

$$p_1=p_i-\frac{3}{2}\cdot\frac{1+\lambda}{2+\lambda}\cdot q=2,9\,\frac{\text{N}}{\text{mm}^2}-\frac{3}{2}\cdot\frac{1+0,5}{2+0,5}\cdot0,082\,\frac{\text{N}}{\text{mm}^2}=2,83\,\frac{\text{N}}{\text{mm}^2}$$

aus **Tabelle 3.2**: $E=2,12\cdot10^5\,\text{N/mm}^2$

aus *Abschnitt 3.1.1*: $\nu=0,3$

Gleichung 9.51:

$$p_k=\frac{E}{4\cdot\left(1-\nu^2\right)}\cdot\left(\frac{s}{r_m}\right)^3=\frac{2,12\cdot10^5\,\text{N/mm}^2}{4\cdot\left(1-0,3^2\right)}\cdot\left(\frac{4,15\,\text{mm}}{252\,\text{mm}}\right)^3=0,26\,\frac{\text{N}}{\text{mm}^2}$$

Gleichung 9.56: $\alpha=\dfrac{0,712}{f_\lambda}\cdot\dfrac{p_1}{p_k}=\dfrac{0,712}{1,54}\cdot\dfrac{2,83\,\text{N/mm}^2}{0,26\,\text{N/mm}^2}=5$

$$r_i=\frac{d_i}{2}=\frac{508-2\cdot4,15}{2}=250\,\text{mm}$$

Gleichung 9.49:

$$\sigma_n = \frac{p_i \cdot r_i}{s} - \frac{1 + 2 \cdot \lambda}{2 + \lambda} \cdot \frac{r_m}{s} \cdot q$$

$$= \frac{2,9\,\text{N}/\text{mm}^2 \cdot 250\,\text{mm}}{4,15} - \frac{1 + 2 \cdot 0,5}{2 + 0,5} \cdot \frac{252\,\text{mm}}{4,15\,\text{mm}} \cdot 0,082\,\frac{\text{N}}{\text{mm}^2} = 171\,\frac{\text{N}}{\text{mm}^2}$$

Gleichung 9.50:

$$\sigma_b = \frac{3}{1 + \alpha} \cdot \frac{1 - \lambda}{2 + \lambda} \cdot \left(\frac{r_m}{s}\right)^2 \cdot q = \frac{3}{1 + 5} \cdot \frac{1 - 0,5}{2 + 0,5} \cdot \left(\frac{252}{4,15}\right)^2 \cdot 0,082\,\frac{\text{N}}{\text{mm}^2}$$

$$= 30\,\frac{\text{N}}{\text{mm}^2}$$

Gleichung 9.48:

$$\sigma_n \cdot 1,5 + \sigma_b \cdot 1,1 = 171\,\text{N}/\text{mm}^2 \cdot 1,5 + 30\,\text{N}/\text{mm}^2 \cdot 1,1 = 289,5\,\text{N}/\text{mm}^2$$
$$< 355\,\text{N}/\text{mm}^2 = R_e$$

d) Beulgefahr besteht nur, wenn kein innerer Überdruck in der Rohrleitung vorliegt. Der äußere Überdruck beträgt dann nach *Gleichung 9.53*:

$$p_1 = p_i - \frac{3}{2} \cdot \frac{1 + \lambda}{2 + \lambda} \cdot q = 0 - \frac{3}{2} \cdot \frac{1 + 0,5}{2 + 0,5} \cdot 0,082\,\frac{\text{N}}{\text{mm}^2} = -0,074\,\frac{\text{N}}{\text{mm}^2}$$

Gleichung 9.52: $\quad S_k = \dfrac{p_k}{|p_1|} = \dfrac{0,26}{|-0,074|} = 3,5 > 2,5$

Berechnungsbeispiele zu Kapitel 10
„Strömungstechnische Auslegung von Rohrleitungen"

Beispiel 10.1: ***Reibungsfreie Strömung durch Venturirohr***

Das skizzierte Venturirohr weist im dickeren Querschnitt einen Innendurchmesser
$d_{i,1} = 25mm$, im dünneren $d_{i,2} = 12,5mm$
auf.

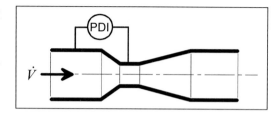

Es wird mit einem Volumenstrom $\dot{V}$ von Wasser bei Raumtemperatur durchströmt. Die Dif-
ferenzdruckmessung zeigt einen statischen Druckunterschied von $\Delta p = 150mbar$ an. Gesucht
ist unter Annahme reibungsfreier Strömung (Vernachlässigung des Druckverlustes) der Volumenstrom $\dot{V}$.

Gleichung 10.9: $\Delta p = p_1 - p_2 = \dfrac{1}{2} \cdot \left(\rho_2 \cdot \overline{w}_2^2 - \rho_1 \cdot \overline{w}_1^2\right) + g \cdot \left(\rho_2 \cdot h_2 - \rho_1 \cdot h_1\right)$

Rohrleitung waagerecht $\Rightarrow h_1 = h_2 \Rightarrow \Delta p = p_1 - p_2 = \dfrac{1}{2} \cdot \left(\rho_2 \cdot \overline{w}_2^2 - \rho_1 \cdot \overline{w}_1^2\right)$

$\rho_1 = \rho_2 = \rho; \quad \dfrac{A_{i,1}}{A_{i,2}} = \left(\dfrac{d_{i,1}}{d_{i,2}}\right)^2 = \left(\dfrac{25mm}{12,5mm}\right)^2 = 2^2 = 4$

Gleichung 10.2: $\overline{w} = \dfrac{\dot{V}}{A_i}$

$\Delta p = p_1 - p_2 = \dfrac{\rho}{2} \cdot \dot{V}^2 \cdot \left(\dfrac{1}{A_{i,2}^2} - \dfrac{1}{A_{i,1}^2}\right) = \dfrac{\rho}{2} \cdot \dot{V}^2 \cdot \dfrac{1}{A_{i,1}^2} \cdot \left[\left(\dfrac{A_{i,1}}{A_{i,2}}\right)^2 - 1\right]$

$\dot{V}^2 = \dfrac{2 \cdot \Delta p}{\rho} \cdot \dfrac{A_{i,1}^2}{\left(\dfrac{A_{i,1}}{A_{i,2}}\right)^2 - 1}$

$$\dot{V} = A_{i,1} \cdot \sqrt{\frac{2 \cdot \Delta p}{\rho \cdot \left[\left(\dfrac{A_{i,1}}{A_{i,2}} \right)^2 - 1 \right]}} = \frac{\pi}{4} \cdot \left(0,025\,\text{m} \right)^2 \cdot \sqrt{\frac{2 \cdot 15000\,\text{Pa}}{1000\,\dfrac{\text{kg}}{\text{m}^3} \cdot \left[4^2 - 1 \right]}}$$

$$= 6,94 \cdot 10^{-4}\,\frac{\text{m}^3}{\text{s}} = 2,5\,\frac{\text{m}^3}{\text{h}}$$

In Wirklichkeit ist die Strömung nicht reibungsfrei. Damit wird Δp größer bzw. dasselbe Δp bei einem kleineren Volumenstrom gemessen. Das hier gezeigte Verfahren ist ein Beispiel für die Volumenstrommessung nach dem Wirkdruckverfahren, das z.B. in DIN 1952 beschrieben ist. Dort wird der Reibungseinfluss über Korrekturfaktoren berücksichtigt.

Beispiel 10.2: ***Druckverlust in einer Wasserrohrleitung***

In einer geraden und unverzweigten Rohrleitung mit einem Innendurchmesser von d_i = 200mm und einer Länge von L = 1000m fließt ein Wasservolumenstrom von $\dot{V}$ = 600m³/h bei Raumtemperatur. Gesucht ist der Druckverlust

    a) durch Rohrreibung für eine hydraulisch glatte Rohrwand

    b) durch Rohrreibung für eine Rohrwandrauigkeit von k = 0,4 mm

    c) wie in b), jedoch zusätzlich mit 5 Bögen (r/d_i = 1,5) und 2 Ventilen (k_V = 500m³/h)

$$A_i = \frac{\pi}{4} \cdot d_i^2 = \frac{\pi}{4} \cdot \left(0,2\,\text{m} \right)^2 = 0,031\,\text{m}^2$$

Gleichung 10.2: $\overline{w} = \dfrac{\dot{V}}{A_i} = \dfrac{0,17\,\text{m}^3/\text{s}}{0,031\,\text{m}^2} = 5,5\,\dfrac{\text{m}}{\text{s}}$

aus **Tabelle 10.1**: $v = 10^{-6}\,\text{m}^2/\text{s}$

Gleichung 10.1: $\text{Re} = \dfrac{\overline{w} \cdot d_i}{v} = \dfrac{5,5\,\text{m/s} \cdot 0,2\,\text{m}}{10^{-6}\,\text{m}^2/\text{s}} = 1,1 \cdot 10^6$

    a) mit Re = $1,1 \cdot 10^6$ aus **Bild 10.8** hydraulisch glatt:
           $\lambda \approx 0,0115$ (zwischen *0,011* und *0,012*)

    oder z.B. nach Hermann aus **Tabelle 10.4**:

$$\lambda = 0,0054 + \frac{0,3964}{\text{Re}^{0,3}} = 0,0054 + \frac{0,3964}{\left(1,1\cdot10^6\right)^{0,3}} = 0,0115$$

aus **Tabelle 10.1**: $\rho \approx 1000\,\text{kg/m}^3$

Gleichung 10.16:

$$\Delta p_\lambda = \lambda \cdot \frac{L}{d_\text{i}} \cdot \frac{\rho}{2} \cdot \overline{w}^2 = 0,0115 \cdot \frac{1000\,\text{m}}{0,2\,\text{m}} \cdot \frac{1000\,\text{kg}/\text{m}^3}{2} \cdot \left(5,5\frac{\text{m}}{\text{s}}\right)^2$$

$$= 8,7\cdot10^5\,\text{Pa} = 8,7\,\text{bar}$$

b) $\dfrac{d_\text{i}}{k} = \dfrac{200\,\text{mm}}{0,4\,\text{mm}} = 500 \Rightarrow$ mit $\text{Re} = 1,1\cdot10^6$ aus **Bild 10.8**:

$\lambda \approx 0,0235$ (zwischen *0,023* und *0,024*)

oder z.B. nach Prandtl und v. Kármán aus **Tabelle 10.4**:

$$\lambda = \frac{1}{\left[2\cdot\log\left(3,72\cdot\dfrac{d_\text{i}}{k}\right)\right]^2} = \frac{1}{\left[2\cdot\log\left(3,72\cdot500\right)\right]^2} = 0,0234$$

Gleichung 10.16:

$$\Delta p_\lambda = \lambda \cdot \frac{L}{d_\text{i}} \cdot \frac{\rho}{2} \cdot \overline{w}^2 = 0,0235 \cdot \frac{1000\,\text{m}}{0,2\,\text{m}} \cdot \frac{1000\,\text{kg}/\text{m}^3}{2} \cdot \left(5,5\frac{\text{m}}{\text{s}}\right)^2$$

$$= 1,78\cdot10^6\,\text{Pa} = 17,8\,\text{bar}$$

c) aus **Tabelle 10.5**: Bogen: $\zeta = 0,24$

Ventile *Gleichung 10.21*: $\zeta = \dfrac{1}{625,4} \cdot \left(\dfrac{d_\text{i}^2}{k_\text{V}}\right)^2 = \dfrac{1}{625,4} \cdot \left(\dfrac{200^2}{500}\right)^2 = 10,2$

$\zeta_{\text{ges}} = 5\cdot0,24 + 2\cdot10,2 = 21,6$

Gleichung 10.18:

$$\Delta p_\zeta = \zeta \cdot \frac{\rho}{2} \cdot \overline{w}^2 = 21,6 \cdot \frac{1000 \text{kg}/\text{m}^3}{2} \cdot \left(5,5\frac{\text{m}}{\text{s}}\right)^2 = 3,27 \cdot 10^5 \text{Pa} = 3,3 \text{bar}$$

Gleichung 10.24: $\Delta p_{\text{ges}} = \Delta p_\lambda + \Sigma \Delta p_\zeta = 17,8 + 3,3 = 21,1 \text{bar}$

Beispiel 10.3: ***Dimensionierung einer Wasserleitung nach der Strömungsgeschwindigkeit***

Das in **Bild B 10.1** skizzierte Kühlwasser-Rohrleitungssystem soll aus längsnahtgeschweißtem Stahlrohr nach DIN 2458 mit Normalwanddicke aufgebaut werden. Die Strömungsgeschwindigkeit soll überall etwa 3m/s betragen. Gesucht sind die Rohrleitungsdimensionen in den verschiedenen Leitungsabschnitten, deren Grenzen mit den eingekreisten Nummern bezeichnet sind.

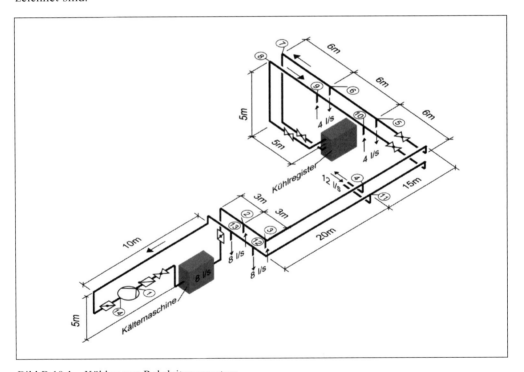

Bild B 10.1: Kühlwasser-Rohrleitungssystem

Die Volumenströme in den Leitungsabschnitten ergeben sich aus der Bilanzierung der zu- und abfließenden Ströme.

z.B. Dimensionierung von Leitungsabschnitt 2-3:

Volumenstrom-Bilanzierung: $\dot{V} = 2 \cdot 8\,l/s = 16\,l/s = 0{,}016\,m^3/s$

Gleichung 10.2: $\overline{w} = \dfrac{\dot{V}}{A_i} \Rightarrow A_i = \dfrac{\pi}{4} \cdot d_i^2 = \dfrac{\dot{V}}{\overline{w}} = \dfrac{0{,}016\,m^3/s}{3\,m/s} = 0{,}0053\,m^2$

idealer Rohrdurchmesser (für $\overline{w} = 3\,m/s$):

$$d_i = \sqrt{\frac{4}{\pi} \cdot A_i} = \sqrt{\frac{4}{\pi} \cdot 0{,}0053\,m^2} = 0{,}082\,m = 82\,mm$$

aus **Tabelle 4.5**: reale Rohrdimension DN 80 (88,9 x 2,9)
$\Rightarrow$ realer Rohr-Innendurchmesser $d_i = 88{,}9 - 2 \cdot 2{,}9 = 83{,}1\,mm$

$\Rightarrow$ reale Strömungsgeschwindigkeit: $\overline{w} = \dfrac{\dot{V}}{A_i} = \dfrac{0{,}016\,m^3/s}{\dfrac{\pi}{4} \cdot \left(0{,}0831\,m\right)^2} = 2{,}95\,\dfrac{m}{s}$

Die Ergebnisse für die weiteren Rohrleitungsabschnitte enthält **Tabelle B10.1**.

Tabelle B 10.1: Ergebnisse zu Beispiel 10.3

Abschnitt	$\dot{V}$	d_i (ideal)	DN (real)	d_i (real)	$\overline{w}$ (real)
	l/s	mm		mm	m/s
1-2	8,00	58	50	55,7	3,28
2-3	16,00	82	80	83,1	2,95
3-4	24,00	100	100	107,9	2,62
4-5	12,00	71	65	70,9	3,04
5-6	8,00	58	50	55,7	3,28
6-7	4,00	41	40	43,7	2,67
7-8	4,00	41	40	43,7	2,67
8-9	4,00	41	40	43,7	2,67
9-10	8,00	58	50	55,7	3,28
10-11	12,00	71	65	70,9	3,04
11-12	24,00	100	100	107,9	2,62
12-13	16,00	82	80	83,1	2,95
13-14	8,00	58	50	55,7	3,28

Beispiel 10.4:   *Dimensionierung einer Wasserleitung nach dem Druckgefälle*

Die Rohrleitung aus *Beispiel 10.3* soll für eine Rohrwandrauhigkeit von $k = 0,02$mm mit Hilfe von **Bild 10.13** überschlägig auf ein Druckgefälle von $R \approx 1000$Pa/m bei 20°C dimensioniert und das Ergebnis beispielhaft nachgerechnet werden.

Mit den Volumenströmen aus *Beispiel 10.3* ergeben sich aus **Bild 10.13** überschlägig die Rohr-Innendurchmesser der **Tabelle B 10.2** (vergleiche auch ideale Durchmesser aus *Beispiel 10.3*).

Tabelle B 10.2:
Ergebnisse zu
Beispiel 10.4

Beispielhaft Nachrechnung für $\dot{V} = 24$l/s und $d_i = 100$mm:

$$A_i = \frac{\pi}{4} \cdot d_i^2 = \frac{\pi}{4} \cdot \left(0,1\text{m}\right)^2 = 0,0079\text{m}^2$$

Gleichung 10.2: $\quad \overline{w} = \frac{\dot{V}}{A_i} = \frac{0,024\,\text{m}^3/\text{s}}{0,0079\text{m}^2} = 3\,\frac{\text{m}}{\text{s}}$

aus **Tabelle 10.1:** $\quad \nu \approx 10^{-6}\text{m}^2/\text{s}$

Gleichung 10.1: $\quad \text{Re} = \frac{\overline{w} \cdot d_i}{\nu} = \frac{3\text{m/s} \cdot 0,1\text{m}}{10^{-6}\text{m}^2/\text{s}} = 3 \cdot 10^5$

$\dfrac{d_i}{k} = \dfrac{100}{0,02} = 5000 \;\Rightarrow\;$ mit $\text{Re} = 3 \cdot 10^5$ aus **Bild 10.8:** $\lambda \approx 0,016$

aus **Tabelle 10.1:** $\quad \rho \approx 1000$kg/m^3

aus *Gleichung 10.16:*

$$\frac{\Delta p_\lambda}{L} = \frac{\lambda}{d_i} \cdot \frac{\rho}{2} \cdot \overline{w}^2 = \frac{0,016}{0,1\text{m}} \cdot \frac{1000\text{kg}/\text{m}^3}{2} \cdot \left(3\,\frac{\text{m}}{\text{s}}\right)^2 = 720\,\frac{\text{Pa}}{\text{m}}$$

$\dot{V}$	d_i
l/s	mm
4,00	50
8,00	60
12,00	70
16,00	80
24,00	100

Beispiel 10.5:   *Druckverlust in einer Kühlwasserleitung*

Gesucht ist der Druckverlust in dem Rohrleitungssystem aus *Beispiel 10.3* mit den dort berechneten Rohrdurchmessern

a) allein durch Rohrreibung (ohne Einzelwiderstände)

b) durch Einzelwiderstände (für Bögen $r/d_i = 1,5$; Armatur in Abschnitt 1-2 ist ein Durchgangsventil, alle anderen Armaturen sind Kugelhähne bzw. Klappen; für Kältemaschinen und Kühlregister (Apparate): $\zeta = 0,2$)

c) gesamt

a) Die Berechnung erfolgt analog zu *Beispiel 10.2* bzw. der Rechnung in *Beispiel 10.4*. Die Ergebnisse sind in **Tabelle B 10.3** zusammengestellt. Für die Dichte des Wassers wurde überall ρ = 1000kg/m^3, für die kinematische Viskosität überall v = 1,5 · 10^{-6}m^2/s eingesetzt. Der Gesamtdruckverlust durch Rohrreibung beträgt 2,8 bar.

Tabelle B 10.3: Ergebnisse zu Beispiel 10.5 a

Abschnitt	L	d_i	$\overline{w}$	p_{dyn}	Re	d_i/k	λ	Δp_λ	R (informativ)
	m	mm	m/s	Pa				Pa	Pa/m
'1-2	20	55,7	3,28	5.390	121.918	557	0,022	42.577	2.129
2-3	3	83,1	2,95	4.352	163.437	831	0,021	3.299	1.100
3-4	20	107,9	2,63	3.445	188.808	1.079	0,021	13.409	670
4-5	25	70,9	3,04	4.619	143.670	709	0,021	34.206	1.368
5-6	6	55,7	3,28	5.390	121.918	557	0,022	12.773	2.129
6-7	6	43,7	2,67	3.556	77.698	437	0,026	12.696	2.116
7-8	20	43,7	2,67	3.556	77.698	437	0,026	42.319	2.116
8-9	6	43,7	2,67	3.556	77.698	437	0,026	12.696	2.116
9-10	6	55,7	3,28	5.390	121.918	557	0,022	12.773	2.129
10-11	25	70,9	3,04	4.619	143.670	709	0,021	34.206	1.368
11-12	20	107,9	2,63	3.445	188.808	1.079	0,021	13.409	670
12-13	3	83,1	2,95	4.352	163.437	831	0,021	3.299	1.100
13-14	20	55,7	3,28	5.390	121.918	557	0,022	42.577	2.129
							Summe	280.239	

b) Gesucht ist der Druckverlust allein durch Einzelwiderstände (Formstücke und Armaturen) in dem Rohrleitungssystem aus *Beispiel 10.3* mit den dort berechneten Rohrdurchmessern. Ein notwendiges Volumenstrom-Regelventil vor dem Kühlregister ist im Schema nicht eingezeichnet und hier nicht berücksichtigt.

Anhaltswerte für die Widerstandszahlen (ζ-Werte) der Formstücke und Armaturen aus den **Tabellen 10.5 bis 10.8** sind in den **Tabellen B 10.4 bis B 10.6** zusammengestellt.

Berechnung des Druckverlustes durch Einzelwiderstände beispielhaft für Abschnitt 1-2:

aus Tabelle B 10.1 in *Beispiel 10.3*: $\overline{w}$ = 3,28m/s

mit den Widerstandszahlen aus den Tabellen unten:

$\Sigma\ \zeta$ = 12,46 + 0,35 + 0,12 = 12,93

aus *Gleichung 10.18* mit: $\zeta = \Sigma\ \zeta$ = 12,93:

$$\Delta p_\zeta = \zeta \cdot \frac{\rho}{2} \cdot \overline{w}^2 = 12,93 \cdot \frac{1000 kg / m^3}{2} \cdot \left(3,28 m/s\right)^2 = 69.553\ Pa \approx 0,7 bar$$

Die Ergebnisse für die anderen Abschnitte sind in der **Tabelle B 10.7** zusammengestellt.

Tabelle B 10.4: Widerstandszahlen ζ für Armaturen, Bögen und Apparate in Beispiel 10.5 b

Abschnitt	d_i	Armaturen (Tabelle 10.6) Anzahl und Art	ζ	Σζ	Bögen (Tabelle 10.5) $r/d_i = 1{,}5$ Anz.	ζ	Σζ	Apparate Σζ	gesamt Σζ
	mm	Anzahl und Art	ζ	Σζ	Anz.	ζ	Σζ	Σζ	Σζ
1-2	55,7	1 RS-Klappe 1 Ventil 1 Klappe	1,3 8,3 1,3	10,9	4	0,34	1,36	0,2	12,46
2-3	83,1								
3-4	107,9				1	0,29	0,29		0,29
4-5	70,9	1 Hahn	0,07	0,07	2	0,34	0,68		0,75
5-6	55,7								
6-7	43,7								
7-8	43,7	2 Hähne	0,07	0,14	6	0,4	2,4	0,2	2,74
8-9	43,7								
9-10	55,7								
10-11	70,9	1 Hahn	0,07	0,07	2	0,34	0,68		0,75
11-12	107,9				1	0,29	0,29		0,29
12-13	83,1								
13-14	55,7	1 Klappe	1,3	1,3	4	0,34	1,36		2,66

Tabelle B 10.5: Widerstandszahlen ζ für Verzweigungen und Vereinigungen in Beispiel 10.5 b

Abschnitt	d_i	Verzweigungen (Tabelle 10.7) $\dot{V}$	$\dot{V}_a$	$\dfrac{\dot{V}_a}{\dot{V}}$	ζ	Vereinigungen (Tab. 10.7) $\dot{V}$	$\dot{V}_a$	$\dfrac{\dot{V}_a}{\dot{V}}$	ζ	ζ gesamt
	mm	l/s	l/s			l/s	l/s			
1-2	55,7					16	8	0,5	0,35	0,35
2-3	83,1					24	8	0,33	0,3	0,3
3-4	107,9	24	12	0,50	0,05					0,05
4-5	70,9	12	4	0,33	0					
5-6	55,7	8	4	0,50	0,05					0,05
6-7	43,7									
7-8	43,7									
8-9	43,7					8	4	0,5	0,35	0,35
9-10	55,7					12	4	0,33	0,3	0,3
10-11	70,9					24	12	0,5	0,35	0,35
11-12	107,9	24	8	0,33	0					
12-13	83,1	16	8	0,50	0,05					0,05
13-14	55,7									

Tabelle B 10.6: Widerstandszahlen ζ für für Reduktionen und Erweiterungen in Beispiel 10.5 b

Abschnitt	d_i	d_{ein}	d_{aus}	d_1/d_2	ζ		
Reduktionen und Erweiterungen (Tabelle 10.8) Annahme: $\varphi \approx 20°$							
	mm	mm	mm		Red.	Erw.	gesamt
1-2	55,7	55,7	83,1	1,5		0,12	0,12
2-3	83,1	83,1	107,9	1,3		0,12	0,12
3-4	107,9						
4-5	70,9	107,9	70,9	1,5	0,04		0,04
5-6	55,7	70,9	55,7	1,3	0,04		0,04
6-7	43,7	55,7	43,7	1,3	0,04		0,04
7-8	43,7						
8-9	43,7	43,7	55,7	1,3		0,12	0,12
9-10	55,7	55,7	70,9	1,3		0,12	0,12
10-11	70,9	70,9	107,9	1,5		0,12	0,12
11-12	107,9						
12-13	83,1	107,9	83,1	1,3	0,04		0,04
13-14	55,7	83,1	55,7	1,5	0,04		0,04

Tabelle B 10.7: Ergebnisse zu Beispiel 10.5 b

Ab-schnitt	d_i	$\overline{w}$	$\sum \zeta$	Δp_ζ
Druckverluste durch Einzelwiderstände				
	mm	m/s		Pa
1-2	55,7	3,28	12,93	69.553
2-3	83,1	2,95	0,42	1.828
3-4	107,9	2,62	0,34	1.167
4-5	70,9	3,04	0,79	3.650
5-6	55,7	3,28	0,09	484
6-7	43,7	2,67	0,04	143
7-8	43,7	2,67	2,74	9.767
8-9	43,7	2,67	0,47	1.675
9-10	55,7	3,28	0,42	2.259
10-11	70,9	3,04	1,22	5.637
11-12	107,9	2,62	0,29	995
12-13	83,1	2,95	0,09	392
13-14	55,7	3,28	2,70	14.524
		Summe	22,54	112.074

c) *Gleichung 10.24*: $\Delta p_{ges} = \Delta p_\lambda + \Sigma \Delta p_\zeta$

z.B. Abschnitt 1-2: $= 42.577\,Pa + 69.553\,Pa$

$= 112.130\,Pa = 1{,}12\,bar$

Die Ergebnisse für alle Abschnitte sind in **Tabelle B 10.8** zusammengefasst. Der Gesamtdruckverlust in dem Rohrleitungssystem beträgt 3,92 bar.

Tabelle B 10.8:   Ergebnisse zu Beispiel 10.5 c

Abschnitt	d_i	$\overline{w}$	Δp_λ	Δp_ζ	Δp_{ges}
	mm	m/s	Pa	Pa	Pa
1-2	55,7	3,28	42.577	69.553	112.130
2-3	83,1	2,95	3.299	1.828	5.127
3-4	107,9	2,62	13.409	1.167	14.576
4-5	70,9	3,04	34.206	3.650	37.856
5-6	55,7	3,28	12.773	484	13.257
6-7	43,7	2,67	12.696	143	12.839
7-8	43,7	2,67	42.319	9.767	52.086
8-9	43,7	2,67	12.696	1.675	14.371
9-10	55,7	3,28	12.773	2.259	15.032
10-11	70,9	3,04	34.206	5.637	39.843
11-12	107,9	2,62	13.409	995	14.404
12-13	83,1	2,95	3.299	392	3.691
13-14	55,7	3,28	42.577	14.524	57.101
		Summe	280.239	112.074	392.313

Beispiel 10.6   *Äquivalente Rohrlänge*

Gesucht ist die äquivalente Rohrlänge für das Durchgangsventil im Abschnitt 1-2 der Kühlwasserleitung mit d_i = 50mm und k = 0,02mm aus *Beispiel 10.3*. Die kinematische Viskosität des Kühlwassers kann mit v = 1,5 · 10^{-6}m²/s angenommen werden.

- aus **Tabelle 10.9** für d_i = 50mm: $L_{äq}$ = 26,1m:
- berechnet aus Widerstandsbeiwert für $\dot{V}$ = 8l/s:

    aus **Tabelle 10.6**: ζ = 8,3

$$\textit{Gleichung 10.2}: \quad \overline{w} = \frac{\dot{V}}{A_i} = \frac{8 \cdot 10^{-3}\,\text{m}^3/\text{s}}{\frac{\pi}{4} \cdot (0,05)^2} = 4,1\,\frac{\text{m}}{\text{s}}$$

$$\textit{Gleichung 10.1}: \quad \text{Re} = \frac{\overline{w} \cdot d_i}{v} = \frac{4,1\,\text{m/s} \cdot 0,05\,\text{m}}{1,5 \cdot 10^{-6}\,\text{m}^2/\text{s}} = 1,36 \cdot 10^5$$

$$\frac{d_i}{k} = \frac{50\,\text{mm}}{0,02\,\text{mm}} = 2.500 \quad \Rightarrow \quad \text{aus } \textbf{Bild 10.8}: \ \lambda \approx 0,019$$

$$\textit{Gleichung 10.23}: \quad L_{äq} = \frac{\zeta \cdot d_i}{\lambda} = \frac{8,3 \cdot 0,05\,\text{m}}{0,019} = 21,8\,\text{m}$$

Der Unterschied zwischen dem Wert aus **Tabelle 10.9** und der Berechnung aus dem Widerstandsbeiwert aus **Tabelle 10.6** rührt daher, dass die äquivalenten Längen in **Tabelle 10.9** für voll turbulente Strömung gelten, während hier tatsächlich eine Strömung im Übergangsbereich vorliegt. Es ist ersichtlich, dass die Werte in **Tabelle 10.9** konservativ sind, d.h. auf der sicheren Seite liegen.

Beispiel 10.7:   ***Druckverlust in einer Druckluftleitung (isotherme Strömung)***

Die Hauptleitung eines Druckluftversorgungssystems besteht aus PP-Rohr 110 x 10mm. Sie ist 100m lang und gerade. Am Anfang, in der Mitte und am Ende der Leitung ist je ein Ventil ($\zeta = 2$) eingebaut. In die Leitung wird ein Normvolumenstrom von $\dot{V}_N = 5.000 \text{m}^3/\text{h}$ ($p_N = 1.013 \text{mbar}$; $\vartheta_N = 0°C$) mit einem Absolutdruck von $p = 8\text{bar}$ und einer Temperatur von $\vartheta = 20°C$ eingespeist. Es soll von isothermer Strömung ausgegangen werden. Gesucht ist der Druckverlust über die gesamte Länge der Hauptleitung

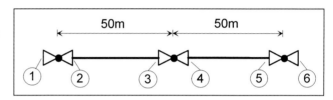

a) bei Berechnung in einem Stück einschließlich aller drei Ventile

b) bei Berechnung in zwei Abschnitten jeweils zwischen zwei Ventilen und Berechnung des Druckverlustes der Ventile bei der jeweiligen Strömungsgeschwindigkeit

a) Ideale *Gasgleichung 10.26*: $p \cdot \dot{V} = \dot{m} \cdot R \cdot T$

⇒ Verhältnis zweier Druckluftvolumenströme bei gleichem Massenstrom, aber unterschiedlichen Temperaturen und Drücken, z.B.:

$$\frac{\dot{V}_1}{\dot{V}_N} = \frac{p_N \cdot T_1}{p_1 \cdot T_N}$$

⇒ Betriebsvolumenstrom am Leitungsanfang:

$$\dot{V}_1 = \dot{V}_N \cdot \frac{p_N \cdot T_1}{p_1 \cdot T_N} = 5.000 \frac{\text{m}^3}{\text{h}} \cdot \frac{1,013\text{bar} \cdot 293\text{K}}{8\text{bar} \cdot 273\text{K}} = 680 \frac{\text{m}^3}{\text{h}} = 0,189 \frac{\text{m}^3}{\text{s}}$$

$d_i = 110 - 2 \cdot 10 = 90\text{mm}$

Gleichung 10.2: $\overline{w}_1 = \dfrac{\dot{V}_1}{A_i} = \dfrac{0,189\text{m}^3/\text{s}}{\dfrac{\pi}{4} \cdot (0,09\text{m})^2} = 29,7 \dfrac{\text{m}}{\text{s}}$

aus **Tabelle 10.1**: $\rho_N = 1{,}293\,\text{kg/m}^3$

aus idealer *Gasgleichung 10.26*: $\rho = \dfrac{m}{V} = \dfrac{p}{R \cdot T}$

$$\Rightarrow \rho_1 = \rho_N \cdot \frac{p_1 \cdot T_N}{p_N \cdot T_1} = 1{,}293\,\frac{\text{kg}}{\text{m}^3} \cdot \frac{8\,\text{bar} \cdot 273\,\text{K}}{1{,}013\,\text{bar} \cdot 293\,\text{K}} = 9{,}5\,\frac{\text{kg}}{\text{m}^3}$$

aus **Tabelle 10.1**: $\eta_{20°\text{C}} \approx 18{,}3 \cdot 10^{-6}\,\text{Pa} \cdot \text{s}$

aus Legende zu *Gleichung 10.1*: $\nu_1 = \dfrac{\eta}{\rho_1} = \dfrac{18{,}3 \cdot 10^{-6}\,\text{Pa} \cdot \text{s}}{9{,}5\,\text{kg} / \text{m}^3} = 1{,}9 \cdot 10^{-6}\,\dfrac{\text{m}^2}{\text{s}}$

Gleichung 10.1: $\text{Re}_1 = \dfrac{\overline{w}_1 \cdot d_i}{\nu_1} = \dfrac{29{,}7\,\text{m/s} \cdot 0{,}09\,\text{m}}{1{,}9 \cdot 10^{-6}\,\text{m}^2 / \text{s}} = 1{,}4 \cdot 10^6$

aus **Tabelle 10.3**: $k \leq 0{,}007\,\text{mm} \Rightarrow$ nach *Abschnitt 10.3.1.1*: hydraulisch glatt

z.B. nach Hermann (**Tabelle 10.4**):

$$\lambda = 0{,}0054 + \frac{0{,}3964}{\text{Re}^{0,3}} = 0{,}0054 + \frac{0{,}3964}{\left(1{,}4 \cdot 10^6\right)^{0,3}} = 0{,}011$$

Gleichung 10.24:

$$\Delta p_i = \left(\lambda \cdot \frac{L}{d_i} + \sum \zeta\right) \cdot \frac{\rho}{2} \cdot \overline{w}^2$$

$$= \left(0{,}011 \cdot \frac{100\,\text{m}}{0{,}09\,\text{m}} + 3 \cdot 2\right) \cdot \frac{9{,}5\,\text{kg} / \text{m}^3}{2} \cdot \left(29{,}7\,\frac{\text{m}}{\text{s}}\right)^2 = 76.350\,\text{Pa}$$

Gleichung 10.34 mit: $\overline{T}/T_1 = 1$:

$$\Delta p_k = p_1 \cdot \left(1 - \sqrt{1 - \frac{2}{p_1} \cdot \Delta p_i \cdot \frac{\overline{T}}{T_1}}\right)$$

$$= 8 \cdot 10^5\,\text{Pa} \cdot \left(1 - \sqrt{1 - \frac{2}{8 \cdot 10^5\,\text{Pa}} \cdot 76.350\,\text{Pa}}\right) = 80.389\,\text{Pa}$$

Der Druck am Leitungsende beträgt:

$$p_{\text{aus}} = p_1 - \Delta p_k = 800.000\text{Pa} - 80.389\text{Pa} = 719.611\text{Pa}$$

b) aus a): $\dot{V}_1 = 0,189\,\dfrac{\text{m}^3}{\text{s}}$;

$$\overline{w}_1 = 29,7\,\frac{\text{m}}{\text{s}};\ \ \rho_1 = 9,5\,\frac{\text{kg}}{\text{m}^3}$$

Druckverlust im ersten Ventil:

Gleichung 10.18:

$$\Delta p_{\text{il}/2} = \Delta p_{\zeta 1/2} = \zeta_{1/2}\cdot\frac{\rho}{2}\cdot\overline{w}^2 = 2\cdot\frac{9,5\text{kg}/\text{m}^3}{2}\cdot\left(29,7\,\frac{\text{m}}{\text{s}}\right)^2 = 8.380\text{Pa}$$

Gleichung 10.34 mit: $\overline{T}/T_1 = 1$:

$$\Delta p_{\text{kl}/2} = p_1\cdot\left(1 - \sqrt{1 - \frac{2}{p_1}\cdot\Delta p_{\text{il}/2}\cdot\frac{\overline{T}}{T_1}}\,\right)$$

$$= 8\cdot 10^5\,\text{Pa}\cdot\left(1 - \sqrt{1 - \frac{2}{8\cdot 10^5\,\text{Pa}}\cdot 8.380\text{Pa}}\,\right) = 8.424\,\text{Pa}$$

$$p_2 = p_1 - \Delta p_{\text{il}/2} = 8\cdot 10^5\text{Pa} - 8.424\text{Pa} = 791.576\text{Pa}$$

aus *Gleichung 10.26* (s.o.):

$$\dot{V}_2 = \dot{V}_N\cdot\frac{p_N\cdot T_2}{p_2\cdot T_N} = 5.000\,\frac{\text{m}^3}{\text{h}}\cdot\frac{101.300\text{Pa}\cdot 293\text{K}}{791.576\text{Pa}\cdot 273\text{K}} = 687\,\frac{\text{m}^3}{\text{h}} = 0,191\,\frac{\text{m}^3}{\text{s}}$$

Gleichung 10.2: $\overline{w}_2 = \dfrac{\dot{V}_2}{A_i} = \dfrac{0,191\text{m}^3/\text{s}}{\dfrac{\pi}{4}\cdot(0,09)^2)} = 30\,\dfrac{\text{m}}{\text{s}}$

aus idealer *Gasgleichung 10.26:*

$$\rho_2 = \rho_N\cdot\frac{p_2\cdot T_N}{p_N\cdot T_2} = 1,293\,\frac{\text{kg}}{\text{m}^3}\cdot\frac{791.576\text{Pa}\cdot 273\text{K}}{101.300\text{Pa}\cdot 293\text{K}} = 9,4\,\frac{\text{kg}}{\text{m}^3}$$

aus **Tabelle 10.1**: $\eta_{20°C} \approx 18{,}3 \cdot 10^{-6}\text{Pa} \cdot \text{s}$

$$\nu_2 = \frac{\eta}{\rho_2} = \frac{18{,}3 \cdot 10^{-6}\,\text{Pa} \cdot \text{s}}{9{,}4\text{kg}/\text{m}^3} = 1{,}95 \cdot 10^{-6}\,\frac{\text{m}^2}{\text{s}}$$

Gleichung 10.1: $\quad \text{Re}_2 = \dfrac{\overline{w}_2 \cdot d_\text{i}}{\nu_2} = \dfrac{30\text{m}/\text{s} \cdot 0{,}09\text{m}}{1{,}95 \cdot 10^{-6}\,\text{m}^2/\text{s}} = 1{,}38 \cdot 10^6$

z.B. nach Hermann (**Tabelle 10.4**):

$$\lambda_2 = 0{,}0054 + \frac{0{,}3964}{\text{Re}^{0{,}3}} = 0{,}0054 + \frac{0{,}3964}{\left(1{,}38 \cdot 10^6\right)^{0{,}3}} = 0{,}011$$

Gleichung 10.16 (bzw. *Gleichung 10.24* ohne Einzelwiderstände):

$$\Delta p_{\text{i}2/3} = \Delta p_{\lambda 2/3} = \lambda_2 \cdot \frac{L_{2/3}}{d_\text{i}} \cdot \frac{\rho_2}{2} \cdot \overline{w}_2^2$$

$$= 0{,}011 \cdot \frac{50\text{m}}{0{,}09\text{m}} \cdot \frac{9{,}4\text{kg}/\text{m}^3}{2} \cdot \left(30\,\frac{\text{m}}{\text{s}}\right)^2 = 25.850\,\text{Pa}$$

Gleichung 10.34 mit: $\overline{T}/T_1 = 1$:

$$\Delta p_{\text{k}2/3} = p_1 \cdot \left(1 - \sqrt{1 - \frac{2}{p_1} \cdot \Delta p_\text{i} \cdot \frac{\overline{T}}{T_1}}\right)$$

$$= 8 \cdot 10^5\,\text{Pa} \cdot \left(1 - \sqrt{1 - \frac{2}{8 \cdot 10^5\,\text{Pa}} \cdot 25.850\,\text{Pa}}\right) = 26.282\,\text{Pa}$$

$$p_3 = p_2 - \Delta p_{\text{i}2/3} = 791.576\,\text{Pa} - 26.282\,\text{Pa} = 765.294\,\text{Pa}$$

Die Berechnung der weiteren Druckverluste bis zum Punkt 6 erfolgt entsprechend. Die Ergebnisse sind in **Tabelle B 10.9** zusammengefasst. Die Werte dort wurden mit einem Tabellenkalkulationsprogramm berechnet. Die Abweichungen zu den oben berechneten Werten resultieren aus unterschiedlicher Rundung.

Der Druck am Leitungsende beträgt $p_\text{aus} = 719.171$ Pa. Vergleiche damit das Ergebnis von Teilaufgabe a) ($p_\text{aus} = 719.611\,\text{Pa}$)

Tabelle B 10.9:   Ergebnisse zu Beispiel 10.7

Größe	Einheit	Abschnitt				
		1-2	2-3	3-4	4-5	5-6
L	m	0	50	0	50	0
p_{ein}	Pa	800.000	791.580	765.052	756.243	728.429
$\dot{V}_{ein}$	m³/s	0,189	0,191	0,197	0,200	0,207
$\overline{w}_{ein}$	m/s	29,7	30,0	31,0	31,4	32,6
ρ_{ein}	kg/m³	9,5	9,4	9,1	9,0	8,7
ν_{ein}	m²/s	1,9E-06	1,9E-06	2,0E-06	2,0E-06	2,1E-06
Re_{ein}		1,4E+06	1,4E+06	1,4E+06	1,4E+06	1,4E+06
λ_{ein}		0,011	0,011	0,011	0,011	0,011
ζ bzw. $\lambda \cdot \dfrac{L}{d_i}$		2,0	6,1	2,0	6,1	2,0
Δp_i	Pa	8.375	26.084	8.758	27.303	9.198
Δp_k	Pa	8.420	26.529	8.809	27.814	9.257
p_{aus}	Pa	791.580	765.052	756.243	728.429	719.171

Beispiel 10.8:   ***Druckverlust in einer Dampfrohrleitung (adiabate Strömung)***

In eine Rohrleitung mit $L = 2000$m, $d_i = 500$mm und $k = 0,02$mm strömt ein Massenstrom von $\dot{m} = 350$t/h Sattdampf mit $\vartheta_1 = 250$°C und $p_1 = 40$bar ein (Dichte $\rho_1 = 20$kg/m³, kinematische Viskosität $\nu_1 = 0,875 \cdot 10^{-6}$m²/s). Der Isentropenexponent beträgt $\kappa = 1,265$. Die Rohrleitung ist gut wärmegedämmt, es kann von adiabater Strömung ausgegangen werden. Gesucht ist der Druckverlust.

$$\textit{Gleichung 10.2: }\ \overline{w}_1 = \frac{\dot{V}_1}{A_i} = \frac{\dot{m}_1}{\rho_1 \cdot \dfrac{\pi}{4} \cdot d_i^2} = \frac{350 \cdot 10^3 \dfrac{\text{kg}}{\text{h}}}{3600 \dfrac{\text{s}}{\text{h}} \cdot 20 \dfrac{\text{kg}}{\text{m}^3} \cdot \dfrac{\pi}{4} \cdot \left(0,5\text{m}\right)^2} = 24,8 \frac{\text{m}}{\text{s}}$$

$$\textit{Gleichung 10.1: }\ Re_1 = \frac{\overline{w}_1 \cdot d_i}{\nu_1} = \frac{24,8 \dfrac{\text{m}}{\text{s}} \cdot 0,5\text{m}}{0,875 \cdot 10^{-6} \dfrac{\text{m}^2}{\text{s}}} = 1,4 \cdot 10^7$$

$$\frac{d_i}{k} = \frac{500\text{mm}}{0,02\text{mm}} = 25.000 \ \Rightarrow \ \text{aus } \textbf{Bild 10.8: } \lambda \approx 0,0105$$

Gleichung 10.16:

$$\Delta p_i = \lambda \cdot \frac{L}{d_i} \cdot \frac{\rho_1}{2} \cdot \overline{w}^2 = 0,0105 \cdot \frac{2000\text{m}}{0,5\text{m}} \cdot \frac{20\,\frac{\text{kg}}{\text{m}^3}}{2} \cdot \left(24,8\,\frac{\text{m}}{\text{s}}\right)^2$$

$$= 2,6 \cdot 10^5\,\text{Pa} = 2,6\text{bar}$$

Annahme: $p_2 = p_1 - \Delta p_i = 40\text{bar} - 2,6\text{bar} = 37,4\text{bar}$

adiabatische Zustandsänderung:

$$T_2 = T_1 \cdot \left(\frac{p_2}{p_1}\right)^{\frac{\kappa-1}{\kappa}} = 523\text{K} \cdot \left(\frac{37,4\text{bar}}{40\text{bar}}\right)^{\frac{0,265}{1,265}} = 515,7\text{K}$$

$$\overline{T} = \frac{T_1 + T_2}{2} = \frac{523\text{K} + 515,7\text{K}}{2} = 519,4\text{K}$$

Gleichung 10.34:

$$\Delta p_k = p_1 \cdot \left(1 - \sqrt{1 - 2 \cdot \frac{\Delta p_i}{p_1} \cdot \frac{\overline{T}}{T_1}}\right) = 40\text{bar} \cdot \left(1 - \sqrt{1 - 2 \cdot \frac{2,6\text{bar}}{40\text{bar}} \cdot \frac{519,4\text{K}}{523\text{K}}}\right)$$

$$= 2,7\text{bar}$$

1. Iteration:

$$p_2 = p_1 - \Delta p = 40\text{bar} - 2,7\text{bar} = 37,3\text{bar}$$

$$T_2 = T_1 \cdot \left(\frac{p_2}{p_1}\right)^{\frac{\kappa-1}{\kappa}} = 523\text{K} \cdot \left(\frac{37,3\text{bar}}{40\text{bar}}\right)^{\frac{0,265}{1,265}} = 515,4\text{K}$$

$$\overline{T} = \frac{T_1 + T_2}{2} = \frac{523\text{K} + 515,4\text{K}}{2} = 519,2\text{K}$$

$$\Delta p_k = p_1 \cdot \left(1 - \sqrt{1 - 2 \cdot \frac{\Delta p_i}{p_1} \cdot \frac{\overline{T}}{T_1}}\right) = 40\text{bar} \cdot \left(1 - \sqrt{1 - 2 \cdot \frac{2,6\text{bar}}{40\text{bar}} \cdot \frac{519,2\text{K}}{523\text{K}}}\right)$$

$$= 2,7\text{bar}$$

Keine weitere Iteration notwendig!

Beispiel 10.9:   ***Volumenströme in parallel geschalteten Rohrleitungen***

Das in **Bild B 10.2** skizzierte System zweier paralleler Rohrleitungen wird von Wasser bei 20°C mit einem Gesamtvolumenstrom von $\dot{V}_{ges}$ = 250m³/h durchströmt. Der Rohr-Innendurchmesser ist im linken Ast $d_{i,1}$ = 100mm, im rechten Ast $d_{i,2}$ = 150mm. Folgende Vereinfachungen sollen angenommen werden: $\lambda_1 \approx \lambda_2 \approx 0{,}02$: $\zeta_{T\text{-Stück}} \approx \zeta_{Bogen} \approx 0{,}3$; $\zeta_{Ventil} \approx 10$. Gesucht sind die Volumenströme $\dot{V}_1$ und $\dot{V}_2$.

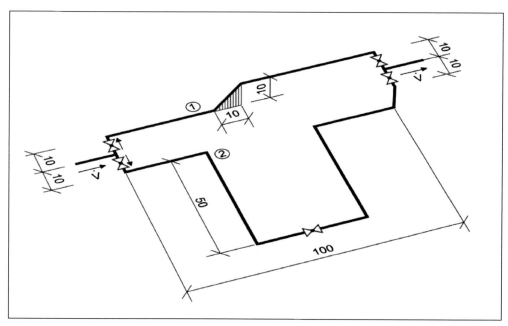

Bild B 10.2:   Parallele Rohrleitungsstränge (alle Maße in m)

Gleichung 10.43: $\dot{V}_{ges} = \dot{V}_1 + \dot{V}_2$

Gleichung 10.41: $\Delta p_1 = \Delta p_2 = \Delta p$

$\Rightarrow$ mit *Gleichung 10.45:* $R_{S,1} \cdot \dot{V}_1^2 + \rho \cdot g \cdot \Delta h_1 = R_{S,2} \cdot \dot{V}_2^2 + \rho \cdot g \cdot \Delta h_2$

$\Delta h_1 = \Delta h_2 \Rightarrow R_{S,1} \cdot \dot{V}_1^2 = R_{S,2} \cdot \dot{V}_2^2$

Gleichung 10.48: $\dfrac{\dot{V}_2}{\dot{V}_1} = \sqrt{\dfrac{R_{S,1}}{R_{S,2}}}$

Gleichung 10.46: $R_S = \left(\lambda \cdot \dfrac{L}{d_i} + \sum \zeta\right) \cdot \dfrac{\rho}{2} \cdot \dfrac{1}{A_i^2} = \left(\lambda \cdot \dfrac{L}{d_i} + \sum \zeta\right) \cdot \dfrac{8}{\pi^2} \cdot \rho \cdot \dfrac{1}{d_i^4}$

linker Ast (1):

$L_1 = 90\text{m} + 2 \cdot 10\text{m} + \sqrt{200\text{m}^2} = 124\text{m}; \quad \sum \zeta_1 = 6 \cdot 0,3 + 2 \cdot 10 = 21,8$

rechter Ast (2):

$L_2 = 100\text{m} + 2 \cdot 50\text{m} + 2 \cdot 10\text{m} + 10\text{m} = 230\text{m}; \quad \sum \zeta_2 = 9 \cdot 0,3 + 3 \cdot 10 = 32,7$

$$\dfrac{R_{S,1}}{R_{S,2}} = \dfrac{\left(\lambda_1 \cdot \dfrac{L_1}{d_{i,1}} + \sum \zeta_1\right) \cdot \dfrac{8}{\pi^2} \cdot \rho \cdot \dfrac{1}{d_{i,1}^4}}{\left(\lambda_2 \cdot \dfrac{L_2}{d_{i,2}} + \sum \zeta_2\right) \cdot \dfrac{8}{\pi^2} \cdot \rho \cdot \dfrac{1}{d_{i,2}^4}} = \dfrac{\left(0,02 \cdot \dfrac{124\,\text{m}}{0,1\text{m}} + 21,8\right) \cdot \left(0,15\text{m}\right)^4}{\left(0,02 \cdot \dfrac{230\,\text{m}}{0,15\text{m}} + 32,7\right) \cdot \left(0,1\text{m}\right)^4}$$

$$= 3,72$$

$$\dfrac{\dot{V}_2}{\dot{V}_1} = \sqrt{\dfrac{R_{S,1}}{R_{S,2}}} = \sqrt{3,72} = 1,93 \Rightarrow \dot{V}_2 = 1,93 \cdot \dot{V}_1$$

$$\dot{V}_{ges} = \dot{V}_1 + \dot{V}_2 = \dot{V}_1 + 1,93 \cdot \dot{V}_1 = 2,93 \cdot \dot{V}_1 \Rightarrow \dot{V}_1 = \dfrac{\dot{V}_{ges}}{2,93} = \dfrac{250\,\dfrac{\text{m}^3}{\text{h}}}{2,93} = 85,3\,\dfrac{\text{m}^3}{\text{h}}$$

$$\dot{V}_2 = \dot{V}_{ges} - \dot{V}_1 = 250 - 85,3 = 164,7\,\dfrac{\text{m}^3}{\text{h}}$$

Beispiel 10.10: ***Druckstoß***

In einer Wasserleitung aus niedrig legiertem Stahlrohr DN 25 (33,7x3,2) liegt eine Rohrlänge von $L = 10$m zwischen einem Speichertank (Totalreflexionspunkt) und einem schnellschließenden Ventil. Die Leitung wird von Wasser bei 20°C (Kompressionsmodul $E_F \approx 2000\text{N/mm}^2$) mit einer Strömungsgeschwindigkeit von $\bar{w} = 3\text{m/s}$ bei geöffnetem Ventil durchströmt. Gesucht sind

a) die Höhe des Druckstoßes, wenn das Ventil innerhalb von $t_S = 0,05$s vollständig schließt,

b) der Mindestabstand zwischen Ventil und Speichertank, bei dem der Joukowski-Druckstoß entsteht.

a) aus **Tabelle 10.1**: $\rho \approx 1.000\text{kg/m}^3$

Gleichung 10.55:

$$\Delta p = z \cdot \rho \cdot a \cdot \Delta w = \frac{t_R}{t_S} \cdot \rho \cdot a \cdot \Delta w = \frac{2 \cdot L}{a \cdot t_S} \cdot \rho \cdot a \cdot \Delta w = \frac{2 \cdot L}{t_S} \cdot \rho \cdot \Delta w$$

$$= \frac{2 \cdot 10 \, m}{0,05 \, s} \cdot 1000 \frac{kg}{m^3} \cdot 3 \frac{m}{s} = 12 \, bar$$

b) Bedingung: $z = 1$

$d_i = 33,7 - 2 \cdot 3,2 = 27,3 \, mm$

aus **Tabelle 3.2**: $E_R = 2,12 \cdot 10^5 N/mm^2$

Gleichung 10.52:

$$a = \cfrac{1}{\sqrt{\rho \cdot \left(\cfrac{1}{E_F} + \cfrac{1}{E_R} \cdot \cfrac{d_i}{s} \right)}}$$

$$= \cfrac{1}{\sqrt{1000 \frac{kg}{m^3} \cdot \left(\cfrac{1}{2 \cdot 10^9 \, N/m^2} + \cfrac{1}{2,12 \cdot 10^{11} \, N/m^2} \cdot \cfrac{27,3 \, mm}{3,2 \, mm} \right)}} = 1.361 \frac{m}{s}$$

Gleichung 10.54:

$$z = \frac{t_R}{t_S} = \frac{2 \cdot L}{a \cdot t_S} = 1 \;\Rightarrow\; L = \frac{a \cdot t_S}{2} = \frac{1.361 \, m/s \cdot 0,05 \, s}{2} = 34 \, m$$

Index

Inserentenverzeichnis

K E D
Kerntechnik · Entwicklung · Dynamik
Talstraße 3
D-63517 Rodenbach
Tel.: 06184/9509-0
Fax: 06184/9509-50
E-Mail: info@ked.de

Mapress GmbH & Co. KG
Postfach 2263
D-40764 Langenfeld
Tel.: 02173/285-233
Fax: 02173/285-239

P U R I T A
Anlagen für Reinstwasser und
UV Behandlung
Albert-Einstein-Straße 11
D-42929 Wermelskirchen
Tel.: + 49-2196-88606-0
Fax: + 49-2196-88606-11

Waldemar Suckut VDI
Ingenieurbau für Verfahrenstechnik
Itagstraße 20
D-29221 Celle
Tel.:05141/21125
Fax 05141/28875

S S E
Schell Software & Engineering
Birkenweg 3
D-75228 Ispringen
Tel.: 07231/82390
Fax: 07231/89309
E-Mail: info@schell-software.de

STENFLEX
Rudolf Stender GmbH
Postfach 650220
D-22362 Hamburg
Tel.: 040/52903-0
Fax 040/52903-200

Notizen

Notizen